大数据技术精品系列教材

大数据存储

Big Data Storage

谭旭 李程文 ◉ 主编
张良均 刘志勇 刘淼 ◉ 副主编

人 民 邮 电 出 版 社
北 京

图书在版编目（CIP）数据

大数据存储 / 谭旭，李程文主编. -- 北京 : 人民邮电出版社，2022.8（2024.4重印）
大数据技术精品系列教材
ISBN 978-7-115-59414-3

Ⅰ. ①大… Ⅱ. ①谭… ②李… Ⅲ. ①数据管理－教材 Ⅳ. ①TP274

中国版本图书馆CIP数据核字(2022)第096750号

内容提要

本书采用大数据存储技术常用工具与真实案例相结合的方式，以项目任务式为导向，较为全面地介绍了大数据存储工具的相关知识。全书共 7 个项目，内容包括了解大数据、结构化数据仓库——Hive、列存储数据库——HBase、文档存储数据库——MongoDB、文档存储数据库——ElasticSearch、数据传输工具——Sqoop，以及广电用户数据存储与分析。其中，大多数项目都包含了实训与课后习题。通过练习和操作实践，读者可以巩固所学的内容。

本书可以作为高校大数据技术相关专业的教材，也可作为大数据技术爱好者的自学用书。希望读者通过学习本书内容，提高自主学习意识，具备良好的问题分析素养和独立思考能力，能够结合具体的情境和需求选择适当的存储工具解决实际问题。

◆ 主　　编　谭　旭　李程文
　副 主 编　张良均　刘志勇　刘　淼
　责任编辑　初美呈
　责任印制　王　郁　焦志炜

◆ 人民邮电出版社出版发行　　北京市丰台区成寿寺路 11 号
　邮编　100164　　电子邮件　315@ptpress.com.cn
　网址　https://www.ptpress.com.cn
　北京市艺辉印刷有限公司印刷

◆ 开本：787×1092　1/16
　印张：14.5　　2022 年 8 月第 1 版
　字数：349 千字　　2024 年 4 月北京第 4 次印刷

定价：49.80 元

读者服务热线：(010)81055256　印装质量热线：(010)81055316
反盗版热线：(010)81055315
广告经营许可证：京东市监广登字 20170147 号

序 FOREWORD

随着大数据时代的到来，移动互联网和智能手机迅速普及，多种形态的移动互联网应用蓬勃发展，电子商务、云计算、互联网金融、物联网、虚拟现实、智能机器人等不断渗透并重塑传统产业，而与此同时，大数据当之无愧地成为新的产业革命核心。

2019 年 8 月，联合国教科文组织以联合国 6 种官方语言正式发布《北京共识——人工智能与教育》。其中提出，通过人工智能与教育的系统融合，全面创新教育、教学和学习方式，并利用人工智能加快建设开放灵活的教育体系，确保全民享有公平、适合每个人且优质的终身学习机会。这表明基于大数据的人工智能和教育均进入了新的阶段。

高等教育是教育系统中的重要组成部分，高等院校作为人才培养的重要载体，肩负着为社会培育人才的重要使命。2018 年 6 月 21 日的新时代全国高等学校本科教育工作会议首次提出了“金课”的概念。“金专”“金课”“金师”迅速成为新时代高等教育的热词。如何建设具有中国特色的大数据相关专业，以及如何打造世界水平的“金专”“金课”“金师”“金教材”是当代教育教学改革的难点和热点。

实践教学是在一定的理论指导下，通过实践引导，使学习者获得实践知识、掌握实践技能、锻炼实践能力、提高综合素质的教学活动。实践教学在高校人才培养中有着重要的地位，是巩固和加深理论知识的有效途径。目前，高校大数据相关专业的教学体系设置过多地偏向理论教学，课程设置冗余或缺漏，知识体系不健全，且与企业实际应用契合度不高，学生无法把理论转化为实践应用技能。为了有效解决该问题，“泰迪杯”数据挖掘挑战赛组委会与人民邮电出版社共同策划了“大数据技术精品系列教材”，这恰与 2019 年 10 月 24 日教育部发布的《教育部关于一流本科课程建设的实施意见》（教高〔2019〕8 号）中提出的“坚持分类建设”“坚持扶强扶特”“提升高阶性”“突出创新性”“增加挑战度”原则完全契合。

“泰迪杯”数据挖掘挑战赛自 2013 年创办以来，一直致力于推广高校数据挖掘实践教学，培养学生数据挖掘的应用和创新能力。挑战赛的赛题均为经过适当简化和加工的实际问题，来源于各企业、管理机构和科研院所等，非常贴近现实热点需求。赛题中的数据只做必要的脱敏处理，力求保持原始状态。竞赛围绕数据挖掘的整个流程，从数据采集、数据迁移、数据存储、数据分析与挖掘，到数据可视化，涵盖了企业应用中的各个环节，与目前大数据专业人才培养目标高度一致。“泰迪杯”数据挖掘挑战赛不依赖于数学建模，甚至不依赖传统模型的竞赛形式，使得“泰迪杯”数据挖掘挑战赛在全国各大高校反响热烈，且得到了全国各界专家学者的认可与支持。2018年，“泰迪杯”增加了子赛项——数据分析技能赛，为应用型本科、高职和中职技能型人才培养提供理论、技术和资源方面的支持。截至2021年，全国共有超1000所高校，约2万名研究生、9万名本科生、2万名高职生参加了“泰迪杯”数据挖掘挑战赛和数据分析技能赛。

本系列教材的第一大特点是注重学生的实践能力培养，针对高校实践教学中的痛点，首次提出“鱼骨教学法”的概念。以企业真实需求为导向，学生学习技能时紧紧围绕企业实际应用需求，将学生需掌握的理论知识，通过企业案例的形式进行衔接，达到知行合一、以用促学的目的。第二大特点是以大数据技术应用为核心，紧紧围绕大数据应用闭环的流程进行教学。本系列教材涵盖了企业大数据应用中的各个环节，符合企业大数据应用真实场景，使学生从宏观上理解大数据技术在企业中的具体应用场景及应用方法。

在教育部全面实施“六卓越一拔尖”计划2.0的背景下，对如何促进我国高等教育人才培养体制机制的综合改革，以及如何重新定位和全面提升我国高等教育质量，本系列教材将起到抛砖引玉的作用，从而加快推进以新工科、新医科、新农科、新文科为代表的一流本科课程的“双万计划”建设；落实“让学生忙起来，管理严起来和教学活起来”措施，让大数据相关专业的人才培养质量有一个质的提升；借助数据科学的引导，在文、理、农、工、医等方面全方位发力，培养各个行业的卓越人才及未来的领军人才。同时本系列教材将根据读者的反馈意见和建议及时改进、完善，努力成为大数据时代的新型“编写、使用、反馈”螺旋式上升的系列教材建设样板。

汕头大学校长
教育部高校大学数学课程教学指导委员会副主任委员
“泰迪杯”数据挖掘挑战赛组织委员会主任
“泰迪杯”数据分析技能赛组织委员会主任

2021年7月于粤港澳大湾区

前言 PREFACE

数据技术的发展对社会诸多领域都产生了巨大的推动作用，同时也使得数据资源成为各行各业发展的重要资源之一。大数据时代下，各类数据都呈现出爆炸式增长的趋势，各行各业对海量数据资源的存储要求也越来越高，这使得大数据存储在大数据技术领域占有越来越重要的地位。大数据人才应具备存储和处理大数据的能力，能够根据实际业务需求，综合利用各种工具对海量数据进行存储和处理，为后续相关工作做好数据准备。指导读者掌握并综合运用大数据存储技术解决实际业务问题，是本书的核心要义。

本书特色

本书定位为大数据存储与应用的实践型入门教程，通过理论结合案例的方式带领初学者快速掌握大数据存储工具的基础操作和综合运用。青年强，则国家强。全书全面贯彻党的二十大精神，内容以项目任务式为导向，在每个项目中融入知识、技能目标，让读者对该项目涉及的知识和技能有一个初步的了解；同时，每个项目结合具体内容融入了素养目标，增加了相关的拓展阅读与思考题，引导读者在学习过程中遵纪守法，树立正确的人生观、职业道德观，培养爱岗敬业、求真务实、追求突破的工匠精神，坚定历史自信、文化自信，贯彻总体国家安全观，弘扬团结就是力量的合作精神等。每个项目紧扣项目需求展开，并拆分成多个任务，不堆积知识点，着重于思路的启发与解决方案的实施。全书大部分项目配有实训和课后习题，帮助读者理解并应用所学知识。

本书适用对象

- 开设有大数据存储课程的高校的学生。
- 具有海量数据存储需求的技术人员。
- 基于数据库应用的开发人员。
- 进行大数据存储应用研究的科研人员。

代码下载及问题反馈

为了帮助读者更好地使用本书，本书配套原始数据文件、Python 程序代码，以及 PPT 课件、教学大纲、教学进度表和教案等教学资源，读者可以从泰迪云教材网站免费下载，也可登录人民邮电出版社教育社区（www.ryjiaoyu.com）下载。同时欢迎教师加入 QQ 交流群“人邮大数据教师服务群”（669819871）进行交流探讨。

由于编者水平有限，书中难免会出现一些疏漏和不足之处。如果读者有更多的宝贵意见，欢迎在泰迪学社微信公众号（TipDataMining）回复“图书反馈”进行反馈。更多本系列图书的信息可以在泰迪云教材网站查阅。

编　者

2023 年 5 月

泰迪云教材

目录 CONTENTS

项目 1 了解大数据

教学目标

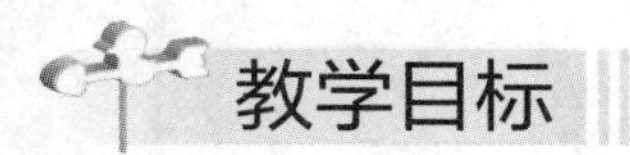

1. 知识目标

（1）了解大数据的概念、特征和应用领域。

（2）熟悉大数据技术体系。

（3）了解基于文件系统、数据库和数据仓库的数据存储方式。

（4）了解 NoSQL 数据库的特点与分类。

2. 素养目标

（1）具备大数据思维能力，认识到现实生活中蕴含着大量数据信息；面对实际问题时，能主动尝试运用所学的大数据技术的知识和方法寻求解决问题的策略。

（2）具备探索精神，面对新的知识时，能够主动寻找并调研相关背景，探索其应用价值及应用领域。

（3）能够利用数据传播的便利性进行学习、交友等活动，丰富知识积累，同时了解社会动态，紧跟时事。

项目描述

1. 项目背景

随着互联网、物联网及云计算等技术的快速兴起，数据的增长方式与以往任何时期相比都有了巨大的不同。数据规模越来越大，数据形式越来越复杂，数据的更新速度越来越快，数据与人们生活的密切程度也越来越高。据美国互联网数据中心（Internet Data Center，IDC）研究，仅互联网上的数据每年就增长 50%左右。除此之外，全世界的工业设备、交通工具、生活电器、移动终端，也都随时记录和传递着有关震动、位置、温度、湿度乃至人们之间相互联系的变化情况，数据量极大已成为目前数据信息最明显的标签之一。人类已经进入了一个“大数据”时代，数据的规模更加庞大，数据的种类不再单一，快速查询、定位并提供数据的要求也越来越高，与此紧密相关的数据存储亦发生了巨大的变化。

2．项目目标

为后续更好地学习大数据存储的相关知识，本项目将通过大数据简介及大数据存储技术的介绍，让读者对大数据技术体系及大数据存储技术有一定的了解，为真正生产环境中的存储技术选型奠定架构设计的基础。

3．项目分析

（1）学习大数据的概念和特征。

（2）学习大数据的应用领域和大数据技术体系。

（3）学习大数据存储技术，了解分布式数据库的概念与分类。

项目实施

任务 1.1 大数据简介

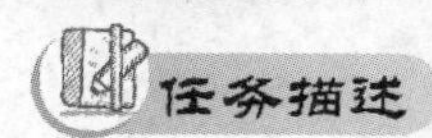

任务描述

大数据存储是大数据技术体系中的一部分。因此，了解大数据的概念、特征和应用领域，熟悉大数据技术体系，是理解大数据存储技术的前提和基础。

1.1.1 大数据的概念

尽管"大数据"一词早在 20 世纪 80 年代就已提出，并于 2009 年开始成为 IT 行业的流行词汇，但作为一个较为抽象的概念，业界至今还没有对"大数据"给出一个确切、统一的定义。目前，大数据的几个较为典型的定义如下。

（1）网络上普遍流行的大数据定义是：在合理的时间内，无法运用传统的数据库管理工具或数据处理软件，完成捕获、管理和处理等功能的大型、复杂的数据集。

（2）麦肯锡公司对大数据的定义是：在一定时间内无法用传统数据库软件工具采集、存储、管理和分析其内容的数据集合。

（3）研究机构高德纳（Gartner）认为：大数据是指需要借助新的处理模式才能拥有更强的决策力、洞察力和流程优化能力的，具有海量、多样化和高增长率等特点的信息资产。

1.1.2 大数据的特征

目前，尽管不同机构、不同学者对大数据的定义不尽相同，但整个大数据行业认同的大数据所具备的基本特征是经典的 4V 特征，即数据规模大（Volume）、数据种类多（Variety）、数据处理速度快（Velocity）、数据价值密度低（Value）。

1．数据规模大

作为人们最早公认的一个特征，数据规模大是随着人类信息化技术不断发展必然会呈现出来的结果。世界正处在一个数据爆炸的时代，大量涌现的智能手机、平板电脑、可穿戴设备及物联网设备等每时每刻都在产生新的数据。随着互联网技术的广泛应用，以及互联网用户的日益增多，数据的采集、存储、分享变得更加容易。图像显示技术、全球定位技术、移动互联技术，以及网络搜索引擎、网络社交工具、网络游戏软件的高速发展，都大大加快了数据的增长速度。据统计，仅在1986年到2010年的20多年时间里，全球的数据量就增长了100倍。而IDC发布的《数据时代2025》预测：在2025年，全球数据量将达到163ZB。

为了更好地理解ZB这个单位，可以先看一下数据的量级。

数据在计算机上存储的最基本单位是字节（Byte），并按照进率1024（2的10次方）递增，依次为Byte、KB、MB、GB、TB、PB、EB、ZB、YB等，各数据量级的换算如下。

```
1KB=1024 Byte
1MB=1024 KB=1048576 Byte
1GB=1024 MB=1048576 KB
1TB=1024 GB=1048576 MB
1PB=1024 TB=1048576 GB
1EB=1024 PB=1048576 TB
1ZB=1024 EB=1048576 PB
1YB=1024 ZB=1048576 EB
```

以我国文学名著《红楼梦》为例，其某个版本约87万字（含标点符号，每个汉字占两个字节），按照数据量级的换算规律，则一个1TB的笔记本电脑硬盘可以存储约631903部《红楼梦》。据此，1ZB的数据量就可想而知了。可见，数据规模大是整个人类文明发展的必然结果，也是大数据最明显的特征。

2. 数据种类多

传统的数据库管理系统及数据分析工具所处理的数据多为表格形式的结构化数据。随着信息技术的高速发展，如今数据库管理系统及数据分析决策使用的数据已经不再局限于此。例如，微博上的文本数据、网站中的日志数据、抖音上的视频数据、手机中北斗导航所产生的位置数据等。可见，在大数据时代，数据类型不再单一。这些经过或未经过加工的数据为人们的工作和生活提供了种类丰富的信息，使人们的生产、生活、学习、娱乐及社交等活动更加便利。

数据的种类划分有多种方式，在大数据技术领域，通常按照数据的结构将数据分为结构化数据、非结构化数据和半结构化数据。这3种数据的特点及主要表现形式如下。

（1）结构化数据

一般结构化数据是指存储在关系数据库中的数据，通常使用二维表进行逻辑表达和实现。在大数据概念出现之前，结构化数据是各行业进行数据存储、传输、处理的主要数据类型。关系数据库（如SQL Server、Oracle、MySQL、DB2等）中存储的结构化数据示例如表1-1所示。

表1-1　结构化数据示例——某班级学生信息表

班级	学号	姓名	年龄	性别	籍贯
大数据1班	1	张三	19	男	河北平山
大数据1班	2	李四	19	男	河北隆尧

从表1-1可以看出，关系数据库中的数据是有着固定结构模式的数据，属于结构化数据，数据的格式严格固定。这些数据多为隐私性和安全性级别都非常高的商业、贸易、物流，以

及财务、保险、股票等传统支柱行业的数据。大多数传统的数据技术应用也主要基于结构化数据，经过多年的发展，结构化数据的处理技术已经形成了相对比较成熟的技术体系。

（2）非结构化数据

与能用二维表结构展示的结构化数据相比，非结构化数据没有固定的标准格式，不能采用类似的二维表格进行展示，如各种格式的文档、图像、音频和视频等。正是因为没有限定的结构形式，非结构化数据的表示才更加灵活，所蕴含的信息也更加丰富。随着网络在人们生产生活中的日益普及，非结构化数据在互联网上的信息内容形式中占据了很大比例。随着我国“互联网+”战略的实施，非结构化数据越来越多，并且已成为数据的主要部分。IDC 的调查报告显示：非结构化数据已占企业所有数据的 70%～80%，甚至更高，而且这些数据还在以每年约 60%的幅度增长。

尽管非结构化数据在日常工作和学习中日益重要，但很明显，与结构化数据相比，互联网时代产生的如社交网络数据、GPS 定位数据，以及 BI 报表、监控录像、卫星遥感数据等非结构化数据更不容易收集、存储与管理，采用传统的方法无法直接进行数据的查询和分析，这类数据需要使用不同的处理方式。因此，新型数据库技术得到了大力发展，NoSQL 和 NewSQL 等数据库的出现，在一定程度上满足了海量数据及新类型数据存储和高效利用的需要，使原本看起来很难收集和使用的数据逐渐开始容易被收集和利用，并在各行各业中不断地为人们创造更多的价值。

（3）半结构化数据

半结构化数据是处于结构化数据和非结构化数据之间的一类数据，它既不像结构化数据那样具有严格的理论模型，可以存储在关系数据库中，也不像非结构化数据那样没有固定的格式。半结构化数据采用的是一种标记服务的基础模型，从这个角度来看，半结构化数据是有结构的，其最明显的特征就是数据结构的自描述性，即在半结构化数据中，结构模式附着或相融于数据本身，数据本身也描述了其相应的结构模式。

常见的半结构化数据有各种日志数据、采用 XML 与 JSON 等格式的数据等。这些数据的每条记录可能都会有预先定义的规范；但是每条记录包含的信息可能不尽相同，甚至可能有不同的字段名、字段类型或者嵌套的格式等。为了方便管理与维护半结构化数据，这类数据常以纯文本格式输出。只有当需要对相关数据进行查询或分析等处理时，才会通过某种特定的方式将半结构化数据进行相应的转换或解码，从而解析得到所需数据。

采用 JSON 格式的数据示例如下。

```
{
  "Student": [
  {
  "Name": "ZhangSan",
  "Age": "19"
  },
  {
  "Name": "LiSi",
  "Age": "19"
  }
  ]
}
```

从这个示例可以看出，因半结构化数据的数据格式不固定，所以可以非常方便地通过调整键值查询、修改、更新相应信息。另外，在半结构化数据中，即使同一键值存储的信息也不一定完全相同，可以是数值型的，也可以是文本型的，还可以是字典或列表类型的。这一特点使得半结构化数据的构成在更加复杂和不确定的同时，由于没有固定格式的限制，因此可以方便地更新系统中的数据，这让数据也具有了更高的灵活性和更广泛的需求适应能力。可以说，半结构化数据相对于结构化数据更便于客观地描述事物。

可见，在大数据、物联网及人工智能时代，数据的产生方式是多种多样的，所产生的数据种类也不再唯一，不仅有传统的结构化数据，还存在大量的半结构化数据和非结构化数据，而且后两者所占的比例将越来越大。

3. 数据处理速度快

在大数据时代，数据规模庞大、种类繁多。大量的数据、繁杂的数据类型，必然要求数据处理具有极快的速度。

在大数据处理中，有一个经典的"1 秒定律"，即要在秒级时间范围内给出分析结果，超出这个时间，数据就失去了其应有的价值。当然此处的 1 秒并非严格的 1 秒，只是用以说明数据时代对数据处理速度的要求。作为一种以追求实时处理为特点的计算解决方案，大数据处理速度快是由于现阶段数据产生快而出现的。随着各种高新技术在现代社会各行各业的应用，目前很多数据都是爆发式产生，例如，欧洲核子研究中心的大型强子对撞机在工作状态下每秒产生 PB 级的数据。又如，射频识别数据、全球定位系统（Global Positioning System，GPS）位置信息、系统日志等数据，尽管是涓涓细流式地产生，但是由于用户众多，短时间内产生的数据量依然非常庞大。可见，目前数据从生成到消费的时间窗口非常短，用于生成决策的时间也非常短，这就要求数据处理的速度要非常快，这也是大数据技术有别于传统数据技术的重要一点。

另外，大数据时代数据处理速度快还得益于计算机 CPU 性能的快速增长和云计算技术的飞速发展。

（1）CPU 性能的快速增长

近年来，计算机核心处理单元 CPU 的数据处理量呈指数级增长。在提高单核心主频的能力到达一定瓶颈时，采用多核心联动处理，大大提升了单台计算机 CPU 的运算速度。这种多核心、多线程的数据处理方式为提高数据处理速度提供了重要支持。

（2）云计算技术的飞速发展

作为分布式计算发展的一个重要成果，云计算将繁重的数据计算任务分配给由成百上千台（甚至更多）的服务器组成的"云"系统。通过分而治之的策略，云计算可以在很短的时间内完成对数以万计的数据的处理，从而极大提升了大规模数据的处理速度。

4. 数据价值密度低

在硬件性能不高、各种计算能力较弱的时期，为了不浪费硬盘空间和加快数据分析速度，人们希望在数据库中存储的每一条记录都有价值。但在大数据时代，硬件性能得到飞速发展的同时，也开发出了诸如云计算等各种先进的计算技术。数据的存储能力和计算速度发生了质的变化。因此，在大数据时代，不再像以前那样，只挑选有用的数据存入数据库中，而是采取了一种海量存储的理念，即所有可能的信息都可存入相关的存储系统。在这种情况下，数据的存储量变得十分巨大。

然而，在数据量呈现几何级数增长的同时，有用信息的占比却在不断降低，人们获取有用信息的难度不断加大。可见，数据价值密度低是大数据时代的一个显著特点。例如，现在无论是各条道路还是各个小区，包括很多企事业单位都安装了视频摄像头，以实现对相关地点或范围的全天候视频全景监控。这些监控设备每天产生的视频数据量十分巨大，仅仅一个高中校园，24 小时就会产生成百上千 GB 的视频数据，这些视频数据记录着师生在校园中的各种活动。但如果没有特殊状况发生或者不采用大数据技术对这些数据进行分析与挖掘，这些海量的实时监控视频数据，也仅仅是被视频采集设备捕获并存储在学校的数据中心罢了，数据的价值十分有限。

只有根据行业需求，采用大数据所特有的技术手段和研究方法，对海量数据进行分析与挖掘，才能从中提取出高价值的信息，从而实现对大数据的合理利用。

1.1.3　大数据的应用领域

随着大数据技术的不断进步，大数据应用有力促进了信息技术与各行业的深度融合，大数据开发大大推动了新技术和新应用的不断涌现。目前，大数据已渗透到各行业和各业务的职能领域，助力建设现代化产业体系。

1．电商行业

电商是互联网领域中数据较为集中的行业，不仅数据量巨大，而且数据种类非常复杂。通过海量的商品交易数据，不仅可以统计出消费热点、用户的消费习惯和消费特点、影响消费的因素等，还能预测出消费趋势、流行趋势等。大数据在电商领域的精准营销方面发挥着重要作用。

2．医疗行业

在应用大数据提高医疗机构诊治效率、提升患者就医体验的背后，离不开基础数据存储和分析的支撑，而激增的数据处理需求对医疗机构的数据存储能力提出了挑战，也正是有了挑战，才能促使国内相关行业、企业良性且快速地发展。

由于医疗行业的特殊性，医疗数据的长期、安全存储要求也更高。为了妥善解决医疗信息化过程中面临的数据存储难题，国内许多企业持续探索存储技术，不断完善场景化解决方案，为医疗机构提供底层存储支撑。以光存储行业领军企业紫晶存储为例，根据医疗行业数据量大、存储周期长、业务和数据多样化的特点，紫晶存储选择光存储介质为主要存储介质，推出了长期归档解决方案，利用光存储技术，提供 PB 级别的存储容量，采用分布式架构部署可扩展至 EB 级别，提供数据的长期归档、存储、取回的全流程服务，可以满足医疗单位诊疗信息大容量存储需求，可实际应用于医疗单位、区域医疗云等诸多应用场景。

3．交通行业

随着我国城市规模的不断扩大，机动车数量急剧增加，交通拥堵、停车困难等出行问题日益加剧，严重影响了人们生活的幸福感。高德地图、百度地图等导航工具的日请求次数上百亿，利用大数据技术，结合视频监控设备、通信导航设备，通过提前预测道路交通情况，为人们的出行提供优化方案。在助力交通部门提高道路交通把控能力、防止和缓解交通拥堵等方面，大数据技术起到了极为重要的作用。

总之，大数据技术已经融入了饮食、健康、出行、家居、医疗、购物、社交等各个方面，为人们生活水平的提升做出了巨大贡献。随着与云计算、物联网等高新技术的紧密结合，大数据技术将为人类提供更多、更好的服务。

1.1.4 大数据技术体系

技术体系是指各种技术之间相互作用、相互联系，按一定目的、一定结构方式组成的技术整体。大数据技术体系，就是以从各种类型的海量数据中快速获取有价值的信息为目的，由大量在大数据领域涌现出的数据采集、存储、处理和呈现等相关技术所组成的相互联系的技术整体。大数据技术体系主要包含大数据采集、大数据预处理、大数据存储、大数据分析与挖掘及大数据可视化等，如图 1-1 所示。

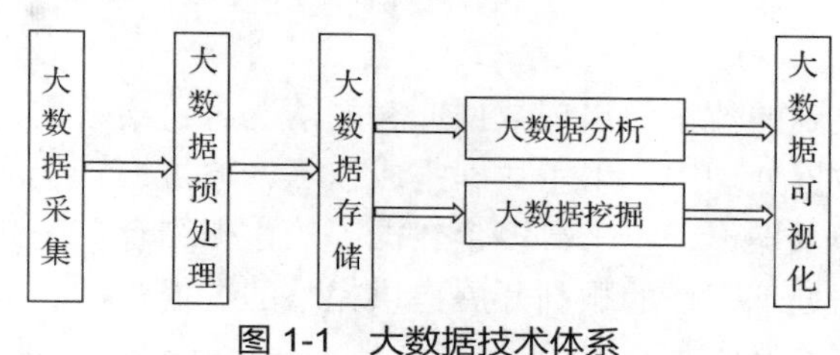

图 1-1 大数据技术体系

1. 大数据采集

数据是大数据处理的主要对象，因此，数据采集是大数据处理流程的第一步，是大数据知识服务体系的根本，数据采集的效率和效果直接影响着大数据处理的整个结果。

（1）数据的主要来源

大数据采集是指从传感器、智能设备、企业在线（离线）系统、社交网络和互联网平台等获取海量数据的过程。采集的数据不仅包括设备和互联网上的实时数据等，还包括相关的历史数据；不仅有传统的结构化数据，还有大量的半结构化及非结构化数据。

获取数据的途径有机器设备、用户对象、单位已有系统、互联网等，这些都是海量数据的来源。例如，机器设备的数据可从智能仪表、设备传感器、各类视频监控系统中进行采集；某单位的历史数据可以从单位已有的客户关系管理系统、资源计划系统、库存系统、销售系统等进行数据库采集；某个体的社交数据可以从与之相关的微信、QQ、微博、博客、朋友圈等进行网络采集。

（2）数据采集所需的技术

数据采集环节看似简单，但要完整、准确、及时、安全地获取数据，完成大数据的采集，需要将多种技术综合应用。其所需的技术主要涉及数据源的识别、感知技术，数据的适配、传输技术，数据采集与其他数据处理环节的接口技术，以及数据的隐私保护技术等。

2. 大数据预处理

数据的质量好坏会直接影响到大数据处理任务的成败。采集到的数据因采集手段、环境噪声、多源冲突等，不能直接交给大数据处理的其他环节进行使用，而要先对采集到的数据进行预处理。

大数据预处理主要是将已采集到的、分散的、来自异构数据源中的数据，如设备数据、使用日志数据、文件数据等，进行清洗、集成、转换等操作，最后加载到既定数据库或数据仓库中的过程，为后续的数据分析与处理、数据挖掘与展示等活动提供可用、可靠的数据资产。数据预处理主要包括数据清洗（Data Cleaning）、数据集成（Data Integration）、数据转换（Data Transformation）等操作。

（1）数据清洗

采集到的数据常有噪声、不完全和不一致的情况。数据清洗是指通过填补遗漏数据、消除异常数据、平滑噪声数据，以及纠正不一致的数据等操作，消除上述情况，提高数据质量。例如，在分析某销售数据时，发现某条记录中的"顾客收入"属性值为空，则可以采用利用均值填补遗漏数据的方法补充该属性值，从而增加可用数据的数量和提高数据的完整性。

（2）数据集成

从不同数据源采集到的数据常出现数据冲突的情况，这给数据的存储与管理造成了一定影响。因此，在大数据处理中，采用数据集成技术，通过模式集成、消除冗余及对数据值进行冲突检测与消除等操作，将来自多个数据源的数据结合在一起，形成统一的数据集合，以便为后续大数据处理工作的顺利开展提供完整的数据资产。例如，有分别来自两个数据库的数据，其中一个数据库中的字段名称为"custom_id"，而另一个数据库中的字段名称为"custom_number"，通过对数据库中的源数据进行分析，这两个字段表示的是同一个含义。比对修改的操作常能够避免在数据集成时发生错误。

（3）数据转换

在数据分析过程中，采集到的原始数据有时很难满足统计学的要求，必须对数据按变量进行适当的转换，改变变量的值、编码等，这就需要在数据预处理过程中完成相关数据的转换工作。数据转换主要包括计算产生新变量、重新赋值、自动重新编码、替换缺失值等。目前，常用的数据转换方法如下。

① 脚本。通过编写代码执行数据转换。

② ETL 工具。ETL 工具是市面上比较成熟的用来完成数据转换的工具，在大数据系统中部署 ETL 工具，可以实现数据的自动转换与加载。

3. 大数据存储

大数据存储是利用合适的存储方式把采集到的或者预处理后的数据存储起来，通过建立相应的数据库，形成直接可用的数据资产的过程。与传统的数据存储相比，大数据存储技术的特点主要在于扩展性，即硬件存储设备容量的扩展和数据类型的扩展。

（1）硬件存储设备容量的扩展

随着数据规模的跳跃式增长，单台存储设备对海量数据的存储支持越来越困难。目前，大数据存储多采用分布式的存储方式，以满足硬件存储设备容量的扩展需求。

（2）数据类型的扩展

传统的关系型数据库在规模较小的结构化数据存储中能够发挥重要作用，能够为数据的分析与处理提供高性能的支持。但对于海量数据的存储，其对半结构化数据或非结构化数据的存储与管理的能力却大打折扣。而在大数据时代，数据类型不再局限于结构化数据，半结构化数据和非结构化数据所占比例越来越高，这就需要能满足这类数据存储与管理需求的数据组织与管理工具。

目前，主流的大数据组织与存储工具包括 Hadoop 分布式文件系统（Hadoop Distributed File System，HDFS）、非关系型分布式数据库等。

4. 大数据分析与挖掘

大数据分析与挖掘是大数据技术产生及发展的最终目的，是在数据采集、预处理和存储的基础上，通过收集、整理、加工和分析数据，挖掘提炼出有价值信息的过程，其目的是为管理者或决策者提供相应的辅助决策支持。

（1）大数据分析

作为数学与计算机科学结合的产物，大数据分析采用合适的统计方法对采集到的大量数据进行汇总、分析，从看起来没有规律的数据中找到隐藏的信息，探索事物或对象之间的因果关系、内部联系和业务规律，以帮助人们进行判断、决策，从而使存储的数据资产发挥最大的作用。例如，任何一个新产品在设计之初，都会对诸如市场需求情况、竞争对手情况及技术储备情况等进行大量的调查，并通过对调查数据的分析，为是否进行设计及如何进行设计提供有力的决策支持。可以说，数据分析从古至今在各行各业都发挥着重要的作用。

从数学的角度看，数据分析的结果一般都是得到某一个或某几个既定指标的统计值，如总和、平均值等，这些统计值也都需要与各相关业务进行结合解读，才能发挥出数据的价值与作用。目前，大数据领域常用的数据分析方法有回归分析、对比分析、交叉分析等。

（2）大数据挖掘

大数据挖掘是指从海量数据中，通过统计学、人工智能、机器学习等方法，挖掘出未知的、有价值的信息和知识的过程。与大数据分析主要采用统计方法不同，大数据挖掘还大量使用了人工智能与机器学习的相关算法，如聚类、分类、关联分析和预测等。

在计算机硬件性能和云计算技术的支持下，数据挖掘更强调的是从海量数据或者不同类型的数据中寻找未知的模式与规律。与传统的抽样调查方法相比，大数据挖掘是对全体海量数据进行处理。而全体海量数据正是存储在分布式文件系统、非关系数据库系统等新型大数据存储系统之中的。

目前，在大数据领域，数据挖掘主要侧重于解决分类、聚类、关联和预测等问题，所采用的方法包括决策树、神经网络、关联规则和聚类分析等。

5. 大数据可视化

人类的大脑对视觉信息的处理优于对数字的处理，因此为了更好地给用户展现大数据处理的结果，往往使用图表、图形和地图等代替枯燥的数字，从而帮助用户更好地理解数据。这需要采用一种合乎逻辑的、易于理解的方式来呈现数据，这也是数据可视化的基本目的。可以说，数据可视化是关于数据视觉表现形式的技术，是一种利用图形、图表和其他工具，通过表达、建模及对立体、表面、属性和动画的显示，对数据进行可视化解释的较为高级的技术，是人们理解复杂现象、解释复杂数据的重要手段和途径。

例如，图 1-2 所示为 2005～2019 年我国三大产业占 GDP 比例的趋势，从图中不仅可以清晰地看出每年度 GDP 中三大产业构成，而且能够直观地看出三大产业在 GDP 中所占比例的变化情况。

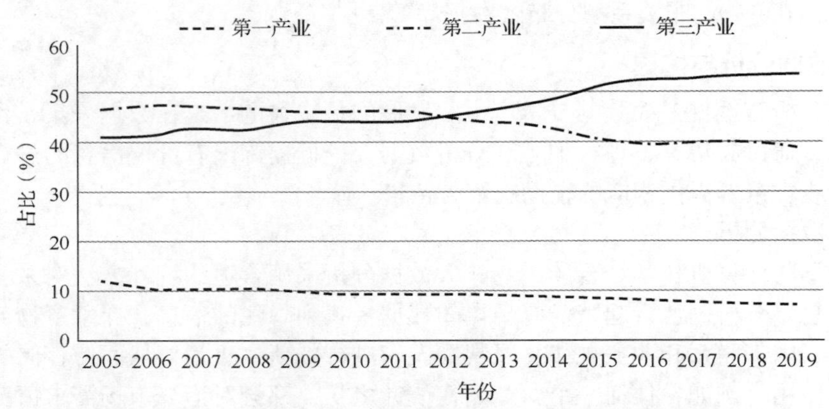

图 1-2　2005～2019 年我国三大产业占 GDP 比例的趋势

在大数据时代，同样可以借助可视化技术，通过图片、图形、视频等方式，将海量的甚至动态的数据及数据之间错综复杂的关系，以直观、友好的图形化、智能化的形式呈现给用户，为用户提供更快速、更易理解、更有效的交流手段。

任务 1.2　大数据存储技术

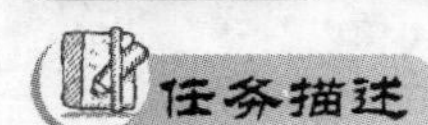

数据可以存储在文件、数据库或数据仓库中。为此，首先解释 3 种数据存储的方式，然后对数据库存储中常用的分布式数据库进行简要介绍。

1.2.1　了解数据存储

数据存储是指数据以某种格式记录在计算机内部或外部存储介质上。目前，数据存储的方式有基于文件系统的数据存储、基于数据库的数据存储、基于数据仓库的数据存储 3 种。

1. 基于文件系统的数据存储

文件系统是存在于操作系统之中，在存储设备或分区上负责组织、存取与管理文件的软件，也称为文件管理系统。而数据则以文件的形式存储在各存储设备上，并由操作系统统一管理。

与传统的文件系统相比，分布式文件系统将数据分散地存储在多台独立的服务器或其他存储设备上。其采用可扩展的系统结构进行负载均衡，使多台服务器及相关设备共同分担存储任务。同时，其采用元数据来定位数据在设备中的存储位置。分布式文件系统架构如图 1-3 所示。

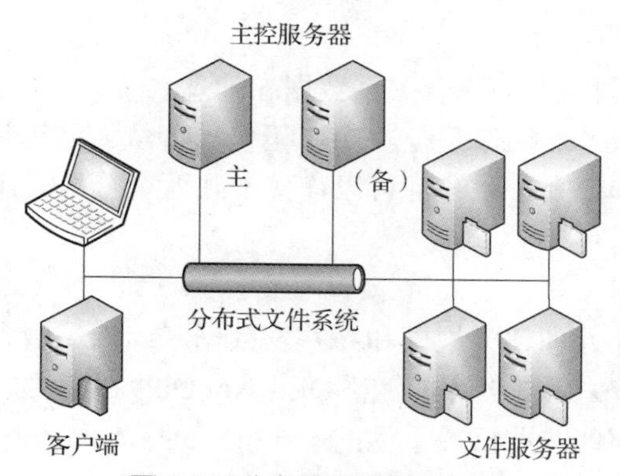

图 1-3　分布式文件系统架构

基于分布式文件系统的数据存储，不仅实现了大量数据的长期保存，而且通过与文件的逻辑结构和物理结构脱钩，在一定程度上实现了数据与程序的分离及以文件为单位的数据共享，减少了程序员的工作量。

2. 基于数据库的数据存储

随着计算机处理业务的日益复杂，数据量急剧增长，应用系统对共享数据集合的要求越来越强烈，数据库技术应运而生。数据库（Database）就是按照一定的数据结构（数据的组织形式或数据之间的联系）进行组织、存储和管理数据的仓库。数据库提供的多种方式可以方便地管理数据库里的数据。按照目前业界的一种比较普遍的划分方式，可将数据库分为关系数据库和非关系数据库。

（1）关系数据库

关系数据库是指采用了关系模型来组织数据的数据库，它以由行和列所组成的二维表格的形式存储数据。程序对数据的操作是通过对这些关联的表格进行分类、合并、连接或选取等运算来实现的。关系数据库要遵循 ACID 原则，即原子性（Atomicity）、一致性（Consistency）、独立性（Isolation）和持久性（Durability）。

目前，主流的关系数据库包括 Oracle、SQL Server、MySQL、DB2 等。

① Oracle

Oracle 是甲骨文公司开发的一款大型数据库管理系统，支持在 Linux、Windows 等平台上安装。作为目前世界上使用最为广泛的数据库管理系统之一，Oracle 具有完整的数据管理功能，并能够很好地实现分布式处理功能。

② SQL Server

SQL Server 是微软公司推出的关系数据库管理系统。其可以与 Windows 操作系统紧密集成，因此不论是应用程序开发速度还是系统事务处理速度都比较快。同时，由于其操作界面简洁、功能全面，常常作为中型企业的数据库平台。对于在 Windows 平台上开发的企业级信息管理系统，SQL Server 是一个很好的选择。

③ MySQL

MySQL 是 Oracle 旗下的一款小型关系数据库管理系统。其由于体积小、速度快、开源等特点，在中小型网站开发中被广泛地应用。

④ DB2

DB2 是美国 IBM 公司开发的一套关系数据库管理系统，可广泛应用于 UNIX、Linux、Windows 等所有常见的服务器操作系统。DB2 不仅支持从大型机到单用户环境，而且具有很好的网络支持能力。其每个子系统都可以连接十几万个分布式用户，非常适用于大型分布式应用系统。

（2）非关系数据库

传统的关系数据库在处理超大规模和高并发数据时出现了很多难以解决的问题，从而催生了非关系数据库。非关系数据库即 NoSQL（Not Only SQL 的缩写，可译为“不仅仅是 SQL”）数据库，它是指那些非严格关系型的、分布式的、不保证遵循 ACID 原则的数据库，其在数据操作上与关系数据库有着本质的不同。

主流的非关系数据库包括 MongoDB、HBase、Redis 等，详见 1.2.2 小节。

（3）关系数据库与非关系数据库的比较

关系数据库与非关系数据库是在数据处理不同阶段出现的不同产物，分别适用于不同的场景。关系数据库与非关系数据库的主要优缺点对比如表 1-2 所示。

表 1-2　关系数据库与非关系数据库的主要优缺点对比

	关系数据库	非关系数据库
优势	① 易理解：关系数据库中的关系模型、二维表结构等都非常贴近逻辑世界，易理解 ② 易使用：几乎所有的操作都可通过 SQL 完成，使用起来非常方便 ③ 易维护：建表、建库时的各种完整性要求在降低数据冗余和数据不一致的概率的同时，使维护难度大大降低	① 建表灵活：用户可以根据需要添加字段，建表约束小 ② 存储灵活：各数据的独立设计，使数据可以灵活地分布在多台服务器上，降低了对每台服务器的要求 ③ 处理数据量巨大：采用分布式技术，因此能够处理大规模数据
不足	① 海量数据的处理效率低 ② 对数据库系统进行升级和扩展时，往往需要进行停机维护和数据迁移	① 复杂查询能力弱 ② 事务处理能力弱

从表 1-2 可以看出，关系数据库与非关系数据库并非对立关系，而是一种互补的关系。在实际生产环境中，常常将二者结合起来使用。

3. 基于数据仓库的数据存储

随着数据分析、辅助决策等技术需求的日益增多，人们在某些领域开始采用数据仓库（Data Warehouse）完成对数据的存储。可以简单地理解为，数据仓库是数据库概念的升级。

在实际应用中，数据仓库存储的主要是历史数据，并通过维度表对数据进行分析。作为一个面向主题的、集成的、相对稳定的、反映历史变化的数据集合，数据仓库通过系统地分析、整理和组织大量的历史数据，以联机分析处理（OnLine Analytical Processing，OLAP）和数据挖掘等各种方法，帮助决策者快速有效地从大量数据中分析出有价值的信息，从而实现辅助决策，构建商业智能。

但传统的数据仓库无法满足快速增长的海量数据存储需求，在处理不同类型的数据方面性能也相对较弱。因此，在大数据时代，常采用构建在分布式系统上的诸如 Hive 等的软件作为大数据的数据仓库。

1.2.2 了解分布式数据库

1. 分布式数据库与分布式数据库管理系统

在传统的数据库学习中，会经常接触到数据库、数据库管理系统等概念，在分布式数据库理论中，同样也存在这些相近的概念。

（1）分布式数据库

长期以来，人们在数据量较小的情况下，常采用集中式数据库的方式进行数据管理。集中式数据库是指所有存储和计算任务都在一台主机上完成，而终端客户设备仅仅用来输入和输出，并不做任何数据处理。随着数据规模的日益增大，集中在一台主机上进行存储和计算的效率越来越低，从而出现了分布式数据库。可以说，分布式数据库是在传统集中式数据库的基础上发展而来的，是针对大数据存储管理而快速发展起来的关键技术，是数据库技术和网络技术不断发展、相互融合、相互促进的结果。分布式数据库的基本思想是借助计算机网络技术，将海量数据分散存储在网络中的不同存储节点，并通过分布式计算技术，将分散的物理存储单元连接起来组成一个在逻辑上统一的数据库，从而在获取更大存储容量的同时，实现更大的并发访问量。

可见，分布式数据库依然是数据的仓库，是逻辑上相互关联的数据集合。与传统数据库相比，分布式数据库将数据分散存储在网络中的各节点上，其存储的数据规模更大，数据的可靠性、可共享性、透明性更高。尤其是分布式数据库的高透明性，使用户在使用过程中，无须关心数据在网络节点中的具体分布情况及各服务器之间的协调过程，即无须关心数据的物理位置，数据库中数据的存取（无论是本地还是异地）对用户而言都是完全透明的。

随着技术的进步和人们对信息网络化、分布化、开放化的需求日益增长，分布式数据库的应用越来越广泛。

（2）分布式数据库管理系统

集中式数据库与计算机网络技术是分布式数据库的基础，但并不是简单地将集中式数据库通过网络连接后就构成了分布式数据库。分布式数据库的高并发、高透明性等特点意味着在分布式环境下，还需要一套相关的软件帮助网络中的各台计算机完成数据的分配、查询、处理、并发控制，以及众多存储节点中数据库的管理与协调等多方面的工作。这套相关的软件就是所谓的分布式数据库管理系统。它是一种专门为分布式数据库所设计的，用于建立、使用和维护分布式数据库的大型软件，借助存储引擎和计算引擎对分布式数据库进行统一管理，以保证分布式数据库的安全性和完整性。

可见，分布式数据库与分布式数据库管理系统是不一样的。例如，对于常见的分布式数据库管理系统 MongoDB，在使用过程中需要先安装该管理系统，之后使用 use 命令创建或切换到指定数据库。如用“use student”表示如果数据库 student 不存在，则创建数据库 student，否则切换到指定数据库 student。作为分布式数据库管理系统，MongoDB 在此时提供的就是创建分布式数据库的功能。

尽管分布式数据库与分布式数据库管理系统有一定的区别，但在很多情况下，无须严格区分二者的关系，在实际使用过程中也无须纠结这些称呼。例如，MongoDB 常被称为文档数据库。

2. NoSQL 数据库

在互联网时代，数据量增长迅猛，数据规模已实现从 GB 级到 PB 级，甚至到 ZB 级的飞跃，同时也包含了结构化、非结构化和半结构化类型数据。在关系数据库无法满足这种变化的情况下，一种新型的非关系分布式数据库——NoSQL 数据库就诞生了。

（1）NoSQL 数据库的特点

NoSQL 数据库是对不同于传统的关系型数据库的统称，其主要特点如下。

① 灵活的数据模型

与关系数据库不同，NoSQL 的数据模型能够非常灵活地对半结构化或非结构化数据进行管理，而无须提前知晓要存储的数据内容。在存储过程中，只需增加相关的列即可，不需要像关系数据库那样对表结构进行修改，甚至对数据进行迁移等操作。

② 可扩展性强

NoSQL 是基于互联网需求而诞生的，因此 NoSQL 在设计之初就是分布式的、可充分横向扩展的。当服务器无法满足数据存储和访问需求时，只需要增加服务器，通过负载均衡将用户请求进行分散，即可降低单台服务器出现性能瓶颈的可能性。这就使得 NoSQL 在能够动态增添存储节点以实现存储容量线性扩展的同时，极大降低开发及维护人员的操作难度。

③ 高可用性

NoSQL 数据库支持自动复制。在 NoSQL 数据库分布式集群中，服务器会自动对数据进行备份，即将一份数据复制存储在多台服务器上，实现对数据的冗余备份，保证数据和服务器的高度可靠性。

④ 高并发性

NoSQL 数据库能及时响应大规模用户的读/写请求，能对海量数据进行随机读/写。尤其是当多个用户访问同一数据时，NoSQL 数据库的分布式集群可以将用户请求分散到多台服务器中，以提高数据库的并发能力。

（2）NoSQL 数据库的分类

在大数据的存储与处理上，NoSQL 具备传统关系数据库无法比拟的性能优势。随着人们对非关系数据库的日益重视，目前已开发出众多性能优异的 NoSQL 数据库产品，如 MongoDB、HBase、Redis 等。根据这些产品的功能侧重，可以将 NoSQL 数据库分为键值数据库、列族数据库、文档数据库和图形数据库。

① 键值数据库

键值数据库采用键值对（Key-Value）的方法存储数据，其中键和值都可以是从简单对象到复杂复合对象的任何内容。

Key-Value 数据模型采用哈希函数实现关键字到值的映射。作为唯一的标识符，键（Key）是查找每个数据地址的唯一关键字，而值（Value）则是该数据实际存储的内容。在查询时，基于 Key 的哈希值直接定位到数据所在的点，实现快速查询，并支持大数据和高并发查询。例如，在键值对（"202001":"小明"）中，Key 是“202001”，是该数据的唯一入口；而 Value

为“小明”，表示实际存储的数据内容。

键值数据库的主要优势是扩展性好、灵活性好，进行大量写操作时性能高。目前，主流的键值数据库有 Redis、SimpleDB 等。

② 列族数据库

在传统的关系数据库中，数据都是以行相关的存储体系架构进行空间分配的，而列族数据库是以列相关的存储架构进行数据存储的数据库。同时，列族数据库里的行把许多列数据与本行的“行键”（Row Key）关联起来。例如，某列族数据库中的 student 表中有两行，每一行用学号作为行键，同时每一行由多个列族组成，而每个列族可由多个不同的列组成。

列族数据库的主要优势是查找速度快、可扩展性强、复杂度低。目前，主流的列族数据库有 Hadoop 的 HBase、Google 的 BigTable 等。

③ 文档数据库

文档数据库是键值数据库的一种衍生品。因此，文档数据库也是通过键定位一个文档的。而“文档”则是一个能够对包含的数据类型和内容进行“自我描述”的数据记录，其格式不仅包括 XML、YAML、JSON 和 BSON 等，还包括二进制格式，甚至包括 PDF、Microsoft Office 文档等。

与键值数据库不同，文档数据库既可以根据键构建索引，也可以基于文档内容构建索引。因此，文档数据库比键值数据库的查询效率更高。

文档数据库的优点是性能好、灵活性高、复杂度低、数据结构灵活。主流的文档数据库有 MongoDB、CouchDB 等。

④ 图形数据库

图形数据库以图论为基础，用图表示一个对象集合，以节点、边及节点之间的关系存储复杂网络中的数据。图形数据库适用于相互高度关联的数据，可以高效地处理实体间的关系，尤其适用于社交网络、依赖分析、模式识别、推荐系统、路径寻找、科学论文引用等场景。

图形数据库的优点是灵活性高、支持复杂的图算法、可用于构建复杂的关系图谱。主流的图形数据库有 Neo4J、GraphDB 等。

项目总结

大数据时代，数据呈爆炸式增长。从存储服务的发展趋势分析，数据存储量的需求越来越大，对数据的有效管理提出了更高的要求。大数据对存储设备的容量、读写性能、可靠性、扩展性等都提出了更高的要求，同时也需要充分考虑数据安全性、数据稳定性、性能和成本等各方面因素。由此，本项目首先介绍了大数据的概念、特征、应用领域和技术体系，接着根据数据的存储方式简要介绍了大数据技术体系中的数据存储技术，并重点介绍了分布式数据库的概念、特点及数据库分类。

通过本项目的学习可以让学生对大数据有一个初步的认识，了解大数据的技术体系及应用前景，培养数据思维能力，认识大数据存储技术，了解主流的分布式存储工具，从而为后续学习数据分析处理奠定基础。

课后习题

选择题

（1）【多选】以下哪些是大数据的主要特征？（　　）

A. 数据规模大　B. 数据类型多　C. 数据处理速度快　D. 数据价值密度低

（2）数据预处理不包括以下哪个操作？（　　）

A. 数据挖掘　B. 数据清洗　C. 数据集成　D. 数据转换

（3）以下哪个数据库不属于非关系数据库？（　　）

A. MongoDB　B. HBase　C. Redis　D. MySQL

（4）【多选】以下哪些是 NoSQL 数据库的特点？（　　）

A. 具有灵活的数据模型　B. 可扩展性强

C. 高可用性　D. 高并发性

（5）【多选】以下哪些数据库属于 NoSQL 数据库？（　　）

A. 键值数据库　B. 列族数据库　C. 文档数据库　D. 图形数据库

拓展阅读

【导读】作为一款国产智能移动办公平台，钉钉自 2015 年面世至今，已有不少企业、组织在使用其办公。在 2020 年 9 月 18 日召开的云栖大会上，阿里云智能高级技术专家详细介绍了表格存储 Tablestore 产品如何助力钉钉消息存储架构的升级，帮助钉钉顶住持续增长的流量而带来的压力。

数据作为国家、企业的重要资产，背后隐藏着巨大的价值。为推进国家安全体系和能力现代化，数据的存储安全及隐私保护首先应该是一个企业的战略动因，而后才是服务商坚守的商业伦理。钉钉在数据保护层面的分布式数据存储加密、支持第三方托管加密的防护机制，内部独立的安全部门，以及来自阿里巴巴集团在安全层面提供的技术、制度等多方面的支持，都是钉钉成为高势能企业级市场安全平台的竞争优势。对于大多数机关单位而言，钉钉提供了“简单、高效、安全”的工作方式，但国家保密局在 2019 年 8 月 8 日发布的《机关、单位可以使用钉钉办公吗？》一文中强调，无论在计算机端还是移动端使用钉钉，都是基于互联网办公，因此严禁使用钉钉谈论、处理、存储及传输国家秘密，因为使用钉钉的数据存储环境以及数据传输过程均不安全。《中华人民共和国保守国家秘密法》第二十六条：“禁止非法复制、记录、存储国家秘密。禁止在互联网及其他公共信息网络或者未采取保密措施的有线和无线通信中传递国家秘密。禁止在私人交往和通信中涉及国家秘密。”

【思考】假如你是一个数据库管理人员，那么你觉得在使用数据库产品存储数据时，可以从哪些方面提高数据存储的安全性呢？

项目 ❷ 结构化数据仓库——Hive

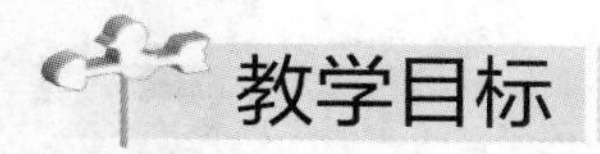

教学目标

1. 知识目标

（1）了解 Hive 及其架构原理。

（2）熟悉 Hive 的安装流程。

（3）了解 Hive 的基础数据类型。

（4）掌握 HiveQL 语句的基本操作。

（5）掌握 Hive 中 UDF 的编写方法。

2. 技能目标

（1）能够完成 Hadoop、Hive 集群的安装配置。

（2）能够对 Hive 表进行创建与管理。

（3）能够完成 Hive 表数据的导入、导出操作。

（4）能够使用 SELECT 语句、HiveQL 内置函数、子查询对 Hive 表数据进行简单查询。

（5）能够根据需求编写 UDF 函数实现 Hive 表数据的查询与处理。

3. 素养目标

（1）引导学生建立正确的人际价值观，商家与消费者应该是服务与享受服务的关系。

（2）提升学生高瞻远瞩、展望未来交通领域发展的意识，关注交通领域的动态发展变化。

（3）能够树立正确的客户价值认知，应用辩证唯物主义的“发展的观点”来分析客户价值，树立正确的价值观。

（4）具备问题的分析能力和归纳总结能力，结合具体的客户价值分析情景，总结出能够体现客户价值的特征。

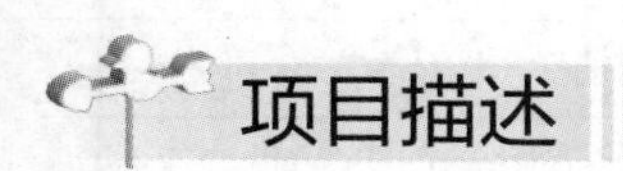

项目描述

1. 项目背景

信息时代的来临使得企业营销焦点从以产品为中心转变为以客户为中心，因而客户关系管理成为企业的核心问题。客户关系管理的关键问题是客户分类，通过客户分类，可以得到具有不同价值的客户，从而采取个性化服务方案，将有限营销资源集中于高价值客户，实现企业利润最大化目标。

国内某航空公司面临着旅客流失、竞争力下降和航空资源未充分利用等经营危机。目前该航空公司已积累了大量的会员档案信息和其乘坐航班的记录，其中的数据字段及其说明如表 2-1 所示。要实现航空公司客户价值分析，首先需要对航空客户数据进行探索分析和处理，考虑到数据量、数据类型的问题，将使用 Hive 数据仓库工具对航空客户数据进行数据存储、探索分析和处理。

表 2-1　航空客户信息表数据字段及其说明

	字段名称	字段说明
客户基本信息	MEMBER_NO	会员卡号
	FFP_DATE	入会时间
	FIRST_FLIGHT_DATE	第一次飞行日期
	GENDER	性别
	FFP_TIER	会员卡级别
	WORK_CITY	工作地所在城市
	WORK_PROVINCE	工作地所在省份
	WORK_COUNTRY	工作地所在国家
	AGE	年龄
乘机信息	FLIGHT_COUNT	观测窗口内的飞行次数
	LOAD_TIME	观测窗口的结束时间
	LAST_TO_END	最后一次乘机时间至观测窗口结束的时长
	AVG_DISCOUNT	平均折扣率
	SUM_YR	观测窗口的票价收入
	SEG_KM_SUM	观测窗口的总飞行公里数
	LAST_FLIGHT_DATE	末次飞行日期
	AVG_INTERVAL	平均乘机时间间隔
	MAX_INTERVAL	最大乘机时间间隔
积分信息	EXCHANGE_COUNT	积分兑换次数
	EP_SUM	总精英积分
	PROMOPTIVE_SUM	促销积分
	PARTNER_SUM	合作伙伴积分
	POINTS_SUM	总累计积分

2. 项目目标

本项目将对 Hive 的架构原理、安装流程进行介绍，结合某航空公司客户价值分析实例，详细介绍 Hive 的基本操作，并使用 Hive 实现航空公司客户价值分析建模的特征数据的构建。

3. 项目分析

（1）学习 Hive 的架构原理及集群搭建过程，根据航空公司客户价值分析的业务需求安装、配置 Hive 集群。

（2）学习 Hive 表创建、管理与表数据的导入、导出操作，在 Hive 中创建航空公司客户信息表，并导入航空公司客户数据至 Hive 表中。

（3）学习 Hive 的 SELECT 基础查询语句，对航空客户数据字段进行描述性统计，查询数据字段的空值、最大值和最小值，对航空客户数据的质量有一定了解。

（4）学习 HiveQL 子查询语句与自定义 UDF 函数，并对航空公司客户数据进行基础探索，统计客户的会员级别和入会时长。

（5）对航空客户数据进行业务探索，并构建适合用于航空公司客户价值分析建模所需的特征数据。

项目实施

任务 2.1 Hive 的架构原理简介

任务描述

Hive 数据仓库是基于 Hadoop 开发的，是 Hadoop 生态圈组件之一，具备海量数据存储和处理能力，是大数据领域离线批量处理数据的常用工具。本节的任务是了解 Hive 的起源、特点及其架构，这是学习与掌握 Hive 海量数据存储计算方法的第一步。

2.1.1 认识 Hive

Hive 是基于 Hadoop 开发的一个数据仓库工具，由 Facebook 开源，用于解决海量结构化日志的数据存储与统计问题。Hive 可以将结构化数据文件映射成一个表，提供类 SQL 查询功能，并且可以将 SQL 语句转换成 MapReduce 任务执行。

1. Hive 的起源

Hive 起源于脸书（Facebook，已更名为 Meta，是美国的一个社交网站）的杰夫 • 汉姆贝彻的团队。2008 年 3 月，Facebook 每天产生 200GB 的评价数据。2008 年 10 月，Facebook 每天产生的数据经压缩后已经超过了 2TB。

面对越来越大的数据规模，传统的数据库已经无法满足数据的管理和分析需求，为了解决这一问题，Facebook 自主研发出一款数据管理规模远超传统数据库的新产品——Hive。

Hive 是基于 HDFS 和 MapReduce 的分布式数据仓库。传统的数据库主要应用于基本的、日常的事务处理，如银行转账。数据仓库侧重于提供决策支持，即提供直观的查询结果，主要用于数据分析。Hive 与关系数据库管理系统（Relational DataBase Management System,

RDBMS）之间的对比如表 2-2 所示。

表 2-2　Hive 与 RDBMS 对比表

对比项	Hive	RDBMS
查询语言	HQL	SQL
数据存储	HDFS	本地文件系统
执行	MapReduce	执行引擎
执行延迟	高	低
处理数据的规模	大	小
数据更新	不支持	支持
模式	读模式	写模式

2. Hive 的特点

Hive 具有可伸缩、可扩展和高容错的特点。

（1）可伸缩：Hive 为超大数据集设计了计算和扩展能力（MapReduce 作为计算引擎，HDFS 作为存储系统）；一般情况下，不需要重启 Hive 就可以自由地扩展集群的规模。

（2）可扩展：除了 HQL 自身提供的能力，用户还可以自定义数据类型，也可以用任何语言自定义 Mapper 和 Reducer 脚本，还可以自定义函数（普通函数、聚集函数）等，这赋予了 Hive 极大的可扩展性。

（3）高容错：Hive 本身并没有执行机制，用户查询的执行是通过 MapReduce 框架实现的，由于 MapReduce 框架本身具有高容错的特点，因此 Hive 也相应具有高容错的特点。

相较于传统的数据库，Hive 结构更加简单，处理数据的规模更加庞大。但 Hive 不支持数据更新，有较高的延迟，并且 Hive 在作业提交和调度的时候需要大量的开销。Hive 不能在大规模数据集上实现低延迟、快速的查询。

Hive 主要适用于日志分析、多维度数据分析、海量结构化数据离线分析等场景。

2.1.2　了解 Hive 的架构

Hive 架构由用户接口、元数据库、解析器、Hadoop 集群组成，如图 2-1 所示。

（1）用户接口：用于连接、访问 Hive，包括命令行接口（Command-Line Interface，CLI）、JDBC/ODBC 和 HWI（Hive Web Interface）3 种方式。

（2）Hive 元数据库（MetaStore）：Hive 数据包括数据文件和元数据，数据文件存储在 HDFS 中；元数据信息存储在数据库中，如 Derby（Hive 的默认数据库）、MySQL，Hive 中的元数据信息包括表的名字、表的列和分区、表的属性、表中的数据所在的目录等。

（3）Hive 解析器（驱动 Driver）：Hive 解析器的核心功能是根据用户编写的 SQL 语句匹配出相应的 MapReduce 模板，并形成对应的 MapReduce job 进行执行，Hive 中的解析器在运行时会读取元数据库中的相关信息。

（4）Hadoop 集群：Hive 用 HDFS 进行存储，用 MapReduce 进行计算；Hive 数据仓库的数据存储在 HDFS 中，业务的实际分析计算是利用 MapReduce 执行的。

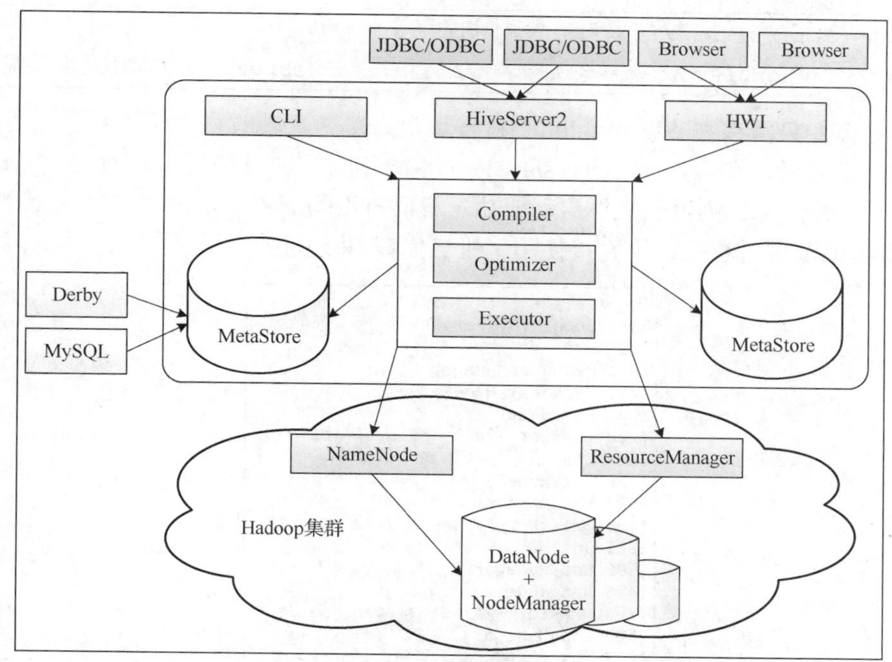

图 2-1　Hive 架构

从图 2-1 可以看出，Hive 本质上可以理解为一个客户端工具，或是一个将 SQL 语句解析成 MapReduce 作业的引擎。Hive 本身不存储和计算数据，它完全依赖于 HDFS 和 MapReduce。

任务 2.2　安装与配置 Hive

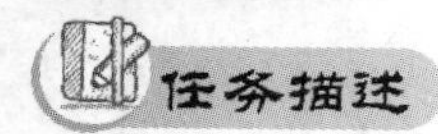

对 Hive 有了初步了解后，还需要安装 Hive 组件，这是学习 Hive 的前提条件。Hive 使用 Hadoop 的 MapReduce 作为执行引擎，使用 HDFS 作为底层存储系统，因此安装 Hive 之前需要搭建 Hadoop 集群环境。本节的任务是搭建 Hadoop 集群和配置 Hive 工具。

2.2.1　搭建 Hadoop 集群

由于 Hive 完全依赖于 Hadoop 的 HDFS 和 MapReduce，因此在安装与配置 Hive 前需要搭建好 Hadoop 集群。

本书中采用的分布式 Hadoop 集群版本为 2.6.4，它共有 4 个节点，包括 1 个主节点和 3 个子节点，主节点主机名为 master，子节点分别为 slave1、slave2 和 slave3，每个节点都采用一个单核处理器，最大内存均为 1024MB，操作系统为 CentOS 版本的 Linux 操作系统。

Linux 操作系统下 Hadoop 集群的启动命令如代码 2-1 所示。

代码 2-1　Hadoop 集群启动命令

```
cd $HADOOP_HOME  # 进入 Hadoop 安装目录
./sbin/start-dfs.sh  # 启动 HDFS 相关服务
```

```
./sbin/start-yarn.sh  # 启动 YARN 相关服务
./sbin/mr-jobhistory-daemon.sh start historyserver  # 启动日志相关服务
```

注：该命令只需在主节点 master 上执行。

集群启动之后，在节点 master、slave1、slave2 和 slave3 上分别执行命令"jps"，若出现图 2-2 所示的信息，则说明集群启动成功。集群节点均配置了主机名与 IP 地址的映射，因此在 Hive 的配置过程中，会直接使用主机名代替 IP 地址。

```
[root@master ~]# jps
1954 JobHistoryServer
2195 Jps
1861 ResourceManager
1718 SecondaryNameNode
1543 NameNode
[root@master ~]# ssh slave1 jps
1665 Jps
1436 DataNode
1503 NodeManager
[root@master ~]# ssh slave2 jps
1665 Jps
1506 NodeManager
1436 DataNode
[root@master ~]# ssh slave3 jps
1505 NodeManager
1667 Jps
1438 DataNode
[root@master ~]#
```

图 2-2　执行 jps 命令来查看进程

2.2.2　配置 MySQL 数据库

Hive 会将表中的元数据信息存储在数据库中，但 Hive 的默认数据库 Derby 存在并发性能差的问题，在实际生产环境中适用性较差，因此在实际生产中常常会使用其他数据库作为元数据库以满足实际需求。

MySQL 是一个开源的关系数据库管理系统，由瑞典的 MySQL AB 公司开发，属于 Oracle 旗下产品。MySQL 是最流行的关系数据库管理系统之一，它具有体积小、速度快、成本低等特点，适合作为存储 Hive 元数据的数据库。在 Linux 操作系统中安装 MySQL，如代码 2-2 所示。

代码 2-2　MySQL 安装命令

```
# yum 源安装
yum search mysql
yum install mysql-server.x86_64 -y
# 启动 mysql 服务
service mysqld start
# 初次使用 root 账户，无密码登录，修改 root 用户密码为 123456
-u root
use mysql
update user set password=PASSWORD("123456")
where User = 'root';
```

安装 MySQL 后，在命令行输入"mysql -u root -p123456"（根据代码 2-2 所示的设置，

用户名为 root，密码为 123456）命令登录 MySQL，为 MySQL 设置远程访问权限命令，如代码 2-3 所示。

代码 2-3 为 MySQL 设置远程访问权限命令

```
    # 设置远程访问权限
    use mysql;
    grant all privileges on *.* to 'root'@'%' identified by '123456' with grant
option;
    # 刷新权限
    flush privileges;
    # 设置完毕，退出 MySQL 数据库
    exit;
```

2.2.3 配置 Hive 数据仓库

完成 Hadoop 集群准备及 MySQL 的配置后，开始安装并配置 Hive，安装并配置 Hive 需要以下 3 个文件。

（1）MySQL 驱动包：mysql-connector-java-5.1.42-bin.jar。

（2）Hive 安装包：apache-hive-1.2.1-bin.tar.gz。

（3）配置文件：hive-site.xml。

在 Linux 操作系统中，Hive 的安装与配置步骤如下。

（1）将准备的文件上传至 Linux 操作系统的/usr/local/src 目录下。

（2）在命令行输入“cd /usr/local/src”命令，切换至/usr/local/src 目录，再输入“tar -xzvf apache-hive-1.2.1-bin.tar.gz -C /usr/local/”命令，解压 apache-hive-1.2.1-bin.tar.gz 文件至/usr/local/目录下。

（3）在命令行输入“mv /usr/local/apache-hive-1.2.1-bin hive”命令，修改 apache-hive-1.2.1-bin 名称为 hive。

Hive 安装完成后，输入“ls -l ../”命令，查看/usr/local/src 目录的上一级目录（即/usr/local/）包含的详细信息，可在/usr/local/目录下看见 Hive 的安装目录“hive”，如图 2-3 所示。

```
[root@master conf]# cd /usr/local/src/
[root@master src]# ls -l
总用量 91644
-rw-r--r--. 1 root root 92834839 4月  16 18:34 apache-hive-1.2.1-bin.tar.gz
-rw-r--r--. 1 root root       22 10月 14 2019 create_table.hql
-rw-r--r--. 1 root root     1542 4月  16 18:34 hive-site.xml
-rw-r--r--. 1 root root   996444 10月 14 2019 mysql-connector-java-5.1.42-bin.jar
[root@master src]# ls -l ../
总用量 56
drwxr-xr-x.  2 root  root  4096 9月  23 2011 bin
drwxr-xr-x.  2 root  root  4096 9月  23 2011 etc
drwxr-xr-x.  2 root  root  4096 9月  23 2011 games
drwxrwxr-x. 10 1000  1000  4096 10月  4 2019 hadoop-2.6.5
drwxr-xr-x.  8 root  root  4096 10月 21 18:34 hbase-1.1.2
drwxr-xr-x.  8 root  root  4096 10月 14 2019 hive
drwxr-xr-x.  2 root  root  4096 9月  23 2011 include
drwxr-xr-x.  2 root  root  4096 9月  23 2011 lib
```

图 2-3 Hive 的安装目录

（4）进入/usr/local/hive/conf 目录下，执行“cp hive-env.sh.template hive-env.sh”命令，复制 hive-env.sh.template 文件并将其重命名为 hive-env.sh；然后执行“vi hive-env.sh”命令编辑 hive-env.sh 配置文件，在文件末尾添加 Hadoop 安装目录的路径，如代码 2-4 所示。

代码 2-4　配置 hive-env.sh

```
# 在文件末尾添加 Hadoop 安装目录的路径
export HADOOP_HOME=/usr/local/hadoop-2.6.4
```

（5）执行“vi /etc/profile”命令编辑/etc/profile 文件，配置 Hive 的环境变量，如代码 2-5 所示。

代码 2-5　配置 Hive 的环境变量

```
# 在文件末尾添加 Hive 到环境变量
export HIVE_HOME=/usr/local/hive
export PATH=$HIVE_HOME/bin:$PATH
```

执行“source /etc/profile”命令使配置生效。

（6）在“usr/local/hive/conf ”目录下，新建一个名为“hive-site.xml”的文件，并添加如代码 2-6 所示的内容。

代码 2-6　修改 Hive 用户名和密码

```
<?xml version="1.0"?>
<?xml-stylesheet type="text/xsl" href="configuration.xsl"?> <configuration>
  <property>
    <name>javax.jdo.option.ConnectionURL</name>
    <value>jdbc:mysql://master:3306/hive?createDatabaseIfNotExist=true
    </value>
  </property>
  <property>
    <name>javax.jdo.option.ConnectionDriverName</name>
    <value>com.mysql.jdbc.Driver</value>
  </property>
  <property>
    <name>javax.jdo.PersistenceManagerFactoryClass</name>
    <value>org.datanucleus.api.jdo.JDOPersistenceManagerFactory</value>
  </property>
  <property>
    <name>javax.jdo.option.DetachAllOnCommit</name>
    <value>true</value>
  </property>
  <property>
    <name>javax.jdo.option.NonTransactionalRead</name>
    <value>true</value>
  </property>
  <property>
    <name>javax.jdo.option.ConnectionUserName</name>
    <value>root</value>
  </property>
  <property>
    <name>javax.jdo.option.ConnectionPassword</name>
    <value>123456</value>
  </property>
```

```
  <property>
    <name>javax.jdo.option.Multithreaded</name>
    <value>true</value>
  </property>
  <property>
    <name>datanucleus.connectionPoolingType</name>
    <value>BoneCP</value>
  </property>
  <property>
    <name>hive.metastore.warehouse.dir</name>
    <value>/user/hive/warehouse</value>
  </property>
  <property>
    <name>hive.server2.thrift.port</name>
    <value>10000</value>
  </property>
  <property>
    <name>hive.server2.thrift.bind.host</name>
    <value>localhost</value>
  </property>
</configuration>
```

（7）复制 MySQL 驱动包到$HIVE_HOME/lib 目录下，如代码 2-7 所示。

代码 2-7 复制 MySQL 驱动包到$HIVE_HOME/lib 目录下

```
# 进入$HIVE_HOME/lib 目录
cd $HIVE_HOME/lib
# 将 MySQL 驱动包复制到$HIVE_HOME/lib 目录下
cp /usr/local/src/mysql-connector-java-5.1.42-bin.jar $HIVE_HOME/lib/
```

（8）将 Hadoop 集群的所有节点中的 jline-0.9.94.jar 替换为 jline-2.12.jar。先将每个节点的/usr/local/hadoop-2.6.4/share/hadoop/yarn/lib 目录下的 jline-0.9.94.jar 重命名为 jline-0.9.94.jar.bak，如代码 2-8 所示。

代码 2-8 重命名每个节点的 jline-0.9.94.jar

```
# 进入 jline-0.9.94.jar 所在目录
cd /usr/local/hadoop-2.6.4/share/hadoop/yarn/lib
# 将 jline-0.9.94.jar 设置为备份文件
mv jline-0.9.94.jar jline-0.9.94.jar.bak
```

注：代码 2-8 所示的命令不仅需要在主节点 master 上执行，还需要在子节点 slave1、slave2 和 slave3 上执行。

在 master 节点将/usr/local/hive/lib/目录下的 jline-2.12.jar 分发到所有节点的/usr/local/hadoop-2.6.4/share/hadoop/yarn/lib 目录下，如代码 2-9 所示。

代码 2-9 将 jline-2.12.jar 分发到所有节点的 Hadoop 安装包下

```
# 复制 jline-2.12.jar 到该目录下
```

```
cp /usr/local/hive/lib/jline-2.12.jar /usr/local/hadoop-2.6.4/share/hadoop/yarn/lib
scp /usr/local/hive/lib/jline-2.12.jar slave1:/usr/local/hadoop-2.6.4/share/hadoop/yarn/lib
scp /usr/local/hive/lib/jline-2.12.jar slave2:/usr/local/hadoop-2.6.4/share/hadoop/yarn/lib
scp /usr/local/hive/lib/jline-2.12.jar slave3:/usr/local/hadoop-2.6.4/share/hadoop/yarn/lib
```

Hive配置完成后，需要先启动Hive的元数据服务，再进入Hive，如代码2-10所示。若出现图2-4所示的界面，说明Hive安装并配置成功。

代码2-10　启动并进入Hive

```
# 启动Hive
hive --service metastore &
# 进入Hive
hive
```

注：启动Hive前，需要开启Hadoop集群，并启动MySQL服务。

```
Logging initialized using configuration in jar:file:
hive> show databases;
OK
casedata
default
kc
law
media
test
train
Time taken: 1.834 seconds, Fetched: 7 row(s)
```

图2-4　Linux操作系统下的Hive界面

任务2.3　创建航空客户信息表

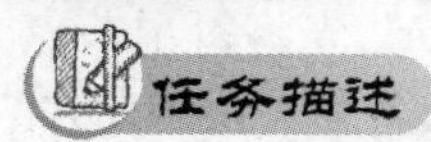

成功安装并配置Hive后，即可使用Hive存储数据。存储数据前，需要在Hive中创建表。本节的任务是结合航空公司客户数据的结构，在Hive中创建航空客户信息表。

2.3.1　掌握Hive基础数据类型

在创建Hive表时需要指定字段的数据类型。Hive数据类型可以分为基础数据类型和复杂数据类型。如表2-3所示。

表2-3　Hive数据类型

	类型	描述	举例
基础数据类型	tinyint	1Byte有符号整型	20
	smallint	2Byte有符号整型	20
	int	4Byte有符号整型	20
	bigint	8Byte有符号整型	20

续表

	类型	描述	举例
基础数据类型	boolean	布尔类型	True
	float	单精度浮点型	3.14159
	double	双精度浮点型	3.14159
	string(char/varchar)	字符串型	"Hello world"
	timestamp(date)	时间戳型	1327882394
	binary	字节数组型	01
复杂数据类型	array	数组类型（数组中字段的类型必须相同）	user[1]
	map	一组无序的键值对	user['name']
	struct	一组命名的字段（字段类型可以不同）	user.age

2.3.2 创建表

Hive 创建表的语法如下。

```
CREATE [EXTERNAL] TABLE [IF NOT EXISTS] table_name
  [(col_name data_type [COMMENT col_comment], ...)]  // 指定字段的名称和数据类型
  [COMMENT table_comment]  // 表的描述信息
  [PARTITIONED BY (col_name data_type [COMMENT col_comment], ...)]
// 表的分区信息
  [CLUSTERED BY (col_name, col_name, ...)
  [SORTED BY (col_name [ASC|DESC], ...)] INTO num_buckets BUCKETS]
// 表的桶信息
  [ROW FORMAT row_format]  // 表数据的分割信息、格式化信息
  [STORED AS file_format]  // 表数据的存储序列化信息
  [LOCATION hdfs_path]  // 存储数据的文件夹的地址信息
```

Hive 中常见的表类型有 3 种：内部表、外部表、分区表。

创建数据表的部分关键字的解释说明如下。

CREATE TABLE：创建一个指定名称的表，若相同名称的表已经存在，则抛出异常；用户可以用 IF NOT EXISTS 选项忽略这个异常，新表将不会被创建。

EXTERNAL：若不使用 EXTERNAL 关键字，则创建的表为内部表；若使用 EXTERNAL 关键字，则可以创建一个外部表；用户可以访问存储在远程位置（如 HDFS）的数据，因此，当数据位于远程位置时，应使用外部表。

PARTITIONED BY：使用该关键字可以创建分区表，一个表可以具有一个或多个分区字段，并可根据分区字段中的每个值创建一个单独的数据目录。

1. 创建内部表

内部表的创建方式与 SQL 语句大致相同，字段间的分隔符默认为制表符“\t”，需要根据实际情况修改分隔符。内部表是 Hive 中比较常见、基础的表，其创建示例如代码 2-11 所示。

代码 2-11　创建内部表 student_in

```
create table student_in(
id bigint,
name string)
row format delimited fields terminated by ',';
```

2. 创建外部表

外部表描述了外部文件上的元数据。外部表数据可以由 Hive 外部的进程访问和管理，这种方式可以满足多人在线使用一份数据的需求，因此外部表适用于部门间共享数据的场景。使用 external 关键字创建外部表，并将外部表存储的数据放在 HDFS 的/user/root/data/目录下，如代码 2-12 所示。

代码 2-12　创建外部表 student_out

```
create external table student_out(
id bigint,
name string)
row format delimited fields terminated by ','
location '/user/root/data';
```

内部表和外部表的区别在于：外部表的数据可以由 Hive 外部的进程管理（如 HDFS）。当外部表的源数据位于 HDFS 时，删除外部表仅删除了元数据信息，源数据不会从远程位置中删除；而内部表是由 Hive 管理的，在删除内部表时，源数据也会被删除。一般情况下，在创建外部表时会将表数据存储在 Hive 的数据仓库路径之外。

3. 创建分区表

当数据量很大时，查询速度会很慢，并会耗费大量时间。如果只需查询其中部分数据，那么可以使用分区表来提高查询的速度。

分区表又分为静态分区表和动态分区表，静态分区表需要先手动定义好每一个分区的值，再导入数据。动态分区表可以自动根据分区键值的不同而自动分区，不需要手动导入不同的分区数据。

创建静态分区表时，指定的分区字段名称不可以和表字段名称相同。创建一个静态分区表 student_part，如代码 2-13 所示。

代码 2-13　创建静态分区表 student_part

```
create external table student_part(
id bigint,
name string)
partitioned by (year int comment '按入学年份分区')
row format delimited fields terminated by ',';
```

动态分区表的创建方法与静态分区表的创建方法类似，但创建动态分区表前需要开启动态分区功能并设置动态分区模式。创建一个动态分区表 student_dyn_part，如代码 2-14 所示。

代码 2-14 创建动态分区表 student_dyn_part

```
set hive.exec.dynamic.partition=true;  // 开启动态分区功能
set hive.exec.dynamic.partition.mode=nostrict;  // 设置动态分区模式
create external table student_dyn_part(
id bigint,
name string)
partitioned by (year int comment '按入学年份分区')
row format delimited fields terminated by ',';
```

2.3.3 删除表与表数据

Hive 删除表的语法如下。由于 Hive 外部表的数据并非由 Hive 管理，因此外部表被删除后，外部表的数据仍旧保留。

```
DROP TABLE tablename;
```

在特定的情况下，可能只需要删除表中的数据，而不需要删除表。Hive 删除表数据语法如下。由于 Hive 外部表的数据并非由 Hive 进行管理，因此该命令仅适用于删除 Hive 内部表的数据，无法直接删除外部表的数据。

```
TRUNCATE TABLE tablename;
```

2.3.4 修改表结构

Hive 修改表结构的语法如下。

```
// 更改表名
ALTER TABLE table_name RENAME TO new_table_name;
// 更改列名称、类型、位置、注释
ALTER TABLE table_name [PARTITION partition_spec] CHANGE [COLUMN]
col_old_name col_new_name column_type [COMMENT col_comment] [FIRST|AFTER
column_name] [CASCADE|RESTRICT];
// 添加和替换列
ALTER TABLE table_name
  [PARTITION partition_spec]  // 需要 Hive 0.14.0 或更高版本
  ADD|REPLACE COLUMNS (col_name data_type [COMMENT col_comment], ...)
  [CASCADE|RESTRICT]  // 需要 Hive 1.1.0 或更高版本
// 删除列
ALTER TABLE table_name DROP [COLUMN] column_name
```

新建一个内部表 test_change，并更改表数据的字段名称、位置和类型，如代码 2-15 所示。

代码 2-15 修改表结构

```
// 创建表 test_change
create table test_change (a int,b int,c int);
// 将列 a 的名称更改为 a1
```

```
alter table test_change change a a1 int;
// 将列 a1 的名称更改为 a2，将其数据类型更改为字符串型，并将其放在列 b 之后
alter table test_change change a1 a2 string after b;
// 将列 c 的名称更改为 c1，并将其作为第一列
alter table test_change change c c1 int first;
```

2.3.5 任务实现

通常在创建表时，会根据数据的具体值为每个数据字段设置合适的数据类型，但当数据字段过多且无法确认具体类型时，可以先将所有的数据字段指定为 string（字符串）类型，再用函数将其转换为其他的数据类型，如 timestamp（时间戳）型、int 型（整型）等。在 Hive 中创建航空客户信息内部表，用于存储航空客户数据，该表共有 44 个数据字段，统一设置为 string 类型，如代码 2-16 所示。

代码 2-16　创建航空客户信息内部表

```
create table air_data(
member_no string,
ffp_date string,
first_flight_date string,
gender string,
ffp_tier string,
work_city string,
work_province string,
work_country string,
age string,
load_time string,
flight_count string,
bp_sum string,
ep_sum_yr_1 string,
ep_sum_yr_2 string,
sum_yr_1 string,
sum_yr_2 string,
seg_km_sum string,
weighted_seg_km string,
last_flight_date string,
avg_flight_count string,
avg_bp_sum string,
begin_to_first string,
last_to_end string,
avg_interval string,
max_interval string,
add_points_sum_yr_1 string,
add_points_sum_yr_2 string,
exchange_count string,
avg_discount string,
p1y_flight_count string,
l1y_flight_count string,
```

```
p1y_bp_sum string,
l1y_bp_sum string,
ep_sum string,
add_point_sum string,
eli_add_point_sum string,
l1y_eli_add_points string,
points_sum string,
l1y_points_sum string,
ration_l1y_flight_count string,
ration_p1y_flight_count string,
ration_p1y_bps string,
ration_l1y_bps string,
point_notflight string)
row format delimited fields terminated by ',';
```

任务 2.4 导入航空客户数据到航空客户信息表

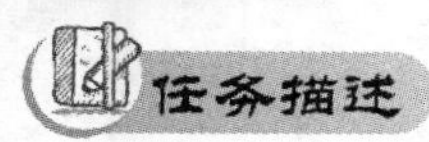

任务 2.3 中已经完成了航空客户信息表的创建，为了更加了解 Hive 导入、导出数据的方式，本节的任务是实现将航空客户数据导入航空客户信息表中。

2.4.1 导入数据

Hive 导入数据常用的方式有：将文件系统中的数据导入 Hive、将其他 Hive 表查询到的数据导入 Hive。

1. 将文件系统中的数据导入 Hive

将文件系统中的数据导入 Hive 有两种方式：将 Linux 本地文件系统的数据导入 Hive、将 HDFS 的数据导入 Hive，这里主要介绍第一种方式。

将 Linux 本地文件系统的数据导入 Hive 的语法如下。

```
LOAD DATA [LOCAL] INPATH filepath
[OVERWRITE] INTO TABLE tablename
[PARTITION (partcol1 = val1, partcol2 = val2…)]
```

部分关键字的解释说明如下。

（1）LOCAL：导入语句若有 LOCAL 关键字，则说明导入的是 Linux 本地的数据；若不加 LOCAL 关键字，则说明是从 HDFS 导入数据；如果将 HDFS 的数据导入 Hive 表，那么 HDFS 上存储的数据文件会被移动到表目录下，因此原位置不再有存储的数据文件。

（2）filepath：数据的路径可以是相对路径（./data/a.txt）、绝对路径（/user/root/data/a.txt）或包含模式的完整 URL（hdfs://master:8020/user/root/a.txt）。

（3）OVERWRITE：添加 OVERWRITE 关键字，表示导入模式为覆盖模式，即覆盖表中之前的数据；若不加 OVERWRITE 关键字，则表示导入模式为追加模式，即不清空表中之前的数据。

（4）PARTITION：如果创建的是分区表，那么导入数据时需要使用 PARTITION 关键字指定分区字段的名称。

将文件系统的数据导入 Hive 表，如代码 2-17 所示。

代码 2-17　将文件系统的数据导入 Hive 表

```
// 将本地文件系统中的 student.csv 导入表 student_in
load data local inpath '/opt/work/student.csv' overwrite into table student_in;
// 将 HDFS 中的 student.csv 导入表 student_out
load data inpath '/user/root/tempdata/student.csv' overwrite into table student_out;
```

导入数据后，数据会被存储在 HDFS 上相应的表的数据存放目录中。在 HDFS 中查看表 student_in 的数据导入结果，如图 2-5 所示。

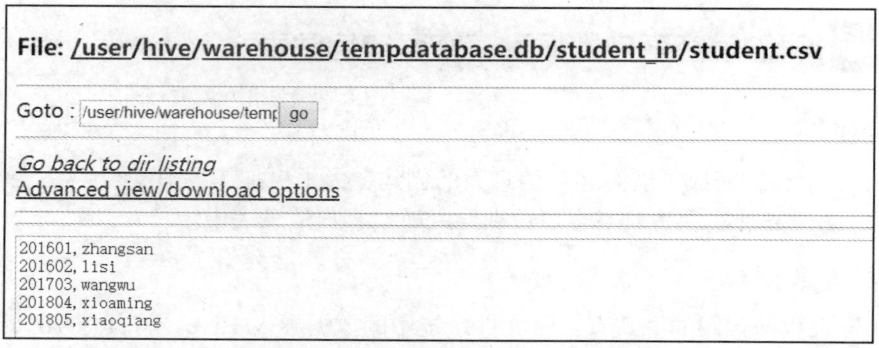

File: /user/hive/warehouse/tempdatabase.db/student_in/student.csv

Goto : /user/hive/warehouse/temp go

Go back to dir listing

Advanced view/download options

```
201601,zhangsan
201602,lisi
201703,wangwu
201804,xioaming
201805,xiaoqiang
```

图 2-5　HDFS 中的表 student_in

查看表 student_out 的数据导入结果，如图 2-6 所示。

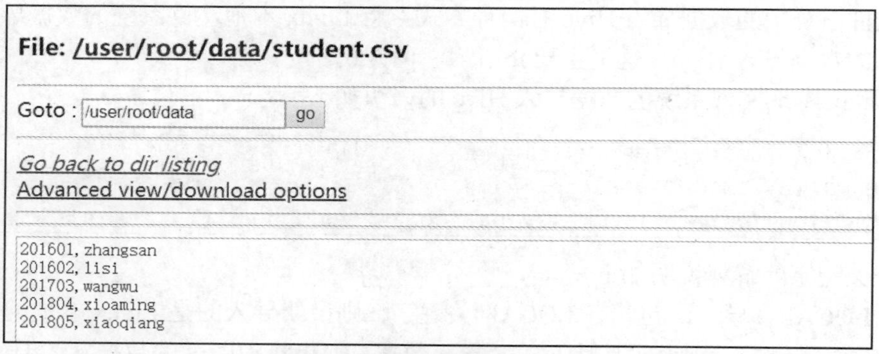

File: /user/root/data/student.csv

Goto : /user/root/data go

Go back to dir listing

Advanced view/download options

```
201601,zhangsan
201602,lisi
201703,wangwu
201804,xioaming
201805,xiaoqiang
```

图 2-6　HDFS 中的表 student_out

2. 将其他 Hive 表查询到的数据导入 Hive

将其他 Hive 表查询到的数据导入 Hive 有 3 种方法：查询数据后单表插入、查询数据后多表插入、查询数据后建新表。

（1）查询数据后单表插入

Hive 单表插入数据的语法如下。

```
INSERT [OVERWRITE|INTO] table 表1
[PARTITION (part1=val1,part2=val2)]
SELECT 字段1, 字段2, 字段3 FROM 表2 ;
```

该语句表示从表 2 查询出字段 1、字段 2 和字段 3 数据并插入表 1 中，表 1 中的 3 个字段的类型与表 2 中的 3 个字段的类型应一致。单表插入数据时可以使用 PARTITION 关键字指定分区插入。插入时选择 OVERWRITE 关键字会覆盖原有表或分区中的数据，选择 INTO 关键字则表示追加数据到表或分区。通过 Hive 单表插入数据的方式，将表 student_in 的数据追加至表 student_out 中，如代码 2-18 所示，结果如图 2-7 所示。

代码 2-18 Hive 单表插入数据示例

```
insert into student_out select id,name from student_in;
```

```
hive> select * from student_out;
OK
201601  zhangsan
201602  lisi
201703  wangwu
201804  xioaming
201805  xiaoqiang
201601  zhangsan
201602  lisi
201703  wangwu
201804  xioaming
201805  xiaoqiang
Time taken: 0.066 seconds, Fetched: 10 row(s)
```

图 2-7 单表插入数据结果

从图 2-7 所示可以看出，表 student_out 的数据比图 2-6 所示的原有数据增加了一倍的内容。

（2）查询数据后多表插入

Hive 支持多表插入，即可以在同一个查询中使用多个 insert 子句，好处是只需要扫描一遍源表即可生成多个不相交的输出。

多表插入与单表插入的不同点在于语句写法，多表插入将执行查询的语句放在开头的位置。其他关键字的含义同单表插入数据语法中的关键字。Hive 多表插入数据的语法如下。

```
FROM 表1
INSERT [OVERWRITE|INTO] TABLE 表2 SELECT 字段1
INSERT [OVERWRITE|INTO] TABLE 表3 SELECT 字段2
```

该语句表示从表 1 中查询字段 1 并插入表 2，从表 1 中查询字段 2 并插入表 3。表 1 中字段 1 的类型应与表 2 中字段 1 的类型一致，表 1 中字段 2 的类型应与表 3 中字段 2 的类型一致。

通过 Hive 多表插入数据的方式，将表 student_in 中的 id 字段数据插入 temp1 表中，并将表 student_in 中的 name 字段数据插入 temp2 表中，如代码 2-19 所示，结果如图 2-8 所示。

代码 2-19 Hive 多表插入数据示例

```
FROM student_in
INSERT INTO TABLE temp1 SELECT id
INSERT INTO TABLE temp2 SELECT name
```

```
hive> select * from temp1;
OK
201601
201602
201703
201804
201805
Time taken: 0.184 seconds, Fetched: 5 row(s)
hive> select * from temp2;
OK
zhangsan
lisi
wangwu
xioaming
xiaoqiang
Time taken: 0.075 seconds, Fetched: 5 row(s)
```

图 2-8　多表插入数据结果

（3）查询数据后建新表

Hive 查询数据后建新表的语法如下。

```
CREATE TABLE 表 2 AS
 SELECT 字段 1,字段 2,字段 3
 FROM 表 1;
```

该语句表示从表 1 中查询字段 1、字段 2、字段 3 数据并插入新建的表 2 中。

通过 Hive 查询数据后建新表的方式，创建新表 temp3 并导入表 student_in 的数据，如代码 2-20 所示，结果如图 2-9 所示。

代码 2-20　Hive 查询数据后建新表

```
create table temp3 as select id,name from student_in;
```

```
hive> select * from temp3;
OK
201601   zhangsan
201602   lisi
201703   wangwu
201804   xioaming
201805   xiaoqiang
Time taken: 0.086 seconds, Fetched: 5 row(s)
```

图 2-9　查询数据后建新表结果

2.4.2　导出数据

将数据导入 Hive 后，在 Hive 中可以对数据进行基本的探索和简单的处理，再将处理好的数据进行导出，保存到其他的存储系统中。Hive 数据可以导出至本地文件系统和 HDFS。

1. 将 Hive 数据导出至本地文件系统

将 Hive 数据导出至 Linux 本地文件系统的语法如下。

```
INSERT OVERWRITE LOCAL DIRECTORY out_path  // 导出表数据的目录
ROW FORMAT DELIMITED FIELDS TERMINATED by row_format  // 表的数据分割信息、格式化信息
SELECT * FROM table_name;  // 需要导出的表数据
```

将 Hive 表 student_out 的数据导出至本地文件系统的/opt/output 目录下，如代码 2-21 所示。数据导出的目标目录会完全覆盖之前目录下的所有内容，因此导出数据至本地文件系统时，尽量选择新的目录。

代码 2-21 将 Hive 表 student_out 的数据导出至本地文件系统

```
insert overwrite local directory '/opt/output/'
row format delimited fields terminated by ','
select * from student_out;
```

将表 student_out 的数据导出至本地文件系统的/opt/output 目录下后，查看/opt/output 目录下的数据文件的详细信息，结果如图 2-10 所示。

```
[root@master opt]# ls -l /opt/output
总用量 4
-rw-r--r--. 1 root root 150 4月  22 04:01 000000_0
```

图 2-10 查看/opt/output 目录下的数据文件的详细信息

2. 将 Hive 数据导出至 HDFS

将 Hive 数据导出至 HDFS 的语法如下。

```
INSERT OVERWRITE DIRECTORY out_path  // 导出表数据的目录
ROW FORMAT DELIMITED FIELDS TERMINATED by row_format  // 表的数据分割信息、格式化信息
SELECT * FROM table_name;  // 需要导出的表数据
```

将表 student_in 的数据导出至 HDFS 的/user/root/output 目录下，数据导出的模式是追加模式，如代码 2-22 所示。导出结果如图 2-11 所示。

代码 2-22 将表 student_in 的数据导出至 HDFS

```
insert overwrite directory '/user/root/output/'
row format delimited fields terminated by ','
select * from student_in;
```

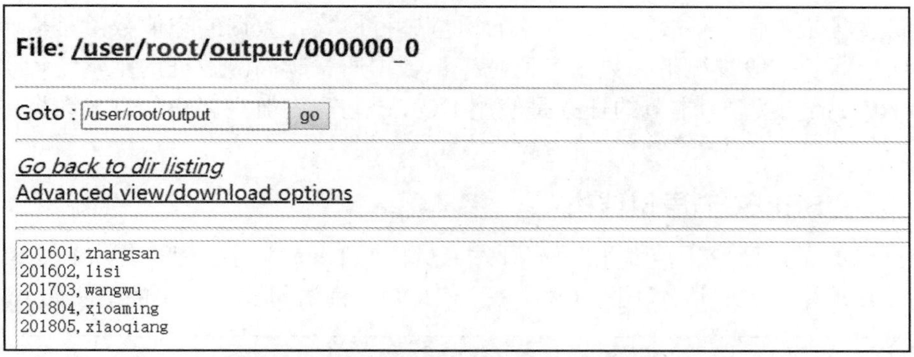

File: /user/root/output/000000_0

Goto : /user/root/output go

Go back to dir listing
Advanced view/download options

```
201601,zhangsan
201602,lisi
201703,wangwu
201804,xioaming
201805,xiaoqiang
```

图 2-11 将表 student_in 的数据导出至 HDFS

Hive 数据导出至本地文件系统和导出至 HDFS 的语法非常相似，两者之间的区别在于：Hive 数据导出至本地文件系统的目标目录时需要添加 LOCAL 关键字，而 Hive 数据导出至 HDFS 时无须添加 LOCAL 关键字。

2.4.3 任务实现

在 Linux 操作系统的/opt/data/目录下，将航空客户数据 air_data.csv 文件导入 2.3 节创建的航空客户信息表 air_data 中，如代码 2-23 所示。

代码 2-23 导入航空客户数据到航空客户信息表

```
  load data local inpath '/opt/data/air_data.csv' overwrite into table
air_data;
```

在 HDFS 中查看数据导入结果，如图 2-12 所示。

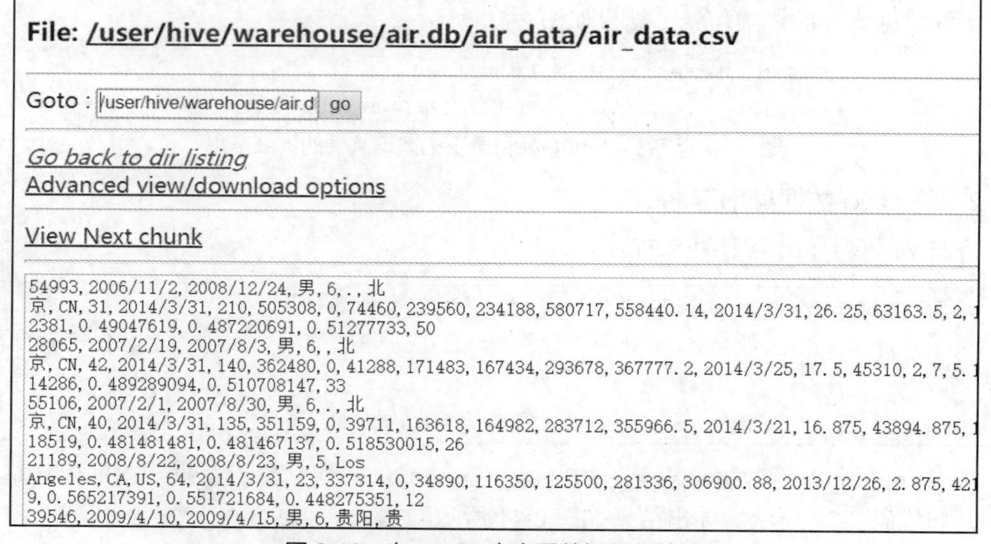

图 2-12 在 HDFS 中查看数据导入结果

任务 2.5 查询航空客户信息表空值记录数

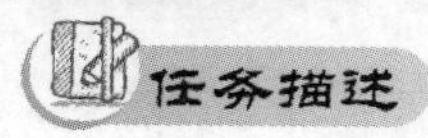

完成数据导入后，一般需要对数据的质量进行检验，数据的空值数量是检验数据质量的一项指标。一般情况下，数据空值越少，数据质量越高。数据的基本统计可以使用 Hive 的 HQL 语句实现。本节的任务是使用 HQL 语句查询航空客户信息表数据中的空值记录数。

2.5.1 认识 SELECT 语句结构

由于 SQL 的广泛应用，因此 Hive 开发人员根据 Hive 本身的特性设计了类 SQL 的查询语言 HQL（注：SQL 语法不区分大小写）。HQL 查询语句 SELECT 的语法如下。

```
SELECT [ALL | DISTINCT] select_expr, select_expr, ...
  FROM table_reference
  [WHERE where_condition]
  [GROUP BY col_list]
  [HAVING having_condition]
```

```
    [ORDER BY col_list]
    [CLUSTER BY col_list | [DISTRIBUTE BY col_list] [SORT BY col_list]]
    [LIMIT [offset,] rows]
```

SELECT 语句结构的部分关键字说明如下。

（1）SELECT：SELECT 关键字可以是联合查询，也可以是另一个查询的子查询的一部分；用户可以使用该关键字查询指定的表字段，也可以使用符号“*”查询表的所有字段。

（2）ALL | DISTINCT：ALL 和 DISTINCT 关键字用于指定是否应返回重复的行。

① Hive 查询默认为 ALL，即返回所有匹配的行。

② DISTINCT 关键字用于对查询结果进行去重操作，即不返回重复数据。

（3）WHERE：WHERE 关键字的后面是一个布尔表达式，用于进行条件过滤，用户可以通过该关键字检索出特定的数据。

（4）GROUP BY：表示根据某个字段对数据进行分组，一般情况下，GROUP BY 必须与聚合函数（如 count、max 等）一起使用，实现在分组之后对组内结果的聚合操作。

（5）HAVING：HAVING 关键字通常与 GROUP BY 联合使用，HAVING 的本质和 WHERE 一样，都是用于进行数据的条件筛选，但 WHERE 不可以在 GROUP BY 关键字后使用，HAVING 关键字弥补了 WHERE 关键字不能与聚合函数联合使用的不足。

（6）ORDER BY：使用该关键字可以令查询结果按照某个字段进行排序，默认情况下为升序（ASC）排列，用户可以使用 DESC 关键字对查询结果进行降序排列。

（7）LIMIT：LIMIT 关键字可用于约束查询结果返回的行数，LIMIT 接收一个或两个自然数参数。

① 当只有一个参数时代表最大行数（最大值为 0 则不返回任何结果）。

② 当有两个参数时（Hive 2.0.0 及以上版本才支持写入两个参数），第一个参数指定返回行的起始位置，第二个参数指定要返回的最大行数。

使用 HQL 编写查询语句时，大部分语句会转换成 MapReduce 任务进行查询操作。Hive 查询语句不会转换成 MapReduce 任务的情况主要有以下两种。

（1）本地模式下，Hive 可以简单地读取目标目录下的表数据，然后将数据格式化后输出到控制台，例如，当执行“select * from table_name”语句时可直接将表数据格式化输出。

（2）查询语句中使用 WHERE 进行条件过滤时，在过滤的条件只与分区字段有关的情况下，无论是否使用 LIMIT 关键字限制输出记录条数，均不会触发 MapReduce 操作。

使用 Hive 查询航空客户信息表记录数，如代码 2-24 所示。

代码 2-24　使用 Hive 查询航空客户信息表记录数

```
select count(*) from air_data;
```

2.5.2　了解运算符的使用

Hive 中常用的运算符有两种：算术运算符和关系运算符。

Hive 算术运算符如表 2-4 所示。

表 2-4 Hive 算术运算符

作用	符号	作用	符号
加	+	乘	*
减	-	除	/
求余除法	%		

Hive 关系运算符如表 2-5 所示。

表 2-5 Hive 关系运算符

作用	符号	作用	符号
等于	=	非空值	is not null
不等于	<>	全包含	like
小于	<	半包含	rlike
大于	>	非全包含	not like
空值	is null		

2.5.3 使用 WHERE 语句进行条件查询

一般情况下，如果查询的是表中所有行的一个子集，那么需要用 WHERE 语句进行条件过滤。例如，查询航空客户信息表中年龄在 30 岁以上的客户记录数，如代码 2-25 所示。

代码 2-25 查询 30 岁以上的客户记录数

```
select count(*) from air_data where age > 30;
```

WHERE 关键字通常还会和关系运算符联合使用，例如，查询航空客户信息表中会员卡号包含“123”的客户记录数，如代码 2-26 所示。其中“%”是 LIKE 的通配符，用于匹配一个或多个字符。

代码 2-26 查询航空客户信息表中会员卡号包含“123”的客户记录数

```
select count(*) from air_data where member_no like '%123%';
```

2.5.4 任务实现

包含空值的数据会使数据分析过程陷入混乱，从而得到不可靠的输出结果，所以对数据中的空值进行探索与分析是非常有必要的。由于数据集中字段较多，因此选择分析价值较高的 6 个数据字段来统计每个字段对应的空值记录数。

选择的 6 个数据字段分别为：观测窗口的结束时间（LOAD_TIME）、入会时间（FFP_DATE）、最后一次乘机时间至观测窗口结束的时长（LAST_TO_END）、观测窗口内的飞行次数（FLIGHT_COUNT）、观测窗口的总飞行公里数（SEG_KM_SUM）和平均折扣率（AVG_DISCOUNT）。分别统计每个字段对应的空值记录数，如代码 2-27 所示，统计结果如表 2-6 所示。

代码 2-27 统计航空客户信息表中的空值记录数

```
select count(*) from air_data where load_time is null;
select count(*) from air_data where ffp_date is null;
select count(*) from air_data where last_to_end is null;
select count(*) from air_data where flight_count is null;
select count(*) from air_data where seg_km_sum is null;
select count(*) from air_data where avg_discount is null;
```

表 2-6 航空客户信息表中的空值记录数

字段名称	空值记录数	字段名称	空值记录数
LOAD_TIME	0	FLIGHT_COUNT	0
FFP_DATE	0	SEG_KM_SUM	0
LAST_TO_END	0	AVG_DISCOUNT	0

从表 2-6 中可以看出，在航空客户信息表中查询的 6 个字段的空值记录数均为 0，说明这是一个数据质量较高的数据集。

任务 2.6 查询航空客户信息表字段数据的最大值和最小值

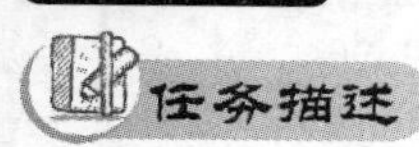

获取数据集字段的最大值、最小值可以进一步地对数据集进行分析，同时也能为数据集的归一化做准备。为了方便后续对航空客户信息数据进行分析处理，本节的任务是对航空客户信息表字段的最大值和最小值进行查询和统计。

2.6.1 认识 HiveQL 内置函数

HiveQL 有许多功能齐全的内置函数，熟练使用 HiveQL 的内置函数，可以方便地执行 Hive 增、删、查、改等基础操作。HiveQL 常用内置函数如表 2-7 所示。

表 2-7 HiveQL 常用内置函数

函数类型	描述	函数名
数学函数	四舍五入	round
	向上取整	ceil
	向下取整	floor
	随机生成 0 到 1 的数	rand
	自然指数	exp
	对数	log
	幂函数	power
	开方函数	sqrt
字符串函数	长度函数	length
	字符串反转	reverse
	字符串连接	concat

续表

函数类型	描述	函数名
字符串函数	带分隔符的字符串连接	concat_ws
	字符串截取	substr
	转大写	upper
	转小写	lower
日期函数	字符转日期格式	to_date
	日期加法	date_add
	日期减法	date_sub
	转时间戳	unix_timestamp
	时间戳减法	—
	时间戳转日期	from_unixtime
逻辑函数	与	and
	或	or
	非	not
其他函数	联合函数	union
	可重复联合函数	union all
	表连接函数	join
	数据类型转换函数	cast

HiveQL 常用内置函数中的联合函数（union、union all）和表连接函数（join）的用法说明如下。

1. union 和 union all 的应用

HiveQL 有两种联合函数，分别为 union 和 union all，它们均是对查询的结果集进行并集操作。两者的区别在于：union 函数返回的结果集不包括重复行，同时默认进行升序排列；而 union all 函数返回的结果集则包括重复行，并且不进行排序。

使用 union 函数对表 student_in 的 id 字段及表 student_out 的 name 字段进行联合查询，如代码 2-28 所示，函数执行结果如图 2-13 所示。

代码 2-28　union 函数示例

```
select id from student_in union select name from student_out;
```

```
OK
201601
201602
201703
201804
201805
lisi
wangwu
xiaoqiang
xioaming
zhangsan
Time taken: 50.511 seconds, Fetched: 10 row(s)
hive> █
```

图 2-13　union 函数执行结果

从图 2-13 中可以看出，union 函数返回的结果集中 id 字段、name 字段不含重复记录，且对查询结果进行了升序排列。

使用 union all 函数对表 student_in 的 id 字段及表 student_out 的 name 字段进行联合查询，如代码 2-29 所示，函数执行结果如图 2-14 所示。

代码 2-29 union all 函数示例

```
select id from student_in union all select name from student_out;
```

```
OK
zhangsan
lisi
wangwu
xioaming
xiaoqiang
zhangsan
lisi
wangwu
xioaming
xiaoqiang
201601
201602
201703
201804
201805
Time taken: 21.533 seconds, Fetched: 15 row(s)
hive>
```

图 2-14 union all 函数执行结果

从图 2-14 中可以看出，union all 函数返回的结果集包含了重复的记录，而且没有对查询结果进行排序。

2. join 的应用

在实际应用中，Hive 往往会涉及多个表的数据查询操作。join 函数可以实现多表连接查询，即可以将两个或多个表的行记录基于表间的共同字段进行连接（字段名不需要完全相同）。join 函数通常结合 on 进行使用，on 用于指定表间的连接条件。

在 Hive 中创建学生成绩表 score，该表包含学生 ID（id）和成绩（score）两个字段，并将 Linux 本地/opt/work 目录下的 score.csv 文件的数据导入 score 表中，如代码 2-30 所示。

代码 2-30 创建 score 表并导入数据

```
// 创建表
create table score(id bigint,score int)
row format delimited fields terminated by ',';
// 导入数据
load data local inpath '/opt/work/score.csv' overwrite into table score;
```

使用 join on 将学生信息表 student_in 和学生成绩表 score 基于它们的共同字段 id 进行连接，并查询出学生姓名所对应的成绩，如代码 2-31 所示，执行结果如图 2-15 所示。

代码 2-31 join 表连接示例

```
select name,score from student_in join score on student_in.id=score.id;
```

```
OK
zhangsan        90
lisi    80
wangwu  60
xioaming        100
xiaoqiang       70
Time taken: 30.172 seconds, Fetched: 5 row(s)
hive>
```

图 2-15　join 表连接示例执行结果

从图 2-15 中可以看出，查询结果结合了 student_in 和 score 两个表，显示了学生姓名和学生成绩两个数据字段。

join 函数和 union 函数的主要区别在于：join 是根据指定表间的共同字段将多个表的数据拼接成一行一行的记录；union 函数是将多个表的数据拼接成一列一列的记录，而且对拼接的字段没有强制的要求。

2.6.2　任务实现

以观测窗口的结束时间（LOAD_TIME）、入会时间（FFP_DATE）、最后一次乘机时间至观测窗口结束的时长（LAST_TO_END）、观测窗口内的飞行次数（FLIGHT_COUNT）、观测窗口的总飞行公里数（SEG_KM_SUM）、平均折扣率（AVG_DISCOUNT）这 6 个字段为例，统计每个字段数据的最大值和最小值。

由于观测窗口的结束时间（LOAD_TIME）、入会时间（FFP_DATE）两个字段的数据是日期类型的，因此在查询前需要使用 to_date 函数进行数据类型的转换，将原本的 string 类型转换为 date 类型。末次飞行日期（LAST_TO_END）、观测窗口内的飞行次数（FLIGHT_COUNT）、观测窗口的总飞行公里数（SEG_KM_SUM）、平均折扣率（AVG_DISCOUNT）4 个字段的数据为数值类型，需要用 cast 函数进行数据类型转换，根据字段具体的数值将 string 类型数据转换为 int 类型或 float 类型数据。

具体实现如代码 2-32 所示，统计结果如表 2-8 所示。

代码 2-32　查询航空客户信息表字段数据的最大值和最小值

```
    select max(to_date(load_time)),min(to_date(load_time)) from air_data
union all
    select max(to_date(ffp_date)),min(to_date(ffp_date)) from air_data union
all
    select max(cast(last_to_end as int)),min(cast (last_to_end as int)) from
air_data union all
    select max(cast(flight_count as int)),min(cast(flight_count as int)) from
air_data union all
    select max(cast(seg_km_sum as int)),min(cast(seg_km_sum as int)) from
air_data union all
    select max(cast(avg_discount as float)),min(cast(avg_discount as float))
from air_data;
```

表 2-8　航空客户信息表字段数据的最大值和最小值

字段名	最大值	最小值
LOAD_TIME	2014-03-31	2014-03-31
FFP_DATE	2013-03-31	2004-11-01

续表

字段名	最大值	最小值
LAST_TO_END	731	1
FLIGHT_COUNT	213	2
SEG_KM_SUM	580717	368
AVG_DISCOUNT	1.5	0.0

从表 2-8 中可以看出，观测窗口的结束时间（LOAD_TIME）字段的最大值与最小值一致，说明所有客户的观察窗口结束时间都统一为 2014 年 3 月 31 日。从入会时间（FFP_DATE）字段的最大值和最小值可以看出，最早入会会员和最晚入会会员之间相差约 9 年，客户入会时间存在较大差异。

任务 2.7 统计会员数最多的会员级别

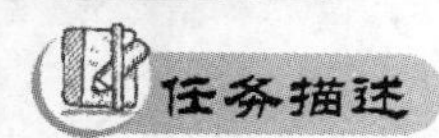

不同客户之间的信息会存在一定的差距，说明不同客户之间的价值是不同的。为了解大部分客户所处的级别信息，为客户价值分析做准备，本节的任务是统计出会员数最多的会员级别。

2.7.1 认识 HiveQL 子查询

子查询即嵌套在其他查询中的查询语句，其结果集作为一个临时表使用，查询操作结束后会释放临时表。Hive 仅在 FROM 子句中支持子查询，同时必须为子查询定义一个名称，因为 FROM 子句中的每个表都必须有一个名称。子查询选择的字段也必须具有唯一的名称。子查询中可以有 UNION 的查询表达式。Hive 支持任意级别的子查询。

1. GROUP BY 的用法

使用 GROUP BY 关键字结合 Hive 的聚合函数可以根据某个字段对数据进行分组聚合操作。

使用 GROUP BY 结合聚合函数 count，根据动态分区表 student_dyn_part 的 year 字段对该表进行分组聚合，以统计各年级总人数，如代码 2-33 所示，结果如图 2-16 所示。

代码 2-33 GROUP BY 使用示例

```
select year,count(*) from student_dyn_part group by year;
```

```
OK
2016    2
2017    1
2018    2
Time taken: 37.0 seconds, Fetched: 3 row(s)
hive>
```

图 2-16 GROUP BY 使用示例执行结果

2. Hive 子查询

Hive 子查询的语法如下。

```
select ... from (subquery) as name ...  // 需要 Hive 0.13.0 及以上版本
```

在学生信息表 student_in 和学生成绩表 score 中，使用子查询实现查询成绩在 80 分以上的学生 ID 和姓名的操作，如代码 2-34 所示。由于 id 字段为两个表的共同字段，因此必须说明查询的 id 字段源自哪个表。

代码 2-34　Hive 子查询示例

```
    select student_in.id,name,score from (select * from score where score >=
80)a join student_in on a.id = student_in.id;
```

执行结果如图 2-17 所示。

```
OK
201601  zhangsan        90
201602  lisi    80
201804  xioaming        100
Time taken: 25.832 seconds, Fetched: 3 row(s)
hive>
```

图 2-17　Hive 子查询示例执行结果

2.7.2　任务实现

统计对应会员级别的人数需要按照会员卡级别（FFP_TIER）字段对航空客户信息表中的数据进行分组，再使用 count 函数对分组信息进行聚合，统计出所有会员卡级别的人数；并将此查询结果作为子查询，查询出会员数最多的会员级别，如代码 2-35 所示。

代码 2-35　统计会员数最多的会员级别

```
    select ffp_tier,count(*) as ffp_tier_count from air_data group by ffp_tier
having ffp_tier_count in
    (select max(a.ffp_tier_count) from
    (select  ffp_tier,count(*)  as  ffp_tier_count  from  air_data  group  by
ffp_tier)a);
```

任务 2.8　编写 UDF 统计客户入会时长

尽管 Hive 拥有许多的内置函数，但有时候还是无法满足实际应用中的需求。当 Hive 提供的内置函数无法满足实际业务需求时，可以考虑使用用户自定义函数（User Defined Function，UDF）。在 2.6 节中已知客户入会时间存在较大差异，本节的任务是编写 UDF 统计客户入会时长（单位：天）。

2.8.1　编写 Hive 中的 UDF

UDF 的执行过程就是在 Hive 转换成 MapReduce 程序后，加入 UDF，类似于在 MapReduce 执行过程中增加一个插件，以扩展程序的功能。

1. Hive 中 UDF 的种类

UDF 只能实现一进一出的操作，如果需要实现多进一出的操作，则需要实现其他种类的函数。Hive 中有以下 3 种不同类型的 UDF。

（1）UDF：操作单个数据行，产生单个数据行。

（2）UDAF：操作多个数据行，产生一个数据行。

（3）UDTF：操作一个数据行，产生多个数据行并以一个表作为输出。

2. UDF 的编写

UDF 的编写需要使用一个开发工具，这里使用 IDEA。在 IDEA 的官网下载并安装 IDEA，安装包名称为 ideaIU-2018.3.5.exe。在集成开发环境 IDEA 中，使用 Hive 的 UDF 需要先将以下 JAR 包导入项目工程中。

（1）"/usr/local/hive/lib/" 路径下的所有 JAR 包。

（2）"/usr/local/hadoop/share/hadoop/common/" 路径下的 hadoop-common-2.6.4.jar（版本号可能不同）。

（3）"/usr/local/hadoop/share/hadoop/common/lib/" 路径下的 slf4j-api-1.7.5.jar（版本号可能不同）。

导入 JAR 包后即可在集成开发环境 IDEA 中编写 UDF，在 UDF 的编写过程中需要注意以下两点。

（1）UDF 必须继承类 org.apache.hadoop.hive.ql.exec.UDF。

（2）UDF 必须实现 evaluate 函数。

编写一个 UDF，实现字符串连接功能，如代码 2-36 所示。

代码 2-36 编写 UDF 实现字符串连接功能

```
package hive_udf;

import org.apache.hadoop.hive.ql.exec.UDF;
import org.apache.hadoop.io.Text;

public class stringJoin extends UDF {
    public Text evaluate(Text arg1,Text arg2){
        return new Text(arg1.toString()+" "+arg2.toString());
    }
}
```

将编写完成的函数封装打包成一个 JAR 包，并命名为 MyUDF.jar，再上传至 Linux 操作系统的/opt/目录下。通过 "hive" 命令进入 Hive 后，在 Hive 中调用 UDF 的步骤如下。

（1）执行 "add jar /opt/MyUDF.jar;" 命令，将 JAR 包 MyUDF.jar 添加至 Hive。

（2）执行 "create temporary function stringJoin as 'hive_udf.stringJoin';" 命令创建临时函数 stringJoin，临时函数只会在当前窗口生效。如果要创建永久函数，删除 temporary 关键字即可。

（3）执行 "select stringJoin('this is', 'myudf');" 命令调用字符串连接函数。

字符串连接函数执行结果如图 2-18 所示。

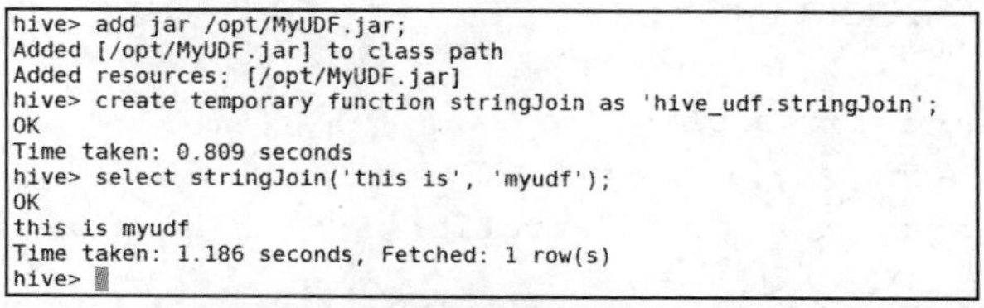

```
hive> add jar /opt/MyUDF.jar;
Added [/opt/MyUDF.jar] to class path
Added resources: [/opt/MyUDF.jar]
hive> create temporary function stringJoin as 'hive_udf.stringJoin';
OK
Time taken: 0.809 seconds
hive> select stringJoin('this is', 'myudf');
OK
this is myudf
Time taken: 1.186 seconds, Fetched: 1 row(s)
hive>
```

图 2-18 字符串连接函数执行结果

2.8.2 任务实现

入会时长的计算公式如式（2-1）所示。

$$入会时长=观测窗口的结束时间-入会时间 \tag{2-1}$$

在航空客户信息表中，由于字段数据 LOAD_TIME 与字段 FFP_DATE 不符合日期类型数据格式“yyyy-MM-dd”的要求，直接进行数据类型转换会出现错误。因此需要先对这两个字段的数据进行处理，将字符串数据的格式更正为“yyyy-MM-dd”，再进行日期数据类型的转换。日期计算最终所得结果的单位为毫秒，还需要将其转换成对应的天数。

编写 UDF 统计客户入会时长，如代码 2-37 所示。

代码 2-37 编写 UDF 统计客户入会时长

```
package hive_udf;

import org.apache.hadoop.hive.ql.exec.UDF;
import java.text.ParseException;
import java.text.SimpleDateFormat;
import java.util.Date;

public class DateUDF extends UDF {
    // 编写 UDF 统计客户入会时长
    public String evaluate(String arg1,String arg2) throws ParseException {
        // 更正原始数据中字符串的格式
        String date1 = setDate(arg1);
        String date2 = setDate(arg2);
        // 将字符串类型转换为日期类型
        SimpleDateFormat format = new SimpleDateFormat("yyyy-MM-dd");
        Date LOAD_TIME = format.parse(date1);
        Date FFP_DATE = format.parse(date2);
        // 将日期相减，由于相减后的结果单位为毫秒，再将其转换成天数
        long result = (LOAD_TIME.getTime() - FFP_DATE.getTime())/(24 *
60 * 60 * 1000);
        // 返回结果
        return String.valueOf(result);
}

    public static String setDate(String arg){
        String[] argList = arg.split("-");
        // 修正部分数据 LOAD_TIME 的错误
        if (argList.length!=3){
            return "2014-03-31";
        }
        for (int i=1;i<argList.length;i++){
            if (argList[i].length()<2){
                argList[i] = "0"+argList[i];
            }
        }
```

```
        String date = argList[0]+"-"+argList[1]+"-"+argList[2];
        return  date;
    }

}
```

调用 DateUDF 函数实现客户入会时长的统计，如代码 2-38 所示，部分执行结果如表 2-9 所示。

代码 2-38 调用 DateUDF 函数

```
    add jar /opt/MyUDF.jar;
    create temporary function dateudf as 'hive_udf.dateUDF';
    select member_no,load_time,ffp_date,dateudf(load_time,ffp_date) as day
from air_data limit 5;
```

表 2-9 DateUDF 函数部分执行结果

会员卡号	观测窗口的结束时间	入会时间	入会时长/天
54993	2014-3-31	2006-11-2	2706
28065	2014-3-31	2007-2-19	2597
55106	2014-3-31	2007-2-1	2615
21189	2014-3-31	2008-8-22	2047
39546	2014-3-31	2009-4-10	1816

任务 2.9 构建航空客户价值分析的特征数据

任务描述

为了让读者能够综合运用 Hive 的编程知识，同时了解数据分析中的数据预处理、模型特征构建等关键流程，本节的任务是结合航空客户价值分析实例，使用 Hive 构建航空客户价值分析的特征数据。

2.9.1 过滤无效、异常数据

通过观察数据，发现原始数据中存在票价为空值的记录，也存在票价为 0 但是平均折扣率大于 0 且总飞行公里数大于 0 的记录。票价为空值的数据可能是客户不存在乘机记录造成的，该类数据可以归类为无效数据。票价为 0（免费）但是平均折扣率大于 0 且总飞行公里数大于 0 的数据可能是客户使用 0 折机票或使用积分兑换机票的原因，该类数据可以归类为异常数据。由于原始数据量大，无效、异常数据所占比例较小，对数据整体影响不大，可以直接丢弃，具体处理方法如下。

（1）丢弃票价为空值的记录。

（2）丢弃票价为 0，同时平均折扣率大于 0 且总飞行公里数大于 0 的记录。

过滤无效数据，即丢弃票价为空值的记录，如代码 2-39 所示。过滤无效数据前后的记录数统计结果如表 2-10 所示，共过滤了 689 条无效数据。

代码 2-39　过滤无效数据

```
// 过滤无效数据
create table air_data_clear_1 as select * from air_data where cast(
sum_yr_1 as int) is not null and cast(sum_yr_2 as int) is not null;
// 统计过滤完成后的数据记录数
select count(*) from air_data_clear_1;
```

表 2-10　过滤无效数据前后的记录数统计结果

无效数据处理	记录数
过滤无效数据前的记录数	62988
过滤无效数据后的记录数	62299

过滤异常数据，即丢弃票价为 0，同时平均折扣率大于 0 且总飞行公里数大于 0 的记录，如代码 2-40 所示。过滤异常数据前后的记录数统计结果如表 2-11 所示，共过滤了 259 条异常数据。

代码 2-40　过滤异常数据

```
// 过滤异常数据
create table air_data_clear_2 as select * from air_data_clear_1 where
sum_yr_1 > 0 or sum_yr_2 > 0 and avg_discount > 0 and seg_km_sum > 0;
// 统计过滤完成后的数据记录数
select count(*) from air_data_clear_2;
```

表 2-11　过滤异常数据前后的记录数统计结果

异常数据处理	记录数
过滤异常数据前的记录数	62299
过滤异常数据后的记录数	62040

过滤无效、异常数据后的航空客户信息表 air_data_clear_2 保留了票价非 0 非空、平均折扣率大于 0 且总飞行公里数大于 0 的记录，后续将以此信息表为基础，构建航空价值分析的特征数据。

2.9.2　选取有效字段

客户价值分析即通过航空公司客户数据识别不同价值的客户，识别客户价值时应用最广泛的模型是 RFM 模型。在 RFM 模型中，R（Recency）表示消费时间间隔，F（Frequency）表示消费频率，M（Monetary）表示消费金额。

由于机票价受到运输距离、舱位等级等多种因素影响，同样消费金额的不同旅客对航空公司的价值是不同的，例如一位购买长航线、低等级舱位票的客户与一位购买短航线、高等级舱位票的客户相比，后者对航空公司而言价值可能更高。因此消费金额这个特征并不适用于航空公司的客户价值分析。

综合考虑实际情况及数据集中现有的信息，选择客户在一定时间内累积的飞行里程 M

和客户在一定时间内乘坐舱位所对应的折扣系数的平均值 C 这两个字段代替消费金额。此外，入会时间的长短在一定程度上能够影响客户价值，因此在模型中增加客户关系长度 L，作为区分客户的另一特征。

选取客户关系长度 L、消费时间间隔 R、消费频率 F、飞行里程 M 和折扣系数的平均值 C 共 5 个特征作为航空公司分析客户价值的特征，记为 LRFMC 模型，如表 2-12 所示。

表 2-12　航空公司分析客户价值的特征

L	R	F	M	C
入会时间距观测窗口结束的天数	客户最近一次乘坐公司飞机距观测窗口结束的天数	客户在观测窗口内乘坐公司飞机的次数	客户在观测窗口内累积的飞行里程	客户在观测窗口内乘坐舱位所对应的折扣系数的平均值

根据航空公司客户价值 LRFMC 模型，选择与其特征相关的 6 个字段：FFP_DATE、LOAD_TIME、FLIGHT_COUNT、AVG_DISCOUNT、SEG_KM_SUM、LAST_TO_END。删除其他字段，如会员卡号、性别、工作地所在城市、工作地所在省份、工作地所在国家、年龄等字段。

2.9.3　构建模型指标

由于航空客户信息表 air_data_clear_2 中并没有直接给出 L、R、F、M、C 这 5 个字段的数据，因此需要从与 L、R、F、M、C 特征相关的 6 个字段中计算出这 5 个字段的数据。

（1）入会时间距观测窗口结束的天数 L=观测窗口的结束时间-入会时间（单位：天），如式（2-2）所示。

$$L=LOAD\_TIME-FFP\_DATE \tag{2-2}$$

（2）客户最近一次乘坐公司飞机距观测窗口结束的天数 R=最后一次乘机时间至观察窗口结束的时长（单位：天），如式（2-3）所示。

$$R=LAST\_TO\_END \tag{2-3}$$

（3）客户在观测窗口内乘坐公司飞机的次数 F=观测窗口内的飞行次数（单位：次），如式（2-4）所示。

$$F=FLIGHT\_COUNT \tag{2-4}$$

（4）客户在观测时间内在公司累积的飞行里程 M=观测窗口的总飞行公里数（单位：公里），如式（2-5）所示。

$$M=SEG\_KM\_SUM \tag{2-5}$$

（5）客户在观测时间内乘坐舱位所对应的折扣系数的平均值 C=平均折扣率（单位：无），如式（2-6）所示。

$$C=AVG\_DISCOUNT \tag{2-6}$$

LRFMC 模型对应的特征数据构建实现如代码 2-41 所示。其中构建字段 L 所用的自定义函数 DateUDF 已在任务 2.8 中实现，具体实现如代码 2-37 所示。

代码 2-41　LRFMC 模型构建

```
create table air_data_lrfmc as select dateudf(load_time,ffp_date) as l,last_to_end as r,flight_count as f,seg_km_sum as m,avg_discount as c from air_data_clear_2;
```

LRFMC 模型数据表 air_data_lrfmc 的部分数据如表 2-13 所示。

表 2-13　air_data_lrfmc 表中的部分数据示例

L	R	F	M	C
2706	1	210	580717	0.9616390429999999
2597	7	140	293678	1.25231444
2615	11	135	283712	1.254675516
2047	97	23	281336	1.090869565
1816	5	152	309928	0.970657895

项目总结

Hive 的诞生降低了开发人员运用 MapReduce 计算框架的门槛，开发人员可以通过熟悉的 SQL 语句实现复杂的 MapReduce 程序编写，降低开发难度，提高开发效率。

本项目首先介绍了 Hive 数据仓库的起源、特点及框架原理；其次介绍了 Hive 的安装与配置流程；接着结合航空公司客户分析案例，详细介绍了 Hive 的基础数据类型、内置函数和 Hive 自定义函数 UDF 基础操作等知识；最后使用 Hive 构建出航空公司客户价值分析的特征数据，实现航空公司客户数据的存储与分析过程。

通过本项目的学习，可以让学生对 Hive 的编程知识有更加深刻的理解，结合航空公司客户分析案例，让学生认识到客户关系管理的意义，同时提升学生对数据的分析能力。在项目的技术选型阶段，如果有海量的结构化数据需要进行离线计算，那么可以采用 Hive 进行数据存储与计算。

实　训

【实训目的】

（1）通过实训掌握 Hive 编程的基本操作。

（2）通过 Hive 编程实现常见数据处理，如求和、求平均值、合并数据等。

实训 1　统计学生成绩的总分、平均分

1．训练要点

（1）掌握 Hive 建表、查询等基础操作。

（2）掌握 Hive 的分组聚合的使用方法。

（3）掌握 Hive 创建新表并导入数据的操作。

2. 需求说明

有一个样例文件 score.csv，即成绩表 A。该文件中的每一行数据包含 3 个字段：学生 ID、科目和分数。要求获取成绩表 A 中每个学生成绩的总分和平均分，并将结果输出到成绩表 B。

成绩表 A 的部分内容如表 2-14 所示。

表 2-14 成绩表 A 的部分内容

学生 ID	科目	分数
201601	语文	65
201601	数学	90
201601	英语	94
201602	语文	100
201602	数学	64
201602	英语	66
201603	语文	72
201603	数学	83
201603	英语	75
201604	语文	82
201604	数学	72
201604	英语	85

成绩表 B 的部分内容如表 2-15 所示，第 1 列为学生 ID，第 2 列为总分，第 3 列为平均分。

表 2-15 成绩表 B 的部分内容

学生 ID	总分	平均分
201601	249	83.0
201602	230	76.67
201603	230	76.67
201604	239	79.67

3. 思路及步骤

（1）在 Hive 中创建成绩表 A，将字段间的分隔符改为“,”，将 score.csv 文件中的数据导入成绩表 A。

（2）将成绩表 A 中的字段按照学生 ID 进行分组，分组完成后使用聚合函数 sum、avg 分别计算学生成绩的总分和平均分，得到结果集。创建成绩表 B，将查询结果保存至成绩表 B。

实训 2 合并文件数据并进行条件查询

1. 训练要点

（1）掌握在 Hive 中用 join 关键字合并表的操作。

（2）掌握 Hive 条件查询的使用方法。

2. 需求说明

有两个样例文件 sc_student.csv 和 sc_score.csv。样例文件 sc_student.csv 的部分内容如

表 2-16 所示。sc_student.csv 文件中的每一行数据包含两个字段：学生 ID 和姓名。

表 2-16　样例文件 sc_student.csv 的部分内容

学生 ID	姓名
201601	张三
201602	李四
201603	王五
201604	赵六
201701	小明
201702	小红
201703	小强
201704	小刚

样例文件 sc_score.csv 的部分内容如表 2-17 所示。sc_score.csv 文件中的每一行数据包含两个字段：学生 ID 和成绩。要求查询出成绩在 60 分以下的学生的姓名。

表 2-17　样例文件 sc_score.csv 的部分内容

学生 ID	成绩
201601	92
201602	56
201603	38
201604	27
201701	79
201702	90
201703	75
201704	83

3．思路及步骤

（1）在 Hive 中创建学生表 student、成绩表 score，将字段间的分隔符改为“,”，分别将 sc_student.csv、sc_score.csv 文件中的数据导入学生表、成绩表。

（2）按照学生 ID 字段合并两个文件中的数据，合并完成后使用 WHERE 关键字筛选出成绩在 60 分以下的学生的姓名及成绩。

课后习题

1．选择题

（1）以下关于 Hive 的说法错误的是（　　）。

A. Hive 起源于 Facebook 的杰夫・汉姆贝彻的团队

B. Hive 处理数据规模大，支持数据更新模式

C. Hive 具有可伸缩、可扩展、高容错的特点

D. Hive 主要适用于日志分析、多维度数据分析、海量结构化数据离线分析等场景

（2）以下不是 Hive 的基础数据类型的是（　　）。

A. float　　B. boolean　　C. long　　D. timestamp

（3）以下不是 Hive 中排序的关键字的是（　　）。

A. SORT BY　　B. ORDER BY　　C. CLUSTER BY　　D. GROUP BY

（4）以下不是 Hive 导入数据的方式的是（　　）。

A. 从本地文件系统中导入　　B. 从 HDFS 中导入

C. 从其他数据库中导入　　D. 从其他 Hive 表中查询导入

（5）以下关于 HiveQL 说法错误的是（　　）。

A. 所有 HQL 语句都会转换为 MapReduce 任务执行

B. 数据定义语言（Data Definition Language，DLL）语句不提交到任务 MapReduce，而是直接操作元数据

C. “select count(*) from table”查询操作一定会启用 MapReduce 任务

D. HQL 的子查询一定要定义一个名称

（6）以下关于 HiveQL 的建表操作描述正确的是（　　）。

A. 创建外部表时需要指定关键字 external

B. 一旦表创建完成，不可修改表名

C. 一旦表创建完成，不可再修改列名

D. 一旦表创建完成，不可再增加新列

（7）以下不是 HiveQL 的内置函数的是（　　）。

A. round　　B. power　　C. getdate　　D. upper

（8）以下不属于 Hive 的聚合函数的是（　　）。

A. max　　B. concat　　C. sum　　D. avg

（9）以下关于 Hive 中的 UDF 说法错误的是（　　）。

A. UDF 必须继承类 org.apache.hadoop.hive.ql.exec.UDF

B. UDF 必须实现 evaluate 函数

C. UDF 有 3 种不同的类型

D. UDF 只能作为临时函数使用

（10）以下关于过滤操作的描述错误的是（　　）。

A. “select col_name from table where col_name is not null;”过滤字段中的空值

B. “select col_name from table where col_name >= 0;”过滤字段中小于 0 的数据

C. “select col_name from table where not like '%A%'”过滤字段中带有“A”的数据

D. “select distinct col_name from table;”过滤字段中的重复数据

2. 操作题

在 Hive 中有一个数据表 sc，该表结构如表 2-18 所示。sc 表包含 3 个字段：学生学号（sno）、选修的授课班号（cno）和课程成绩（grade）。

表 2-18　sc 表结构

字段名	数据类型
sno	string
cno	string
grade	float

根据数据表 sc 完成以下操作。

（1）查询所有课程成绩都在 90 和 100 之间的学生学号。

（2）查询少于 20 名学生选修的授课班号。

（3）查询选课表中每门课程的最高分。

（4）查询授课编号为 1 的课程的平均成绩。

（5）查询课程平均成绩超过 80 的授课班号，输出结果按课程平均成绩升序排列。

拓展阅读

【导读】习近平总书记提出，推动货物贸易优化升级，创新服务贸易发展机制，发展数字贸易，加快建设贸易强国。

通过对贸易数据的存储与多维度分析，可以调整国内生产要素的利用率，从而改善国际间的供求关系，不断增加国家财政收入。Hive 作为数据仓库可实现大量的贸易数据的存储，同时 Hive 提供了多种多维数据分析的内置函数，可轻松实现大量的贸易数据多维度分析。

【思考】面对大量、杂乱的贸易数据，可以从哪些维度进行分析？当 Hive 提供的多维数据分析函数不足以支撑分析需求时，你可以怎么解决需求？

项目❸ 列存储数据库——HBase

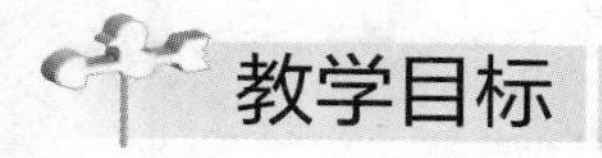

教学目标

1. 知识目标

（1）了解 HBase 的发展历程、功能模块和数据模型。

（2）熟悉 HBase 的基础架构及其各个模块的功能。

（3）掌握 HBase 的安装与配置方法及过程。

（4）理解 HBase 数据表的设计原则。

（5）掌握 HBase Shell 与 HBase Java API 的基础语法。

（6）掌握利用 MapReduce 实现 HBase 与 HDFS 的数据交互的方法。

2. 技能目标

（1）能够完成 Zookeeper、HBase 集群的安装与配置。

（2）能够根据表结构设计原则并结合表数据设计一个符合业务需求的 HBase 表。

（3）能够使用 HBase 实现表的创建与管理。

（4）能够完成 HBase 开发环境的搭建。

（5）能够使用 HBase Shell 命令与 HBase Java API 实现 HBase 表数据的插入与查询操作。

（6）能够编写 MapReduce 程序，实现 HBase 与 HDFS 数据的导入、导出操作。

3. 素养目标

（1）引导学生理解问题分析的普遍意义，尝试对具体问题进行具体分析。

（2）具备数据结构思考能力，能够在具体情境中初步认识业务数据的特征，并设计出对应数据结构的表存储数据。

（3）遵守相应的法律法规，积极配合银行对纸币冠字号系统的推广工作，共同维护社会金融秩序。

项目描述

1. 项目背景

2013 年 1 月中国人民银行下发的《中国人民银行办公厅关于银行业金融机构对外误

付假币专项治理工作的指导意见》(中国人民银行 14 号文)明确要求各金融机构逐步实现(取款机、存储一体机、柜台)全额清分及冠字号追踪查询工作。此外，对于目前误付假币事后取证难的问题，需建设冠字号管理查询系统，以冠字号查询为手段，有效解决银行对外误付假币的问题；同时解决银行涉假币纠纷的举证和责任认定的问题，提高金融机构公信力。

目前有一份经过脱敏的钞票存取记录文件 stumer_in_out_details.txt，其中共约 100 万条数据，部分数据如代码 3-1 所示。

代码 3-1 示例数据

```
AABZ9053,0,2011-12-15 16:29,BEASCNSH,4113281992XXXX1160
AABZ9065,0,2010-07-01 00:35,SCBLCNSX,4113281990XXXX7161
AABZ9066,0,2010-11-05 10:04,DEUTCNSH,4113281991XXXX5160
AABZ9072,0,2011-03-12 06:15,BEASCNSH,4113281990XXXX4508
AABZ9088,0,2010-05-21 03:18,SPDBCNSH,4113281991XXXX5183
AABZ9093,0,2014-03-21 02:39,CITIHK,4113281991XXXX4631
AABZ9095,0,2010-09-17 23:39,DEUTCNSH,4113281990XXXX3416
AABZ9096,0,2012-12-25 23:50,SPDBCNSH,4113281990XXXX4244
AABZ9135,0,2010-10-14 07:43,PCBCCNBJ,4113281992XXXX5510
AABZ9145,0,2011-05-02 05:18,SPDBCNSH,4113281992XXXX8479
```

2. 项目目标

钞票的存取记录是解决银行涉假币纠纷的举证和责任认定问题的重要凭证之一，因此，银行对冠字号查询系统提出以下两个需求。

(1) 支持保存至少 3 个月的全行数据。

(2) 在已存储 100 亿条记录的情况下，插入性能需高于 10000 条/秒，并且精确查询时间需小于 1 秒。

鉴于银行的需求，为了保证较高的处理效率与灵活性，选用能够满足低延迟、每秒百万级查询需求的 HBase 作为冠字号查询系统的存储数据库。

本项目将先对 HBase 的基础知识与架构进行介绍，接着介绍 HBase 集群的搭建过程，并结合冠字号查询系统实例，详细介绍 HBase Shell 基础语法和 HBase Java API 基础语法的使用方法。

3. 项目分析

(1) 学习 HBase 架构、数据模型和 HBase 集群搭建过程，并根据冠字号查询系统的业务需求安装配置 HBase 集群。

(2) 了解 HBase 表设计原则，学习 HBase 表的创建与管理操作，根据钞票交易数据设计 HBase 表结构。

(3) 学习 HBase Shell 命令，插入部分钞票交易数据至 HBase 表中，并对钞票交易数据进行基础探索，了解钞票数据的结构特征。

(4) 学习 HBase Java API 基本操作，根据钞票交易数据设计并编写 HBase 表，导入全部钞票交易数据至 HBase 表中，并实现表内数据的检索查询。

项目实施

任务 3.1 HBase 简介

任务描述

HBase 是目前非常热门的一款分布式非结构化数据库，无论是在互联网行业还是在其他传统 IT 行业，都得到了广泛的应用。近几年随着国内大数据理念的普及，HBase 凭借其高可靠性、易扩展、高性能及成熟的社区支持，受到越来越多企业的青睐。

了解 HBase 相关概念和发展历史、HBase 核心功能模块的作用、HBase 的特性及其与其他数据库的区别，是掌握使用 HBase 进行海量数据存储与查询的第一步。

3.1.1 了解 HBase

1. HBase 的相关概念

HBase 是一个高可靠、高性能、面向列、可伸缩的分布式非结构化数据库，主要用于存储非结构化和半结构化的松散数据。HBase 是 Hadoop Database 的简称，是 Apache 软件基金会 Hadoop 项目的一部分，它是参考 Google 的 BigTable 模型并利用 Java 实现的。

HBase 的目标是处理数据量非常庞大的表，并且通过水平扩展的方式，利用廉价计算机集群处理由超过 10 亿行数据和数百万列元素组成的数据表。HBase 被广泛应用于阿里巴巴、小米、华为等公司的在线系统及离线分析系统中。

2. HBase 的发展历程

HBase 的诞生和发展离不开 Google 发表的 3 篇论文：*GFS*、*MapReduce* 和 *BigTable*。

2003 年，Google 发表了一篇论文，名为 *The Google File System*。将这个分布式文件系统简称 GFS，它使用商用硬件集群存储海量数据。

2004 年，Google 又发表了另一篇论文，名为 *MapReduce:Simplified Data Processing on Large Clusters*。MapReduce 是 GFS 架构的一个补充，因为 MapReduce 能够充分利用 GFS 集群中的每个商用服务器提供的大量 CPU。

GFS 分布式文件系统和 MapReduce 框架均不具备实时随机存储数据的能力。而且 GFS 更适合存储少许数据量极其大的文件，不适合存储成千上万的小文件，因为文件的元数据最终存储在主节点（NameNode）的内存中，所以文件越多，主节点的压力越大。

意识到关系型数据库在大规模处理中的缺点后，Google 的工程师们开始考虑其他切入点：摒弃关系型的特点，采用简单的 API 进行增、查、改、删操作，再加一个扫描函数（scan）在较大的键范围或全表上进行迭代扫描。这些努力的成果最终体现在 2006 年发表的论文 *BigTable：A Distributed Storage System for Structured Data*。BigTable 分布式数据库可以在局部几台服务器崩溃的情况下继续提供高性能的服务。

2007 年，Powerset 公司的工作人员基于 *BigTable* 论文研发了 BigTable 的 Java 开源版本，即 HBase。HBase 在发展了两年之后被 Apache 收录为顶级项目，正式入驻 Hadoop 生态系统，HBase 几乎实现了 BigTable 的所有特性，它被称为一个开源的非关系型分布式数据库。HBase 成为 Apache 顶级项目之后发展非常迅速，各大公司纷纷开始使用 HBase，HBase 社区的高度活跃性让 HBase 发展得十分有活力。

3. HBase 的特点

HBase 作为列存储非关系型数据库，具有以下几个特点。

（1）容量巨大。HBase 的单表可以支持千亿行、百万列的数据规模，数据容量可以达到 TB 甚至 PB 级别。

（2）良好的可扩展性。HBase 集群可以非常方便地实现集群容量扩展，主要包括数据存储节点扩展及读写服务节点扩展。HBase 底层数据存储依赖于 HDFS，HDFS 通过简单增加数据节点（DataNode）实现扩展，HBase 读/写服务节点也一样，通过简单增加 Regionserver 节点实现计算层的扩展。

（3）稀疏性。HBase 支持大量稀疏存储，即允许大量列值为空，并不占用任何存储空间。

（4）高性能。HBase 目前主要适用于 OLTP 场景，数据写操作性能强劲，对于随机单点读及小范围的扫描读，其性能也能够得到保证。对于大范围的扫描读，可以使用 MapReduce 提供的 API，以实现更高效的并行扫描。

（5）多版本。HBase 支持多版本特性，即同一个 Row Key 的数据可以同时保留多个版本（Version），用户可以根据需要选择最新版本或者某个历史版本。

（6）支持过期。HBase 支持 TTL 过期特性，用户只需要设置过期时间，超过 TTL 的数据就会被自动清理，不需要用户手动写程序删除。

（7）Hadoop 原生支持。HBase 是 Hadoop 生态中的核心成员之一，Hadoop 生态中的很多组件都可以与其直接对接。

HBase 与 RDBMS 的区别如表 3-1 所示。

表 3-1　HBase 与 RDBMS 的区别

对比项	HBase	RDBMS
硬件	集群商用硬件	较贵的多处理器硬件
容错	单个或少个节点宕机对 HBase 没有影响	需要额外的、较复杂的配置
数据大小	TB 到 PB 级数据，千万到十亿行	GB 到 TB 级数据，十万到百万行
数据层	一个分布式、多维度、排序的映射	行或列导向
数据类型	任何可以转换为字节（Bytes）数组的数据都支持存储	支持多种数据类型
事务	单个行的 ACID	支持表间和行间的 ACID
查询语言	支持自身提供的 API	SQL
索引	Row Key 索引	支持
吞吐量	每秒百万次查询	每秒千次查询

HBase 和 Hive 在大数据架构中处在不同位置，HBase 主要解决实时数据查询问题，Hive 主要解决数据处理和计算问题，二者一般是配合使用。HBase 与 Hive 的区别如表 3-2 所示。

表 3-2 HBase 与 Hive 的区别

对比项	HBase	Hive
延迟性	在线，低延迟	批处理，较高延迟
结构化	非结构化数据	结构化数据
适用人员	程序员	分析人员
适用场景	海量明细数据的随机实时查询，如日志明细、交易清单、轨迹行为等	离线的批量数据计算

4. HBase 的应用场景

（1）对象存储：存储新闻、网页、图片、视频、病毒等文件。

（2）时序数据：HBase 有一个 OpenTSDB 模块，可以满足时序类场景的高并发和海量存储需求。

（3）推荐画像：特别是用户画像，它是一个比较大的稀疏矩阵，可以使用 HBase 进行存储。

（4）时空数据：主要是轨迹、气象网格等数据，如滴滴打车的轨迹数据主要存储在 HBase 中，另外具有大数据量的车联网企业的数据也是存储在 HBase 中的。

（5）CubeDB OLAP：Kylin 的一个分析构建 cube 模型的工具，其底层的数据是存储在 HBase 中的，不少用户会基于离线计算构建 cube 并存储在 HBase 中，满足在线报表查询的需求。

（6）消息、订单：在电信、银行领域，大多数订单查询的底层存储系统使用的是 HBase，另外大多数通信、消息同步的应用的存储系统也是构建在 HBase 之上的。

（7）Feeds 流：HBase 可以作为 Feeds 流（持续更新并呈现给用户的信息流）的高并发请求访问应用。

（8）NewSQL：HBase 上有 Phoenix 插件，可以满足二级索引、执行标准 SQL 的需求。

3.1.2 掌握 HBase 核心功能模块

HBase 的整体架构如图 3-1 所示。HBase 数据库主要由客户端（Client）、协调服务模块（Zookeeper）、主节点服务（HMaster）、从节点服务（HRegionserver）和数据表分片（Region）5 个核心功能模块组成。

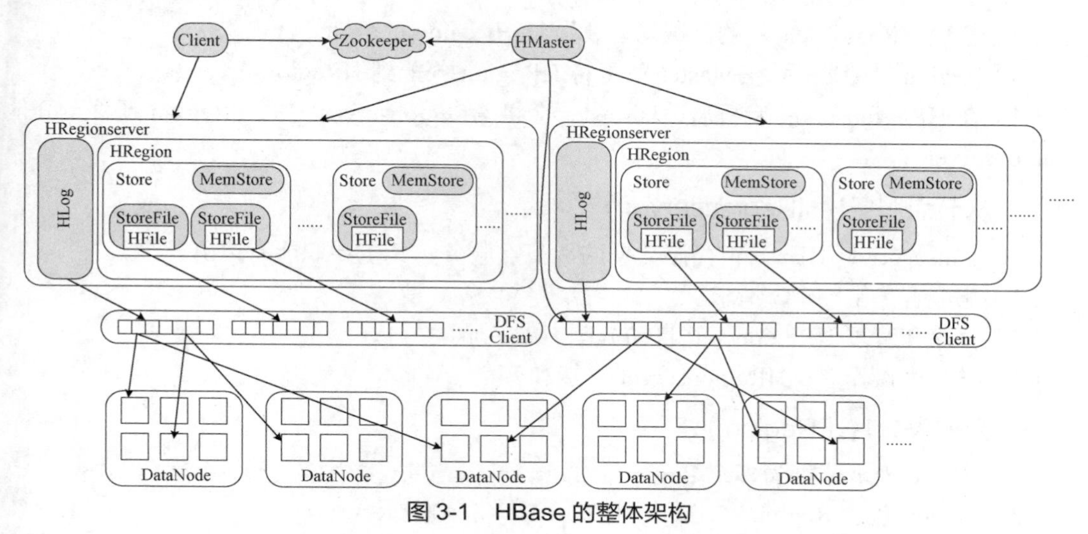

图 3-1 HBase 的整体架构

HBase 数据库中各个核心功能模块的解释说明如下。

1. 客户端（Client）

HBase 客户端（Client）提供了 Shell 命令行接口、原生 Java API 编程接口、Thrift/REST API 编程接口及 MapReduce 编程接口。HBase 客户端支持所有常见的 DML 操作及 DDL 操作，即数据的增、删、改、查和表的日常维护操作等。对于管理类操作，Client 通过 RPC 机制与 HMaster 进行通信；对于数据读写类操作，Client 通过 RPC 机制与 HRegionserver 进行通信。

2. 协调服务模块（Zookeeper）

Zookeeper 是 Hadoop 的分布式协调服务，也是 Apache Hadoop 的一个项目。在 HBase 系统中，Zookeeper 扮演着非常重要的角色，其主要功能有以下几个。

（1）管理系统核心源数据。Zookeeper 存储 HBase 中的-ROOT-表和.META.表的地址，Client 要想访问数据必须通过这两个表。

（2）监控 HRegionserver。HRegionserver 把自己以 Ephedral 方式注册到 Zookeeper 中，HMaster 随时感知各个 HRegionserver 的健康状态。

（3）实现 HMaster 的高可用。Zookeeper 在保证集群只有一个 Active HMaster 正常工作的同时，还会启动一个 Standy HMaster 同步 Active HMaster 的状态，当 Active HMaster 宕机时，Zookeeper 会完成主备机切换的过程。

（4）实现分布式锁。在 HBase 中对一个表进行各种管理操作（如修改操作）时，需要先为表加锁，防止其他用户对同一个表进行管理操作，造成表状态不一致。和其他传统关系型数据库的表不同，HBase 中的表通常都是分布式存储的，Zookeeper 可以通过特定机制实现分布式锁。

3. 主节点服务（HMaster）

HMaster 是 HBase 的主节点服务，主要负责 HBase 系统的各种管理工作，其主要职能有以下几个。

（1）管理用户对表的增、删、查、改操作。

（2）管理 HRegionserver 的负载均衡，调整 HRegion 的分布。

（3）Region 被分割后，HMaster 负责将 HRegion 分配到 HRegionserver。

（4）在 HRegionserver 宕机后，HMaster 会将 HRegionserver 内的 HRegion 迁移至其他 HRegionserver 上。

4. 从节点服务（HRegionserver）

HRegionserver 是 HBase 中存储数据的从节点服务，其主要职能有以下几个。

（1）响应客户端的 I/O 请求。

（2）存储和管理 HRegion，并自动分割 HRegion。

（3）进行表操作时，HRegionserver 直接和客户端连接。

5. 数据表分片（Region）

（1）HBase 表被分割为多个 Region，每个 Region 包含多个行数据。

（2）Region 包含 Region 名字、开始 Row Key 和结束 Row Key。

3.1.3 了解 HBase 的数据模型

传统行数据库以行的形式存储数据，每行数据包含多列，每列只有单个值。在 HBase 中，数据实际存储在一个“映射”（Map）中，并且“映射”的键（Key）是会被排序的。基于排序，用户可以自定义一个“行键”（Row Key），使“相关的”数据存储在相近的地方。图 3-2 所示的是 HBase 中一张示例表的逻辑视图，该表中主要存储图片信息。

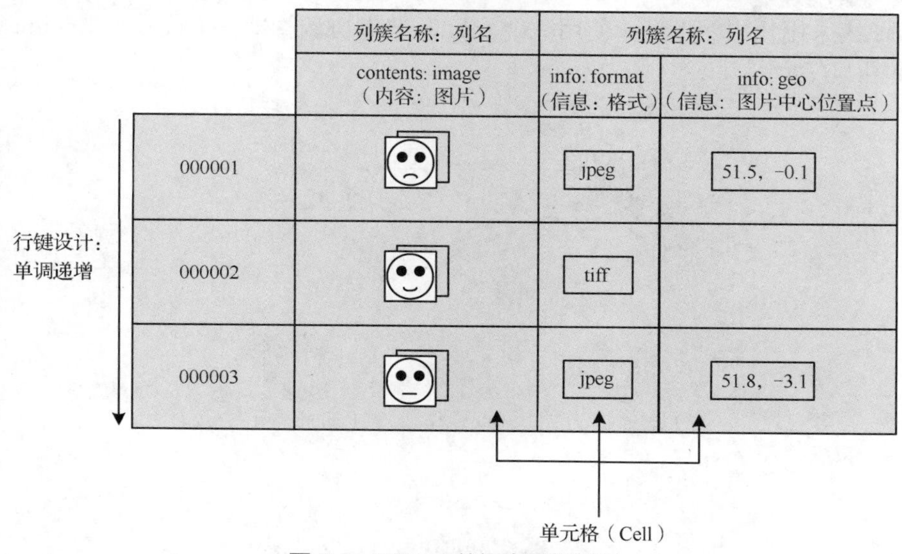

图 3-2 HBase 数据表逻辑视图

HBase 数据模型同关系数据库的很类似，数据存储在一个表中，HBase 数据模型的相关关键字的解释说明如下。

（1）表（Table）。HBase 采用表组织数据，表由行和列组成，列被划分为若干个列簇。

（2）行键（Row Key）。每个 HBase 表都由若干行组成，每个行由行键标识，并且表中所有行都根据行键进行排序。

（3）列簇（Column Family）。一个 HBase 表被分成许多列簇的集合，一个列簇可以包含多个列。列簇需在表创建的时候指定，并且不可以随意增删。一个列簇下可以设置任意多个列，因此可理解为 HBase 中的列可以动态增加。

（4）单元格（Cell）。在 HBase 表中，通过表名、行键、列簇、列标识符、时间戳唯一确定一个单元格，单元格中存储的数据没有数据类型，所有数据均为字节数组 byte[]。

任务 3.2 安装 HBase 集群

任务描述

HBase 是一个分布式非结构化数据库，HBase 的所有数据最终都存储在 HDFS 中，并且 HBase 集群的正常运行依赖于 Zookeeper。因此，本节的任务是先设计 HBase 集群的基本架构，接着准备 HBase 集群所需的硬件配置，再安装 HBase 集群及其依赖的模块，最后测试 HBase 集群，保证集群可正常运行。

3.2.1 安装前的准备工作

HBase 安装前的准备工作主要分为 3 部分：设计 HBase 集群的基本架构、用多台虚拟机组建服务器集群、准备 Hadoop 集群。

1. 设计 HBase 集群的基本架构

Hadoop 的 HDFS 和 YARN 是由客户端、协调主控机（master）和从属机（slave）组成的，HBase 也采用相同的模型，使用一个 master 节点协调管理一个或多个 Regionserver 从节点，如图 3-3 所示。

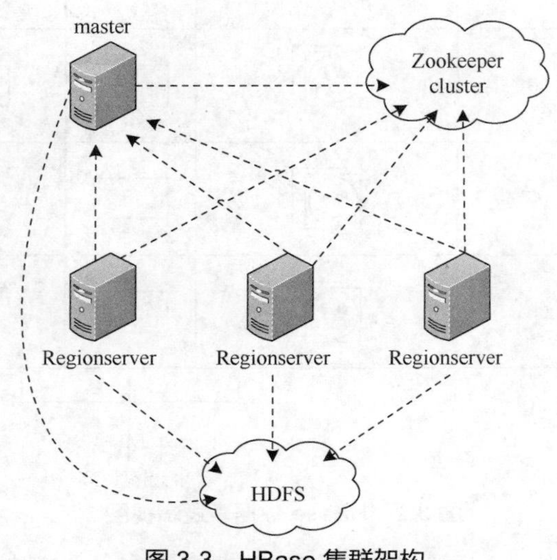

图 3-3 HBase 集群架构

2. 用多台虚拟机组建服务器集群

安装与配置 HBase 集群需要多台虚拟机，将它们分别命名为 master、slave1、slave2、slave3，每台虚拟机的配置如表 3-3 所示。

表 3-3 虚拟机配置

机器名	内存	硬盘	网络适配器	处理器数量	IP 地址
master	1.5GB～2GB	20GB	NAT	1～2	192.168.128.130
slave1～slave3	1GB	20GB	NAT	1	192.168.128.131～192.168.128.133

3. 准备 Hadoop 集群

HBase 集群的运行依赖于 HDFS，因此需要先搭建 Hadoop 集群，要求 Hadoop 的版本为 2.6.5，JDK 版本为 1.8.0 或以上。

3.2.2 安装与配置 Zookeeper

在 Apache 的 Zookeeper 官方发布页面下载 Zookeeper 安装包，安装包名称为 zookeeper-3.4.6.tar.gz，将安装包上传至 slave1 节点的/opt 目录下，再将安装包解压至 slave1 节点的/usr/local/目录下，解压命令如代码 3-2 所示。

代码 3-2 解压安装包至 slave1 节点的/usr/local/目录下

```
tar -zxf /opt/zookeeper-3.4.6.tar.gz -C /usr/local/
```

Zookeeper 配置文件在 zookeeper-3.4.6.tar.gz 解压目录的 conf 目录下，进入/usr/local/zookeeper-3.4.6/conf 目录，复制 zoo_sample.cfg 并将其重命名为 zoo.cfg，如代码 3-3 所示。

代码 3-3 切换目录，复制 zoo_sample.cfg 文件并将其重命名为 zoo.cfg

```
// 进入/usr/local/zookeeper-3.4.6/conf
cd /usr/local/zookeeper-3.4.6/conf
// 复制 zoo_sample.cfg 文件并将其重命名为 zoo.cfg
cp zoo_sample.cfg zoo.cfg
```

通过命令“vi zoo.cfg”编辑 zoo.cfg 文件，并添加代码 3-4 所示的配置内容。

代码 3-4 为 zoo.cfg 文件添加配置内容

```
dataDir=/usr/lib/zookeeper
dataLogDir=/var/log/zookeeper
clientPort=2181
tickTime=2000
initLimit=5
syncLimit=2
server.1=Slave1:2888:3888
server.2=Slave2:2888:3888
server.3=Slave3:2888:3888
```

在 slave1、slave2 和 slave3 子节点上新建/usr/lib/zookeeper 目录和/var/log/zookeeper 目录，在/usr/lib/zookeeper 目录下新建文件 myid 并打开，如代码 3-5 所示。myid 文件打开后，编辑文件内容，在 slave1 节点中输入内容“1”，在 slave2 节点中输入内容“2”，在 slave3 节点中输入内容“3”。

代码 3-5 新建/usr/lib/zookeeper 目录、/var/log/zookeeper 目录和 myid 文件

```
// 分别在 slave1、slave2、slave3 节点上进行如下操作
// 新建/usr/lib/zookeeper 目录
mkdir /usr/lib/zookeeper
// 新建/var/log/zookeeper 目录
mkdir /var/log/zookeeper
// 新建并打开/var/log/zookeeper/myid 文件
vi /usr/lib/zookeeper/myid
```

在 slave1 节点中，将 slave1 节点的/usr/local/zookeeper-3.4.6 目录（包括目录下的文件和子目录）远程复制至 slave2 和 slave3 节点的/usr/local/目录下，如代码 3-6 所示。

代码 3-6 复制文件

```
scp -r /usr/local/zookeeper-3.4.6 slave2:/usr/local/
scp -r /usr/local/zookeeper-3.4.6 slave3:/usr/local/
```

通过命令“vi /etc/profile”编辑 slave1、slave2 和 slave3 子节点的/etc/profile 文件，在

文件中配置 Zookeeper 环境变量，如代码 3-7 所示。

代码 3-7　配置 Zookeeper 环境变量

```
export ZK_HOME=/usr/local/zookeeper-3.4.6
export PATH=$PATH:$ZK_HOME/bin
```

在 slave1、slave2 和 slave3 子节点中，执行代码 3-8 所示的命令，使新配置的环境变量生效。

代码 3-8　使配置生效

```
source /etc/profile
```

启动 slave1、slave2 和 slave3 子节点的 Zookeeper，并查看各个子节点的 Zookeeper 是否启动，如代码 3-9 所示。

代码 3-9　启动 Zookeeper 并查看 Zookeeper 的状态

```
/usr/local/zookeeper-3.4.6/bin/zkServer.sh start
/usr/local/zookeeper-3.4.6/bin/zkServer.sh status
```

正常启动后查看 Zookeeper 的状态，Zookeeper 返回的信息应为该节点在 Zookeeper 集群担任的角色（leader 或 follwer），具体如图 3-4 所示。

```
[root@slave1 ~]# /usr/local/zookeeper-3.4.6/bin/zkServer.sh status
JMX enabled by default
Using config: /usr/local/zookeeper-3.4.6/bin/../conf/zoo.cfg
Mode: follower
```

图 3-4　查看 Zookeeper 的状态

3.2.3　安装与配置 HBase

在 HBase 的官网下载 HBase 安装包，安装包名称为 hbase-1.1.2-bin.tar.gz，上传安装包至 master 节点并将安装包解压至/usr/local/目录下。

HBase 配置文件在 hbase-1.1.2-bin.tar.gz 解压目录的 conf 目录下，进入/usr/local/hbase-1.1.2-bin.tar.gz/conf 目录，并打开 hbase-site.xml 文件，如代码 3-10 所示。

代码 3-10　进入/usr/local/hbase-1.1.2-bin.tar.gz/conf 目录并打开 hbase-site.xml 文件

```
// 进入/usr/local/hbase-1.1.2-bin.tar.gz/conf
cd /usr/local/hbase-1.1.2-bin.tar.gz/conf
// 打开 hbase-site.xml 文件
vi hbase-site.xml
```

hbase-site.xml 文件的修改内容如代码 3-11 所示。

代码 3-11　修改 hbase-site.xml 文件

```
<configuration>
<property>
    <name>hbase.rootdir</name>
    <value>hdfs://master:8020/hbase</value>
  </property>
  <property>
```

```
    <name>hbase.master</name>
    <value>master</value>
  </property>
  <property>
    <name>hbase.cluster.distributed</name>
    <value>true</value>
  </property>
  <property>
    <name>hbase.zookeeper.property.clientPort</name>
    <value>2181</value>
  </property>
  <property>
    <name>hbase.zookeeper.quorum</name>
    <value>Slave1,Slave2,Slave3</value>
  </property>
  <property>
    <name>zookeeper.session.timeout</name>
    <value>60000000</value>
  </property>
  <property>
    <name>dfs.support.append</name>
    <value>true</value>
  </property>
</configuration>
```

修改 hbase-env.sh 配置文件：注释代码 3-12 所示的内容，并添加代码 3-13 所示的内容。

代码 3-12　hbase-env.sh 的注释内容

```
export HBASE_MASTER_OPTS="$HBASE_MASTER_OPTS -XX:PermSize=128m
-XX:MaxPermSize=128m"
export HBASE_REGIONSERVER_OPTS="$HBASE_REGIONSERVER_OPTS -XX:PermSize=
128m
-XX:MaxPermSize=128m"
```

代码 3-13　hbase-env.sh 的添加内容

```
export HBASE_CLASSPATH=/usr/local/hadoop-2.6.4/etc/hadoop
export JAVA_HOME=/usr/java/jdk1.8.0_151
export HBASE_MANAGES_ZK=false
```

修改 regionservers 配置文件，添加 slave1、slave2 和 slave3 子节点主机名至 regionservers 文件中，如代码 3-14 所示。

代码 3-14　声明子节点主机名

```
slave1
slave2
slave3
```

将配置文件复制到各子节点，如代码 3-15 所示。

代码 3-15　复制配置文件

```
scp -r /usr/local/hbase-1.1.2/ slave1:/usr/local/
scp -r /usr/local/hbase-1.1.2/ slave2:/usr/local/
scp -r /usr/local/hbase-1.1.2/ slave3:/usr/local/
```

配置环境变量，在/etc/profile 目录中添加代码 3-16 所示的内容，并运行代码 3-8 使环境变量生效。

代码 3-16　配置环境变量

```
export HBASE_HOME=/usr/local/hbase-1.1.2
export PATH=$PATH:$HBASE_HOME/bin
```

运行 HBase，首先确保启动了 Zookeeper 和 Hadoop 集群，具体如代码 3-17 所示。

代码 3-17　运行 HBase

```
/usr/local/hbase-1.1.2/bin/start-hbase.sh
```

在浏览器上访问 http://192.168.128.130:16010，若 HBase 集群正常启动，则网页能正常显示集群的具体信息，如图 3-5 所示。

APACHE HBASE　Home　Table Details　Local Logs　Log Level　Debug Dump　Metrics Dump　HBase Configuration

Master master

Region Servers

Base Stats　Memory　Requests　Storefiles　Compactions

ServerName	Start time	Requests Per Second	Num. Regions
slave1,16020,1587719530290	Fri Apr 24 05:12:10 EDT 2020	0	1
slave2,16020,1587719540108	Fri Apr 24 05:12:20 EDT 2020	0	0
slave3,16020,1587719530303	Fri Apr 24 05:12:10 EDT 2020	0	2
Total:3		0	3

图 3-5　HBase 集群的 Web 端口

任务 3.3　设计与新建钞票交易数据表

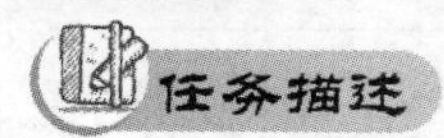

利用已搭建好的 HBase 集群，本节的任务是根据 stumer_in_out_details.txt 文件的钞票存取数据，以钞票冠字号作为行键（Row Key），设计与新建一个合理的钞票交易数据表，要求支持保存至少 3 个月的钞票交易数据。

3.3.1　设计表结构的原则

使用 HBase 设计表结构，需要先对 HBase 存储数据的特性有一定了解，并熟悉 Row Key 的设计原则、列簇的设计优化和创建 HBase 数据表的语法。

1. Row Key 的设计原则

HBase 是根据 Row Key 进行检索的，系统通过找到某个 Row Key（或某个 Row Key

范围）所在的 Region 分割点，然后将查询数据的请求发送到该 Region 分割点并获取数据。HBase 按单个 Row Key 检索的效率是很高的，耗时在 1 毫秒以下，每秒可获取 1000～2000 条记录，不过非 key 列的查询很慢。因此为了保证查询的高效，Row Key 的设计需要遵循以下原则。

（1）长度原则

Row Key 是一个二进制码流，可以是任意字符串，最大长度为 64KB，实际应用中长度一般为 10～100Bytes，保存为 byte[]字节数组。Row Key 的长度一般设计成定长，建议越短越好，不要超过 16Byte。

（2）散列原则

HBase 集群的数据分配是基于行键进行的，数据如果没有在整个集群的所有节点中均匀分布，那么会影响到集群的性能与伸缩性，因此 Row Key 的设计必须尽量使得数据能够均匀分布在所有节点上。

（3）唯一原则

Row Key 在设计上必须保证唯一性。Row Key 是按照字典排序与存储的，因此，设计 Row Key 时需要充分利用这个特点，将经常一起读取的数据存储到一块，将最近可能会被访问的数据放在一块。

2. 列簇的设计优化

HBase 是以列簇存储数据的数据库，列簇的设计在很大程度上会影响数据的读写效率，因此为了保证读写的高效，列簇的设计优化需要考虑以下几个重点。

（1）不建议设计多个列簇。flush 是 HBase 的一个重要操作，经过 flush 操作后，数据才可以持久。列簇在进行 flush 操作的时候，它邻近的列簇也会因关联效应触发 flush 操作，列簇越多，系统产生的 I/O（输入/输出）开销也会越多。

（2）配置列簇缓存（BLOCKCACHE）。如果一个表或表里的列簇经常被顺序访问或很少被访问，这种情况下可以选择关闭列簇的缓存以提高读取效率。HBase 的列簇缓存默认是打开的，如果想要关闭列簇缓存，那么可以将列簇缓存的配置参数设置为 false。

（3）设置布隆过滤器（BLOOMFILTER）。设置布隆过滤可以减少从硬盘读取数据时的开销，但需要对存储的数据块进行反向测试，因此会占用额外的空间。

（4）配置生存时间（Time To Live，TTL）。设置超过这个时间的列簇数据会在下一次大合并中被删除。

（5）列簇压缩。压缩可以节省空间，但读写数据时会增加 CPU 的使用率。

（6）单元时间版本。默认为 3 个版本，用来保存历史数据。如果只需要 1 个版本，推荐设置表时只维护 1 个版本。

3.3.2 创建与删除表

HBase 与关系型数据库不同，HBase 的基本组成为表，不存在多个数据库。因此，在 HBase 中可以直接创建表或删除表，不需要先进入某个数据库再对表进行操作。

1. 创建表

虽然在 HBase 中不存在多个数据库，但是它有命名空间的概念。命名空间是对表的逻辑分组，不同的命名空间类似于关系型数据库中的不同数据库。利用命名空间，在多用户的场景下可以做到很好的资源和数据隔离。

在 HBase 中存储数据要先创建表，创建表时需要设置表名称和列簇名称。HBase 创建表的基础语法如下。

```
// 建表基础语法，创建表并只设置列簇名称
create '命名空间:表名' , '列簇名 1' , '列簇名 2', … , '列簇名 n'
// 建表基础语法，创建表并设置列簇的名称及属性
create '命名空间:表名',{语法参数}
```

HBase Shell 中提供了多个参数以满足创建表的不同需求，各参数详情如表 3-4 所示。

表 3-4 create 命令的参数

参数	功能	使用示例
NAME	设置列簇名	NAME => 'c1'
VERSIONS	设置最大版本数量	VERSIONS => 1
TTL	设置列簇生存时间（以秒为单位），HBase 将在到达设置时间后自动删除该列簇	TTL => 1000
BLOCKCACHE	设置读缓存状态	BLOCKCACHE => Ture\False
SPLITS	设置建表 Region 预分区	SPLITS=> ['10', '20', '30', '40']

使用 create 命令创建表 Student 和表 Cource，如代码 3-18 所示。

代码 3-18 create 命令示例

```
// 创建命令空间 data
create_namespace 'data'
// 在 data 命名空间内创建表 Cource，创建列簇 details；设置 details 最大版本数为 5、生存时间为 1000000 秒
create 'data:Cource', {NAME => 'details', VERSIONS => 5,TTL=>1000000}

// 创建表 Student，创建列簇 info，设置 Region 预分区为['10', '20', '30', '40']，列缓存状态为 true
create 'Student', {NAME => 'info',BLOCKCACHE =>TRUE}, SPLITS=> ['10', '20', '30', '40']
```

2. 查看表结构

在 HBase Shell 中查看表结构可以使用 desc 命令，其基础语法如下。

```
desc '命名空间:表名'
```

使用 desc 命令查看表 Student 和表 Cource 的结构，如代码 3-19 所示。

代码 3-19 desc 命令示例

```
// 查看默认命名空间中表 Student 的结构
desc 'Student'
```

```
// 查看 data 命名空间中表 Cource 的结构
desc 'data:Cource'
```

表 Student 和表 Cource 的结构查询结果如图 3-6 所示。

```
hbase(main):014:0> desc 'Student'
Table Student is ENABLED
Student
COLUMN FAMILIES DESCRIPTION
{NAME => 'info', BLOOMFILTER => 'ROW', VERSIONS => '1', IN_MEMORY => 'fa
lse', KEEP_DELETED_CELLS => 'FALSE', DATA_BLOCK_ENCODING => 'NONE', TTL
=> 'FOREVER', COMPRESSION => 'NONE', MIN_VERSIONS => '0', BLOCKCACHE =>
'true', BLOCKSIZE => '65536', REPLICATION_SCOPE => '0'}
1 row(s) in 0.0240 seconds

hbase(main):015:0> desc 'data:Cource'
Table data:Cource is ENABLED
data:Cource
COLUMN FAMILIES DESCRIPTION
{NAME => 'details', BLOOMFILTER => 'ROW', VERSIONS => '5', IN_MEMORY =>
'false', KEEP_DELETED_CELLS => 'FALSE', DATA_BLOCK_ENCODING => 'NONE', T
TL => '1000000 SECONDS (11 DAYS 13 HOURS 46 MINUTES 40 SECONDS)', COMPRE
SSION => 'NONE', MIN_VERSIONS => '0', BLOCKCACHE => 'true', BLOCKSIZE =>
 '65536', REPLICATION_SCOPE => '0'}
```

图 3-6　表结构查询结果

3. 删除表

HBase 可以使用 drop 命令删除表，但是在删除表之前需要使用 disable 命令禁用表，其基础语法如下。

```
disable '命名空间:表名'
drop '命名空间:表名'
```

使用 disable 命令禁用表 Cource，再使用 drop 命令删除表 Cource，如代码 3-20 所示。

代码 3-20　disabled 命令与 drop 命令示例

```
// 在删除表时必须保证表状态为 disable
disable 'data: Cource'

// 删除表 Cource
drop 'data: Cource'
```

3.3.3 任务实现

钞票交易数据表包含冠字号（唯一标识符），在进行存入和获取钞票的过程中，都会对应一个用户、时间、地点。存入和获取操作同样需要存储（执行存入和获取操作时可以使用 1 代表存入，0 代表获取）。

1. 对数据和需求进行综合分析

（1）统计钞票冠字号的数量

从代码 3-1 所示的数据可知，冠字号为每行数据的第一个元素，因此在使用 HBase 进行存储之前，可以利用 “,” 对每行数据进行分割，以获取冠字号，如代码 3-21 所示。

代码 3-21 冠字号获取

```
# 以“,”分割每行，取每行第一个元素并排序去重，将数据重定向到 stumer_new 文件
awk -F ',' '{print $1}' stumer_in_out_details.txt | sort | uniq > stumer_new
# 统计 stumer_new 文件行数
wc -l stumer_new
```

得到冠字号数量为 520000，并且冠字号都是唯一的，符合 Row Key 的唯一性。但是这些冠字号具有一定的连续性，写入 HBase 时，如果没有预设 Region 分割点以便将数据写入请求分散到不同的节点上，那么很容易造成热点问题。这个情况违背了 Row Key 设计的散列原则，因此应当设置 SPLITS 参数，将所有数据切分为多个 Region，从而使所有数据均衡分布。考虑将表切分为 3 个 Region，与 Regionserver 个数相同，Region 分割点为排序好的冠字号列表 1/3 和 2/3 位置的值。根据冠字号数据记录总数获取第一个和第二个分割点，如代码 3-22 所示。

代码 3-22 SPLITS 参数获取

```
# 获取第一个分割点
head -173334 stumer_new | tail -1
# 获取第二个分割点
head -346667 stumer_new | tail -1
```

得到的 SPLITS 参数为['AAAR3333','AABI6666']。

（2）需求分析

要求支持保存至少 3 个月的钞票交易数据，假设同一个冠字号一天最多只有 10 条记录，那么钞票交易数据表的最大版本数应当设为 1000。

根据钞票交易数据表的数据存储要求，需要存储钞票的冠字号、钞票状态、存取用户 ID、存取银行等数据，因此钞票交易数据表结构的设计如表 3-5 所示，并且以钞票数据的存取时间作为该条数据的自定义时间版本。

表 3-5 钞票交易数据表结构

主键和列簇	字段名称	字段含义
Row Key	—	主键（钞票冠字号）
op_www	exist	钞票状态：是否存在
	uId	用户 ID
	Bank	存取钞票银行

2. 利用 HBase Shell 创建数据表

根据对冠字号钞票数据的存储设计和分析，创建数据表 identify_rmb_records，如代码 3-23 所示。

代码 3-23 创建数据表 identify_rmb_records

```
create 'identify_rmb_records',{NAME=>'op_www',VERSIONS=>1000},SPLITS=>
['AAAR3333','AABI6666']
```

使用 describe 命令查看数据表的结构，如图 3-7 所示。

```
hbase(main):008:0> describe "identify_rmb_records"
Table identify_rmb_records is ENABLED
identify_rmb_records
COLUMN FAMILIES DESCRIPTION
{NAME => 'op_www', BLOOMFILTER => 'ROW', VERSIONS => '1000', IN_MEMORY => 'false',
 KEEP_DELETED_CELLS => 'FALSE', DATA_BLOCK_ENCODING => 'NONE', TTL => 'FOREVER', C
OMPRESSION => 'NONE', MIN_VERSIONS => '0', BLOCKCACHE => 'true', BLOCKSIZE => '655
36', REPLICATION_SCOPE => '0'}
1 row(s) in 0.0300 seconds
```

图 3-7 数据表结构

任务 3.4 新增与删除钞票交易数据表数据

为了让读者掌握在 HBase Shell 中对表的增、删、查、改操作，本节的任务是在 HBase Shell 命令行界面中，实现对钞票交易数据表数据的新增、查询、删除和扫描全表的操作。

3.4.1 插入数据

在 HBase 中使用 put 命令可以向数据表中插入数据。put 命令可以向表中增加一行新数据，也可以覆盖指定行的数据，put 命令的基础语法如下。

```
put '表名' , '行键' , '列簇:列标识符' , '插入值'
```

使用 put 命令向默认命名空间中的表 Student 插入数据，如代码 3-24 所示。

代码 3-24 put 命令使用示例

```
// 在默认命名空间下的表 Student 中，往 Row Key 为 01、列簇为 info、列标识符为 age 的单元格插入值 20，往列标识符为 name 的单元格插入值"Ana"
put 'Student', '01', 'info:age', '20'
put 'Student', '01', 'info:name', 'Ana'

// 在默认命名空间下的 Student 表中，往 Row Key 为 02、列簇为 info、列标识符为 age 的单元格插入值 22，往列标识符为 name 的单元格插入值"TOM"
put 'Student', '02', 'info:age', '22'
put 'Student', '02', 'info:name', 'TOM'

// 在默认命名空间下的 Student 表中，往 Row Key 为 03、列簇为 info、列标识符为 age 的单元格插入值 19，往列标识符为 name 的单元格插入值"Mike"
put 'Student', '03', 'info:age', '19'
put 'Student', '03', 'info:name', 'Mike'
```

3.4.2 查询数据

在 HBase 中使用 get 命令可以从数据表中获取某一行记录，类似于关系型数据库中的 Select 操作。get 命令的基础语法如下。

```
get '表名' , '行键' , {其他参数}
```

get 命令必须设置表名和行键，同时可以指明列簇名称、时间戳范围、数据版本等参数，各参数的使用详情如表 3-6 所示。

表 3-6 get 命令的参数

参数	功能	使用示例
COLUMN	设置查询数据的列簇名	get 'Student',r1,{NAME=>'c1',COLUMN=>'c1'/['c1','c2','c3']}
TIMESTAMP	设置查询数据的时间戳	get 'Student',r1,{NAME => 'c1' ,TIMESTAMP => ts1}
TIMERANGE	设置查询数据的时间戳范围	get 'Student',r1,{NAME => 'c1' ,TIMERANGE => [ts1, ts2]}
VERSIONS	设置查询数据的最大版本数	get 'Student',r1,{NAME => 'c1' ,VERSIONS => 4}
FILTER	设置查询数据的过滤条件	get 'Student',r1,{NAME => 'c1' ,FILTER=>"ValueFilter(=,'binary:abc')"}

使用 get 命令查询默认命名空间中的表 Student 的数据，如代码 3-25 所示。

代码 3-25 get 命令使用示例

```
// 查询默认命名空间下的表 Student 中 Row Key 为 01 的所有数据
get 'Student','01'

// 查询表 Student 中 Row Key 为 01、列簇为 info、时间戳为 1588946360480 的数据,返回的最大版本数为 5
get 'Student','01',{ COLUMN =>'info',VERSIONS=>5, TIMESTAMP =>
1588946360480}

// 查询表 Student 中 Row Key 为 02、时间戳范围为 1588946376370 到 1588946376395 的数据
get 'Student','02', { TIMERANGE => [1588946376370, 1588946376395]}
```

get 命令示例代码的运行结果如图 3-8 所示。

```
hbase(main):032:0> get 'Student','01'
COLUMN                                          CELL
 info:age                                       timestamp=1588946360480, value=20
 info:name                                      timestamp=1588946360524, value= Ana
2 row(s) in 0.0230 seconds

hbase(main):033:0> get 'Student','01',{ COLUMN =>'info',VERSIONS=>5, TIMESTAMP => 1588946360480}
COLUMN                                          CELL
 info:age                                       timestamp=1588946360480, value=20
1 row(s) in 0.0110 seconds

hbase(main):034:0> get 'Student','02', { TIMERANGE => [1588946376370, 1588946376395]}
COLUMN                                          CELL
 info:age                                       timestamp=1588946376381, value=22
1 row(s) in 0.0160 seconds
```

图 3-8 代码 3-25 运行结果

3.4.3 删除数据

在 HBase 中使用 delete 命令可以从表中删除一个单元格或一个行集，delete 命令的语法与 put 命令类似，必须指明表名、行键和列簇，而列名和时间戳是可选的。delete 命令的基础语法如下。

```
delete '表名', '行键', '列簇'
```

使用 delete 命令删除表 Student 中的数据，如代码 3-26 所示。

代码 3-26 delete 命令示例

```
// 删除表 Student 中 Row Key 为 01、列簇为 age 的数据
delete 'Student', '01', 'info:name'

// 删除表 Student 中 Row Key 为 01、列簇为 name、时间戳小于 1588946360480 的所有数据
delete 'Student', '01', 'info:age', 1588946360480
```

delete 命令示例代码的运行结果如图 3-9 所示。

```
hbase(main):060:0> delete 'Student', '01', 'info:name'
0 row(s) in 0.0190 seconds

hbase(main):061:0> delete 'Student', '01', 'info:age', 1588946360480
0 row(s) in 0.0120 seconds
```

图 3-9 代码 3-26 运行结果

3.4.4 扫描全表

在 HBase 中使用 scan 命令可以扫描全表数据，scan 命令的基础语法如下。

```
scan '表名', {其他参数}
```

使用 scan 命令时必须指明表名，同时可以指明列簇名称、时间戳范围、输出行数等参数，各参数的使用详情如表 3-7 所示。

表 3-7 scan 命令的参数

参数	功能	使用示例
COLUMN	设置扫描数据的列簇名	scan 'Student ',{COLUMN => 'age'/['age', 'name']}
TIMESTAMP	设置时间戳	scan 'Student',{COLUMN => 'age',TIMESTAMP => 1099531200}
TIMERANGE	设置时间戳范围	scan 'Student',{COLUMN => 'age',TIMERANGE => [ts1, ts2]}
VERSIONS	设置最大版本数	scan 'Student',{COLUMN => 'age',VERSIONS => 4}
FILTER	设置过滤条件	scan 'Student',{COLUMN => 'age',FILTER=>"ValueFilter(=,'binary:20') "}
STARTROW	设置起始 Row Key	scan 'Student',{COLUMN => 'age',STARTROW => '01'}
LIMIT	设置返回数据的数量	scan 'Student',{COLUMN => 'age',LIMIT => 10}
REVERSED	设置倒叙扫描	scan 'Student',{COLUMN => 'age',REVERSED => TRUE}

使用 scan 命令扫描表 Student 中的数据，如代码 3-27 所示。

代码 3-27　scan 命令示例

```
// 扫描默认命名空间中表 Student 的所有数据
scan 'Student'

// 从 Row Key 为 03 的数据开始倒叙扫描，扫描 Student 表中列簇为 info 的所有数据
scan 'Student', {COLUMNS => 'info', STARTROW =>'03',REVERSED=>TRUE, LIMIT=>2}
```

scan 命令示例代码的运行结果如图 3-10 所示。

```
hbase(main):058:0> scan 'Student'
ROW                                          COLUMN+CELL
 02                                          column=info:age, timestamp=1588948559840, value=22
 02                                          column=info:name, timestamp=1588948559868, value=TOM
 03                                          column=info:age, timestamp=1588948564776, value=19
 03                                          column=info:name, timestamp=1588948564813, value=Mike
2 row(s) in 0.0260 seconds

hbase(main):059:0> scan 'Student', {COLUMNS => 'info', STARTROW =>'03',REVERSED=>TRUE, LIMIT=>2}
ROW                                          COLUMN+CELL
 03                                          column=info:age, timestamp=1588948564776, value=19
 03                                          column=info:name, timestamp=1588948564813, value=Mike
 02                                          column=info:age, timestamp=1588948559840, value=22
 02                                          column=info:name, timestamp=1588948559868, value=TOM
2 row(s) in 0.0260 seconds
```

图 3-10　代码 3-27 运行结果

3.4.5　任务实现

使用 put 命令插入部分钞票数据到表 identify_rmb_records，如代码 3-28 所示。

代码 3-28　插入部分钞票数据

```
put 'identify_rmb_records','AAAB3455','op_www:exist','0'
put 'identify_rmb_records','AAAB3455','op_www:uId','4113281992XXXX9106'
put 'identify_rmb_records','AAAB3455','op_www:bank','UBSWCNBJ'
put 'identify_rmb_records','AAAB3453','op_www:exist','0'
put 'identify_rmb_records','AAAB3453','op_www:uId','4113281992XXXX9106'
put 'identify_rmb_records','AAAB3453','op_www:bank','CMBCCNBS'
```

使用 get 命令查询 identify_rmb_records 表中 Row Key 为 AAAB3453 的多个版本数据，如代码 3-29 所示。

代码 3-29　查询 Row Key 为 AAAB3453 的多个版本数据

```
get "identify_rmb_records","AAAB3453"
```

查询结果如图 3-11 所示，在 identify_rmb_records 表中，Row Key 为 AAAB3453 的列数据目前都只有一个版本。

```
hbase(main):015:0> get "identify_rmb_records","AAAB3453"
COLUMN                  CELL
 op_www:bank            timestamp=1587895403080, value=CMBCCNBS
 op_www:exist           timestamp=1587895401645, value=0
 op_www:uId             timestamp=1587895401697, value=4113281992XXXX9106
3 row(s) in 0.0440 seconds
```

图 3-11　查询结果

使用 scan 命令扫描全表数据，如代码 3-30 所示。

代码 3-30 扫描全表数据

```
scan "identify_rmb_records"
```

扫描结果如图 3-12 所示。

```
hbase(main):020:0> scan "identify_rmb_records"
ROW                     COLUMN+CELL
 AAAB3453               column=op_www:bank, timestamp=1587895403080, value=CMBCCNBS
 AAAB3453               column=op_www:exist, timestamp=1587895401645, value=0
 AAAB3453               column=op_www:uId, timestamp=1587895401697, value=4113281992XXXX9106
 AAAB3455               column=op_www:bank, timestamp=1587895401603, value=UBSWCNBJ
 AAAB3455               column=op_www:exist, timestamp=1587895401483, value=0
 AAAB3455               column=op_www:uId, timestamp=1587895401570, value=4113281992XXXX9106
2 row(s) in 0.0490 seconds
```

图 3-12 扫描结果

使用 delete 命令删除 Row Key 为 AAAB3453、列簇为 op_www:bank、时间戳小于 1587720029895 的数据，并再次扫描全表，如代码 3-31 所示。

代码 3-31 删除指定数据

```
delete "identify_rmb_records", "AAAB3455","op_www:bank",1587720029895
scan "identify_rmb_records",{COLUMNS =>'op_www'}
```

删除指定数据，再次扫描全表后的结果如图 3-13 所示。

```
hbase(main):021:0> delete "identify_rmb_records", "AAAB3455","op_www:bank",1587720029895
0 row(s) in 0.1090 seconds

hbase(main):022:0> scan "identify_rmb_records",{COLUMNS =>'op_www'}
ROW                     COLUMN+CELL
 AAAB3453               column=op_www:bank, timestamp=1587895403080, value=CMBCCNBS
 AAAB3453               column=op_www:exist, timestamp=1587895401645, value=0
 AAAB3453               column=op_www:uId, timestamp=1587895401697, value=4113281992XXXX9106
 AAAB3455               column=op_www:bank, timestamp=1587895401603, value=UBSWCNBJ
 AAAB3455               column=op_www:exist, timestamp=1587895401483, value=0
 AAAB3455               column=op_www:uId, timestamp=1587895401570, value=4113281992XXXX9106
2 row(s) in 0.0630 seconds
```

图 3-13 删除指定数据后的扫描结果

任务 3.5 查询指定时间版本的钞票数据

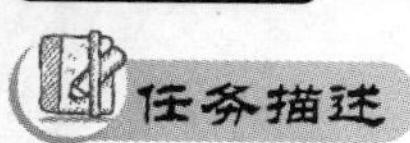

HBase 支持在同一 Row Key 下存储多个版本的数据。对于同一个 Row Key 下的数据，HBase 是根据插入数据时设定的时间戳界定不同的数据的版本的。本节的任务是在 HBase Shell 命令行界面中，实现以 HBase 隐含的时间版本和自定义时间版本两种方式插入数据，并按指定时间版本查询数据。

3.5.1 按时间版本查询数据

HBase 数据表通过时间戳区分不同版本的数据，因此每个单元格都有其对应的时间版本。在 HBase 中定义时间版本的方式有两种：HBase 自动设置的隐含的时间版本和用户自定义的时间版本。

1. HBase 隐含的时间版本

在用户使用 put 命令插入数据到 HBase 数据表的某一个单元格时，如果没有声明对应的时间戳，那么 HBase 会自动设置当前时间为这个单元格的时间版本。在任务 3.4 的使用 put 命令插入数据的示例代码中，数据的时间版本即 HBase 自动设置的隐含的时间版本。

2. 自定义的时间版本

用户若想自定义时间版本，则需要在使用 put 命令插入数据时声明数据对应的时间版本，语法如下。

```
# 自定义数据时间版本的基础语法
put '表名' , '行键' , '列簇:列标识符' , '插入值', '时间戳'
```

使用 put 命令向表 Student 中插入数据，同时设置数据对应的时间版本为 1099531200，再查询指定时间版本的数据，如代码 3-32 所示。

代码 3-32 查询指定时间版本的数据

```
// 自定义数据时间版本基础语法的示例程序
// 向表 Student 中 Row Key 为 01、列簇为 info、列标识符为 age 的单元格插入值 10,设置时间版本为 1099531200
put 'Student', '03','info:age','14',1099531200
put 'Student', '03','info:name','Bobo',1099531200

// 使用 get、scan 命令查询指定时间版本的数据
get 'Student', '03', {COLUMN => 'info',TIMESTAMP =>1099531200}
scan 'Student', {COLUMNS => 'info',TIMESTAMP => 1099531200}
```

查询指定时间版本的数据，结果如图 3-14 所示。

```
hbase(main):010:0> get 'Student', '03', {COLUMN => 'info',TIMESTAMP =>1099531200}
COLUMN                                    CELL
 info:age                                 timestamp=1099531200, value=14
 info:name                                timestamp=1099531200, value=Bobo
2 row(s) in 0.0250 seconds
```

图 3-14 查询结果（1）

3.5.2 任务实现

使用 put 命令向表 identify_rmb_records 插入自定义时间版本的数据，如代码 3-33 所示。

代码 3-33 插入自定义时间版本的数据

```
put 'identify_rmb_records','AAAB3453','op_www:exist','0',1099531200
put 'identify_rmb_records','AAAB3453','op_www:uId', '4113281992XXXX9106', 1099531200
put 'identify_rmb_records','AAAB3453','op_www:bank','CMBCCNBS', 1099531200
```

使用 get 命令查询时间版本为 1099531200 的钞票数据，如代码 3-34 所示。

代码 3-34 查询指定时间版本的数据

```
get 'identify_rmb_records','AAAB3453',{COLUMN =>'op_www', TIMESTAMP =>1099531200}
```

查询结果如图 3-15 所示。

```
hbase(main):023:0* get 'identify_rmb_records','AAAB3453',{COLUMN =>'op_www', TIMESTAMP =>1099531200}
COLUMN                                                  CELL
 op_www:bank                                            timestamp=1099531200, value=CMBCCNBS
 op_www:exist                                           timestamp=1099531200, value=0
 op_www:uId                                             timestamp=1099531200, value=4113281992XXXX9106
3 row(s) in 0.0800 seconds
```

图 3-15 查询结果（2）

任务 3.6 使用 Java API 创建钞票交易数据表

任务描述

因为 HBase 是用 Java 开发的，所以通常选用 Eclipse 作为 HBase 的编程开发工具。本节的任务是在 Eclipse 中搭建 HBase 开发环境，并使用 HBase Java API 实现钞票交易数据表的创建。

3.6.1 搭建 HBase 开发环境

因为 HBase 依赖于 Hadoop 的 HDFS 和 MapReduce，HBase 的编程开发需要搭建 HBase 开发环境，所以在 Eclipse 中需要先配置 MapReduce 开发环境，再新建 HBase 工程，导入 HBase 依赖的相关 JAR 包。

1．配置 MapReduce 环境

在 Eclipse 官网中下载 Eclipse 安装包，安装包名称为 eclipse-jee-mars-1-win32-x86_64.zip，再将 Eclipse 安装包解压到本地的安装目录下。如果想要在 Eclipse 上运行 Hadoop 程序，必须先为 Eclipse 安装 Hadoop 插件。本书使用的 Hadoop 插件为 hadoop-eclipse-plugin-2.6.0.jar，将插件 hadoop-eclipse-plugin-2.6.0.jar 复制至 Eclipse 安装目录下的 dropins 目录，如图 3-16 所示。

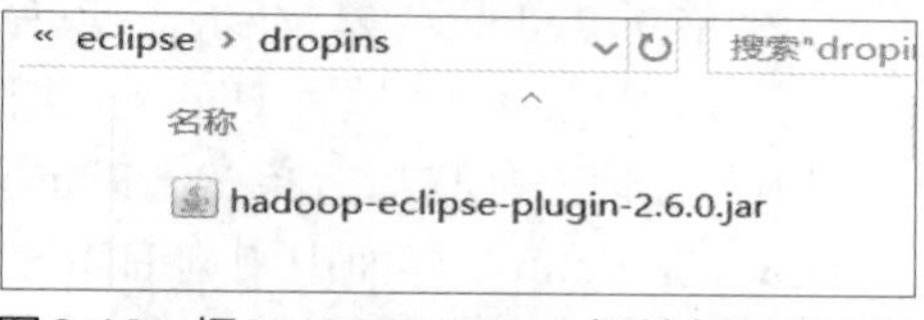

图 3-16 把 Hadoop Eclipse 插件复制到安装目录下

配置 Hadoop 插件后，打开 Eclipse 工具并配置 MapReduce 开发环境，连接到 Hadoop 集群，具体步骤如下。

（1）增加 Map/Reduce 功能区。打开 Eclipse 主界面，在菜单栏中选择"Window"→"Perspective"→"Open Perspective"→"Other"命令，如图 3-17 所示。在弹出的对话框中选择"Map/Reduce"选项，然后单击"Open"按钮，如图 3-18 所示。

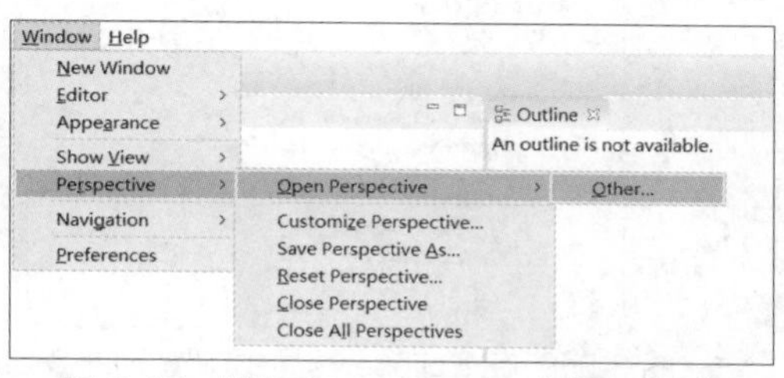

图 3-17 增加 Map/Reduce 功能区（1）

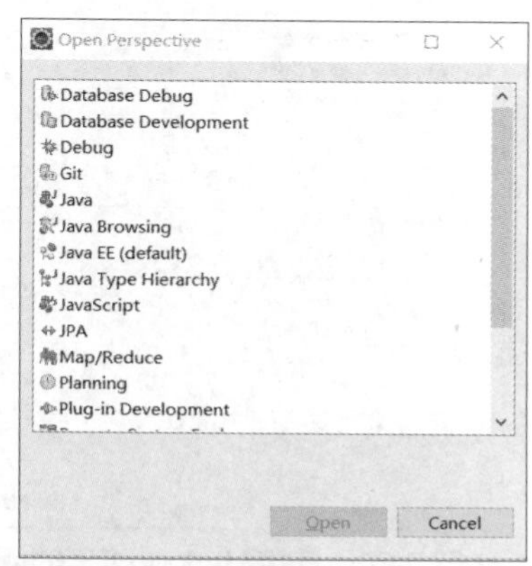

图 3-18 增加 Map/Reduce 功能区（2）

（2）增加 Hadoop 集群的连接。在 Eclipse 主界面下方的控制台界面中，选择选项卡“Map/Reduce Locations”，如图 3-19 所示。

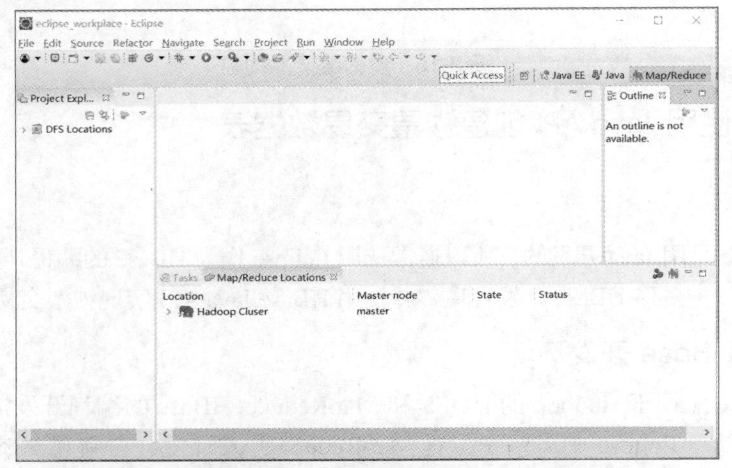

图 3-19　选择“Map/Reduce Locations”选项卡

单击图 3-19 所示界面右下方的蓝色小象图标，弹出连接 Hadoop 集群的配置对话框，如图 3-20 所示。

连接 Hadoop 集群需要配置以下选项。

① Location name：命名新建的 Hadoop 连接，如 Hadoop Cluster。

② Map/Reduce(V2) Master：填写 Hadoop 集群的 ResourceManager 的 IP 地址和端口。

③ DFS Master：填写 Hadoop 集群的 NameNode 的 IP 地址和连接端口。

填写完以上信息后，单击“Finish”按钮即可连接 Hadoop 集群。

（3）在 Eclipse 界面中浏览 HDFS 上的目录及文件。配置 Hadoop 集群的连接信息后，可以在 Eclipse 界面中浏览 HDFS 上的目录及文件，如图 3-21 所示。用户可以通过鼠标指针直接执行文件操作，如文件的上传和删除等。需要注意的是，执行操作后，需要刷新 HDFS 列表，从而获得文件目录的最新状态。

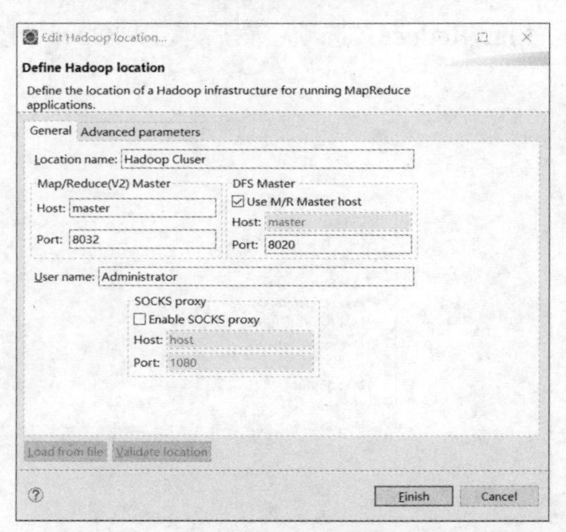

图 3-20　连接 Hadoop 集群的配置对话框

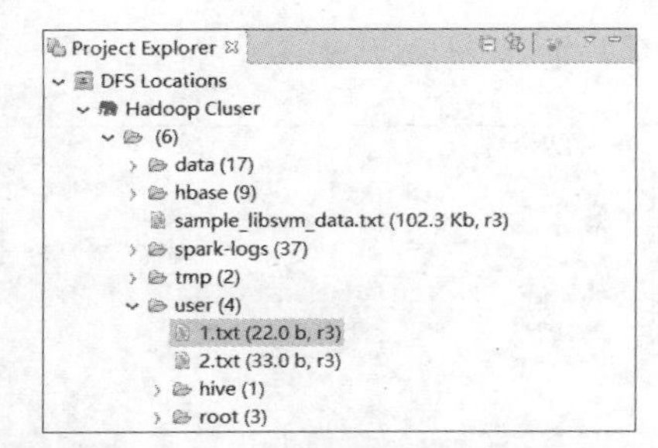

图 3-21　在 Eclipse 界面中浏览 HDFS 目录

（4）导入 MapReduce 运行依赖的相关 JAR 包。首先在菜单栏中选择“Window”→“Preferences”命令，弹出“Preferences”对话框，在对话框左侧选择“Hadoop Map/Reduce”选项，并单击右侧的“Browse”按钮，再选择 Hadoop 的安装文件夹路径（Hadoop 安装包 hadoop-2.6.4.tar.gz 需要预先解压在本地计算机上），最后单击“Apply”按钮，如图 3-22 所示。

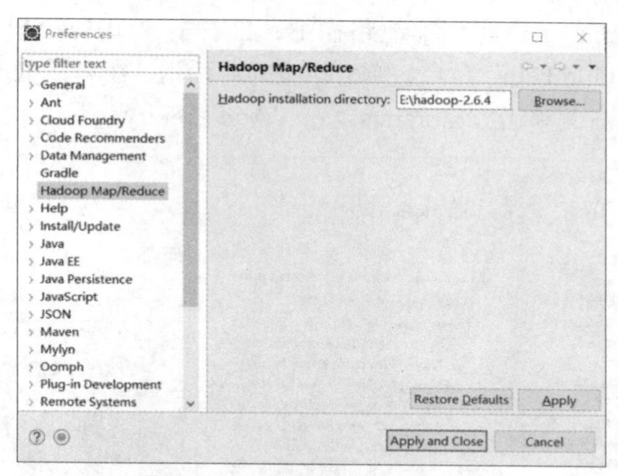

图 3-22　添加 Hadoop 依赖包

2. 新建 HBase 工程

打开 Eclipse 主界面，在菜单栏中选择“File”→“New”→“Project”命令，在弹出的“New Project”对话框中选择“Java Project”选项，并单击“Next”按钮进入下一步，如图 3-23 所示。

此时弹出“Create a Java Project”对话框，在“Project name”文本框中输入工程名称“HBaseAPI”，其他选项保持默认设置，如图 3-24 所示。

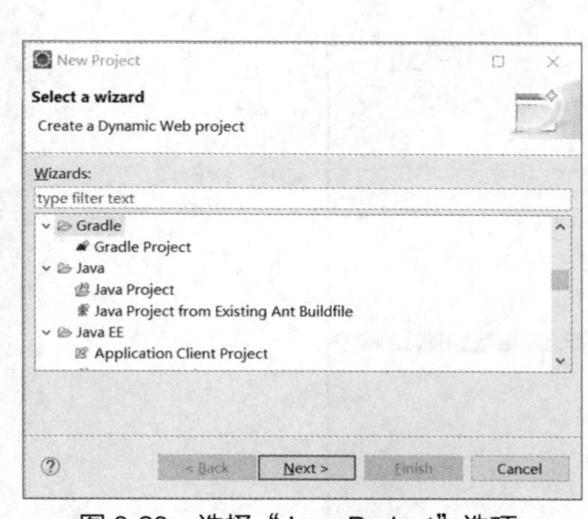

图 3-23　选择“Java Project”选项

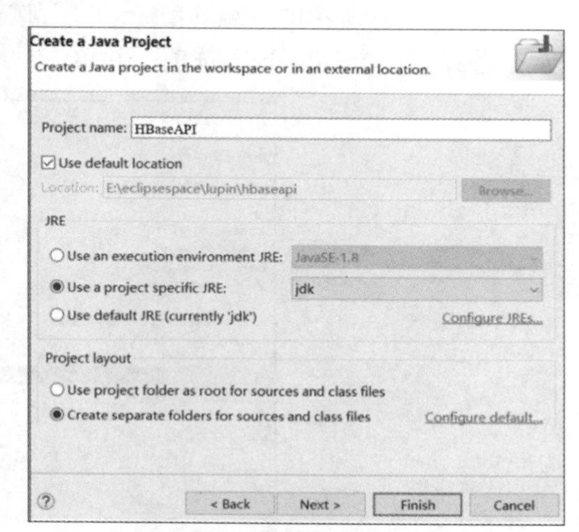

图 3-24　新建 HBase 工程

单击“Finish”按钮，即可创建 HBase 工程。在 Eclipse 主界面可以看到已创建的工程，如图 3-25 所示。

图 3-25　创建好的“HBaseAPI”工程

成功创建 HBase 工程后，还需要手动导入 HBase 开发依赖的 JAR 包。先将 HBase 安装包 HBase-1.1.2-bin.tar.gz 解压到本地路径下，再右击“HBaseAPI”工程，选择“Build Path”→“Configure Build Path”命令，弹出相应的对话框，在对话框左侧找到并单击“Java Build Path”选项，在右侧单击“Libraries”→“Add Library…”，如图 3-26 所示。

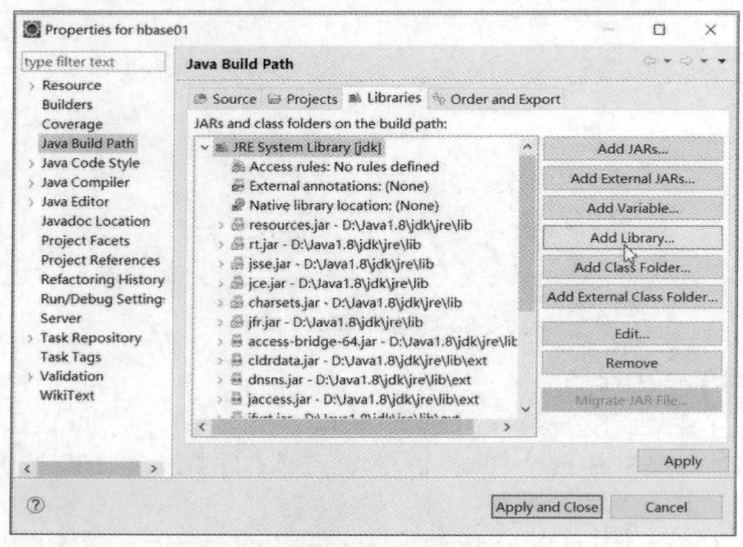

图 3-26　导入 HBase JAR 包（1）

单击图 3-26 所示的“Add Library…”按钮后，弹出“Add Library”对话框，如图 3-27 所示，选择“User Library”选项，并单击“Next”按钮。

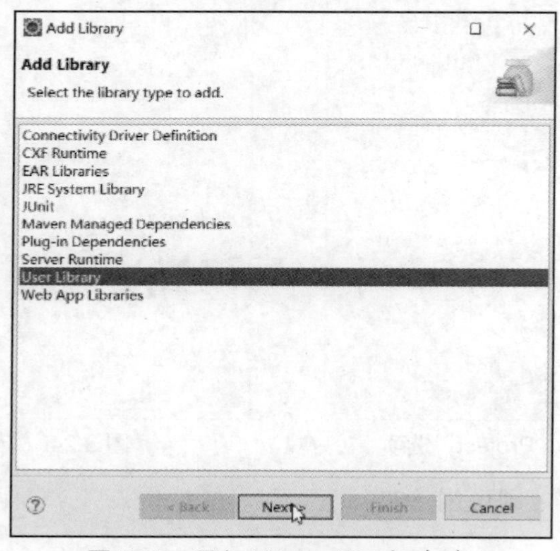

图 3-27　导入 HBase JAR 包（2）

单击图 3-27 所示的“Next”按钮后，弹出图 3-28 所示的对话框，单击右侧的“User Libraries...”按钮，将弹出“Preferences(Filtered)”对话框，如图 3-29 所示。

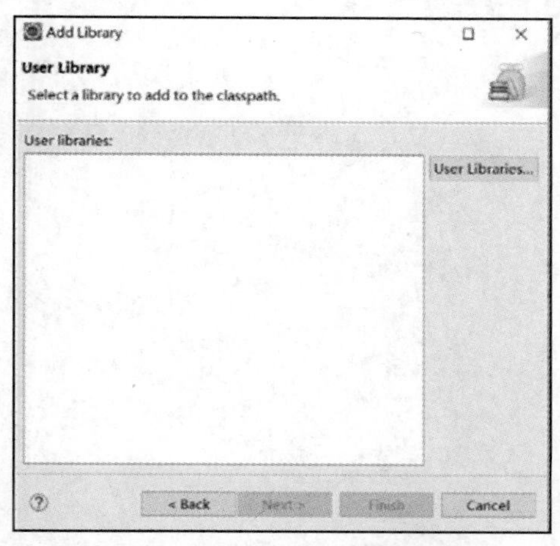

图 3-28 导入 HBase JAR 包（3）

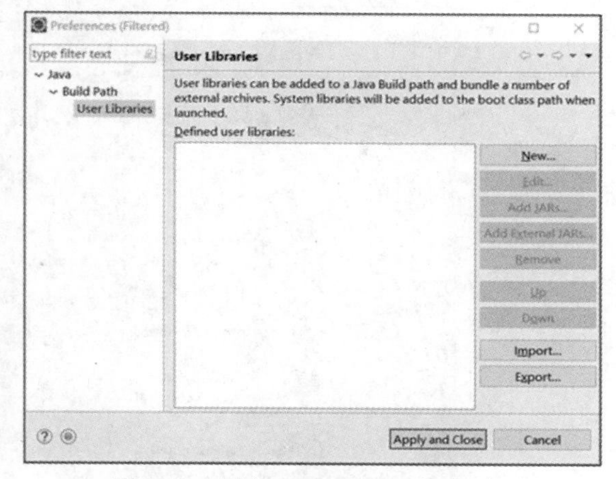

图 3-29 导入 HBase JAR 包（4）

在图 3-29 所示的“Preferences(Filtered)”对话框中，单击“New...”按钮，弹出“New User Library”对话框，如图 3-30 所示。

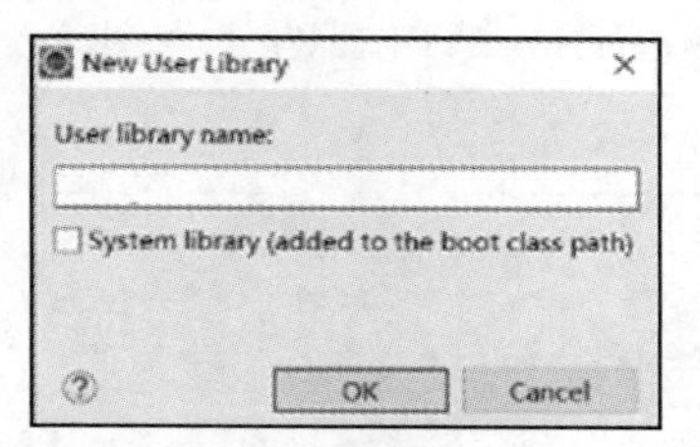

图 3-30 导入 HBase JAR 包（5）

在图 3-30 所示的对话框中输入“hbase.1.1.2”，并单击“OK”按钮，将返回图 3-31 所示的对话框。

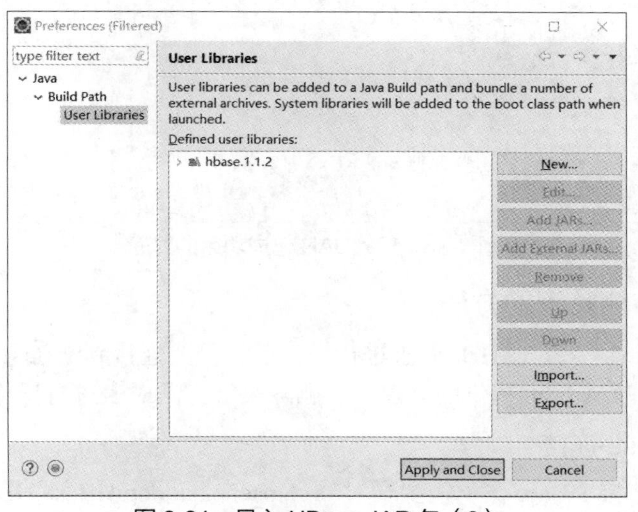

图 3-31 导入 HBase JAR 包（6）

单击图 3-31 所示的“hbase.1.1.2”，再单击右边的“Add External JARs...”按钮，选择解压后的 HBase 安装包的 lib 文件夹下所有 jar 包，如图 3-32 所示。

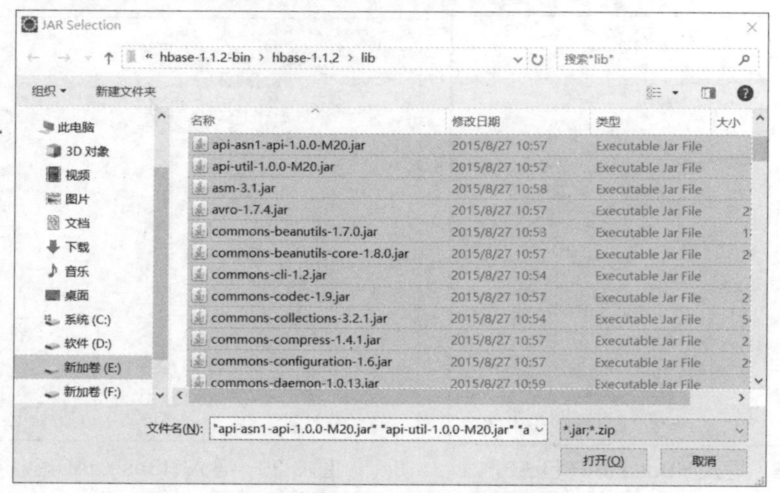

图 3-32　导入 HBase JAR 包（7）

单击图 3-31 所示的界面中的“Apply and Close”按钮，将返回图 3-28 所示的界面，继续单击“Finish”按钮，即可在 HBaseAPI 工程下看到新建的 hbase.1.1.2 的 JAR 包了，如图 3-33 所示。

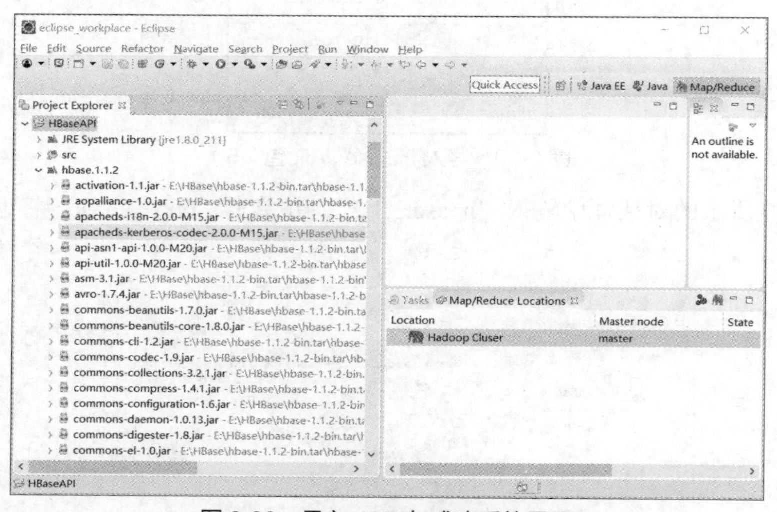

图 3-33　导入 JAR 包成功后的界面

3.6.2　创建表与删除表的方法

使用 HBase Java API 对 HBase 表进行操作前，需要连接到 HBase 集群，并创建一个 Admin 实例，再通过 Admin 提供的创建表、删除表等方法对表进行操作。

1. 获取 HBase 连接

在 Eclipse 中连接 HBase 集群需要通过 org.apache.hadoop.HBase.HBaseConfiguration 提供的 create()方法声明一个 HBase 的配置对象，再通过这个对象连接指定的集群，配置方法如代码 3-35 所示。

代码 3-35　连接配置

```
import org.apache.hadoop.hbase.HBaseConfiguration;
Configuration conf = HBaseConfiguration.create();
conf.set("hbase.master", "master:16000");  // 指定 HMaster
conf.set("hbase.rootdir", "hdfs://master:8020/hbase");  // 指定 HBase 在 HDFS 上的存储路径
conf.set("hbase.zookeeper.quorum", "slave1,slave2,slave3");  // 指定使用的 Zookeeper 集群
conf.set("hbase.zookeeper.property.clientPort", "2181");  // 指定 Zookeeper 端口
```

2. 创建 Admin 实例

Admin 的作用是提供一个用于管理 HBase 数据库表信息的对象，并负责表的 META 信息处理的接口。Admin 提供的方法包括创建表、删除表、列出表项、使表有效或无效、添加或删除表列簇成员等。创建 Admin 实例的方法如代码 3-36 所示。

代码 3-36　创建 Admin 实例

```
import org.apache.hadoop.hbase.client.Admin;
Admin admin = conn.getAdmin();
```

3. 创建与删除表

创建表与删除表方法都是 Admin 的方法，在调用创建表与删除表方法前都需要声明一个 Admin 对象。与 HBase Shell 相似，创建表时需要提供表名与列簇名，而删除表只需要提供表名。创建表的具体示例如代码 3-37 所示，删除表的具体示例如代码 3-38 所示。

代码 3-37　创建表示例

```
Configuration conf = HBaseConfiguration.create();
conf.set("hbase.master", "master:16000");  // 指定 HMaster
conf.set("hbase.rootdir", "hdfs://master:8020/hbase");  // 指定 HBase 在 HDFS 上的存储路径
conf.set("hbase.zookeeper.quorum", "slave1,slave2,slave3");  // 指定使用的 Zookeeper 集群
conf.set("hbase.zookeeper.property.clientPort", "2181");  // 指定 Zookeeper 端口
Connection conn = ConnectionFactory.createConnection(conf);  // 获取连接
String tableName = "Student";
Admin admin = conn.getAdmin();
TableName tablename = TableName.valueOf(tableName);  // 指定表名
HTableDescriptor ht = new HTableDescriptor(tablename);  // 用表名创建 HTableDescriptor 对象
ht.addFamily(new HColumnDescriptor("info"));  // 添加列簇
admin.createTable(ht);
```

代码 3-38　删除表示例

```
Configuration conf = HBaseConfiguration.create();
conf.set("hbase.master", "master:16000");  // 指定 HMaster
conf.set("hbase.rootdir", "hdfs://master:8020/hbase ");  // 指定 HBase 在 HDFS 上的存储路径
conf.set("hbase.zookeeper.quorum", "slave1,slaves,Slave3");  // 指定使用的 Zookeeper 集群
conf.set("hbase.zookeeper.property.clientPort", "2181");  // 指定 Zookeeper 端口
Connection conn = ConnectionFactory.createConnection(conf);  // 获取连接
admin.disableTable(tablename);  // 设置数据表为不可用状态
admin.deleteTable(tablename);  // 删除数据表
```

3.6.3　任务实现

在任务 3.3 中，钞票交易数据表的创建要求为以冠字号作为 Row Key，以 AAAR3333、AABI6666 作为 Region 分割点，只需一个列簇 op_www，且该列簇的最大版本数为 1000。根据钞票交易数据表的存储路径，使用 HBase Java API 实现表的创建，如代码 3-39 所示。

代码 3-39　创建钞票交易数据表

```
import java.io.IOException;
import org.apache.hadoop.conf.Configuration;
import org.apache.hadoop. hbase.HBaseConfiguration;
import org.apache.hadoop. hbase.HColumnDescriptor;
import org.apache.hadoop. hbase.HTableDescriptor;
import org.apache.hadoop. hbase.TableName;
import org.apache.hadoop. hbase.client.Admin;
import org.apache.hadoop. hbase.client.Connection;
import org.apache.hadoop. hbase.client.ConnectionFactory;
import org.apache.hadoop. hbase.util.Bytes;
public class createHBaseTable {
    // 连接 HBase 并创建钞票交易数据表
  public static void main(String[] args) throws IOException {
    String tableName = "identify_rmb_records";
    Configuration conf = HBaseConfiguration.create();
    conf.set("hbase.master", "master:16000");  // 指定 HMaster
    // 指定 HBase 在 HDFS 上的存储路径
    conf.set("hbase.rootdir", "hdfs://master:8020/hbase");
    // 指定使用的 Zookeeper 集群
    conf.set("hbase.zookeeper.quorum", "slave1,slave2,slave3");
    // 指定 Zookeeper 端口
    conf.set("hbase.zookeeper.property.clientPort", "2181");
    Connection conn = ConnectionFactory.createConnection(conf);  // 获取连接
```

```
    Admin admin = conn.getAdmin();  // 创建 Admin 实例
    TableName tablename = TableName.valueOf(tableName);  // 指定表名
    // 用表名创建 HTableDescriptor 对象
    HTableDescriptor ht = new HTableDescriptor(tablename);
    byte[][] Regions = new byte[][] {
      Bytes.toBytes("AAAR3333"),
      Bytes.toBytes("AABI6666")
    };
    ht.addFamily(new HColumnDescriptor("op_www").setMaxVersions(1000));
  // 设置列簇名和最大版本数
    admin.createTable(ht,Regions);  // 创建数据表
  }
}
```

任务 3.7 通过 Java API 插入数据到钞票交易数据表并查询

任务描述

虽然在 HBase Shell 中可以使用 put 命令插入数据，但是该命令一次只能插入一个单元格的数据，想要在 HBase Shell 中实现批量插入数据非常麻烦且效率低，而利用 HBase Java API 可以非常方便、高效地实现批量插入数据这一需求。本节的任务是使用 HBase Java API 中的 put()、get()、scan()等方法，实现批量插入钞票数据到钞票交易数据表中并查询数据。

3.7.1 调用表对象的 put()方法插入数据

在 HBase Shell 使用 put 命令插入数据时需要提供数据表名、列簇名、列标识符、具体数值，在 Java API 中实现数据的插入也需要设置这些参数。Put 类常用方法及描述如表 3-8 所示。

表 3-8 Put 类常用方法及描述

返回值类型	函数	描述
put	addColumn (byte[] family,byte[]qualifier,byte[] value)	将指定的列和对应的值添加到 put 实例中
put	addColumn (byte[] family,byte[] qualifier, long ts,byte[] value)	将指定的列、对应的值及时间戳添加到 put 实例中
byte[]	getRow()	获取实例的行
long	getTimeStamp()	获取实例的时间戳
put	setTimeStamp(long timestamp)	设置 put 实例的时间戳

以插入数据到 3.6.2 小节中创建的表 Student 为例，“info：name”插入的数据为“张三”，“info：age”插入的数据为 20，并设置时间版本为 1099531200；“info：name”插入的数据为“李四”，“info：age”插入的数据为 22，并设置时间版本为 1099548200，具体实现如代码 3-40 所示。

代码 3-40　通过表对象的 put()方法插入数据

```
import java.io.IOException;
import org.apache.hadoop.conf.Configuration;
import org.apache.hadoop.hbase.HBaseConfiguration;
import org.apache.hadoop.hbase.TableName;
import org.apache.hadoop.hbase.client.Connection;
import org.apache.hadoop.hbase.client.ConnectionFactory;
import org.apache.hadoop.hbase.client.Put;
import org.apache.hadoop.hbase.client.Table;

public class putData2HBase {
// 连接 HBase 数据库，使用 Put 类创建 put 实例，并使用表对象的 put()方法向表插入数据
  public static void main(String[] args) throws IOException {
    String tableName = "Student";
    Configuration conf = HBaseConfiguration.create();
    conf.set("hbase.master", "master:16000"); //指定 HMaster
    conf.set("hbase.rootdir", "hdfs://master:8020/hbase");
    //指定 HBase 在 HDFS 上的存储路径
    conf.set("hbase.zookeeper.quorum", "slave1,slave2,slave3");
    //指定使用的 Zookeeper 集群
    conf.set("hbase.zookeeper.property.clientPort", "2181");
    //指定 Zookeeper 端口
    Connection conn = ConnectionFactory.createConnection(conf); //获取连接
    Table table = conn.getTable(TableName.valueOf(tableName));

    Put put1 = new Put("01".getBytes());
    put1.addColumn("info".getBytes(),"name".getBytes(), "张三".getBytes());
    // 设置列簇、列标识符，自定义数据时间版本
    put1.addColumn("info".getBytes(),"age".getBytes(),1099531200, "20".
getBytes());
    table.put(put1);

    Put put2 = new Put("02".getBytes());
    put2.addColumn("info".getBytes(),"name".getBytes(), "李四".getBytes());
    // 设置列簇、列标识符，自定义数据时间版本
    put2.addColumn("info".getBytes(),"age".getBytes(),1099548200,
"22".getBytes());
    table.put(put2);
  }
}
```

3.7.2　调用表对象的 get()方法进行查询

HBase 的 Java API 提供 Get 类来获取单个行的相关信息，Get 类提供了众多方法以实现不同的查询需求，详情如表 3-9 所示。

表 3-9 Get 类的方法及描述

返回值类型	函数	描述
get	addColumn(byte[] family,byte[] qualifier)	获取指定列簇和列标识符对应的列
get	addFamily(byte[] family)	通过指定的列簇获取其对应的所有列
get	setTimeRange(long minStamp,long maxStamp)	获取指定区间的列的版本
get	setFilter(Filter filter)	当执行 get 操作时设置服务器端的过滤器
get	setTimeStamp(Long timestamp)	获取指定时间戳的版本
get	setMaxVersions()\setMaxVersions(Int maxVersions)	设置查询的最大版本数

利用表对象的 get()方法查询数据，返回的是 org.apache.hadoop.HBase.client.Result 类型的数据，Result 是 HBase Java API 提供的用于存储 get 或者 scan 操作后返回的值的对象。使用 Result 类提供的方法可以直接获取值或各种 Map 结构（键值对）。Result 类的方法详情如表 3-10 所示。

表 3-10 Result 类的方法及描述

返回值类型	函数	描述
boolean	containsColumn(byte[] family,byte[] qualifier)	检查指定列是否存在
byte[]	getValue(byte[] family,byte[] qualifier)	获取对应列的最新值
byte[]	setTimeRange(long minStamp,long maxStamp)	获取指定区间的列的版本
byte []	getRow()	获取行键

以查询表 Student 中 Row Key 为 01 的数据为例，如代码 3-41 所示。

代码 3-41 通过 get()方法查询数据

```
import java.io.IOException;
import org.apache.hadoop.conf.Configuration;
import org.apache.hadoop.hbase.Cell;
import org.apache.hadoop.hbase.CellUtil;
import org.apache.hadoop.hbase.HBaseConfiguration;
import org.apache.hadoop.hbase.HColumnDescriptor;
import org.apache.hadoop.hbase.HTableDescriptor;
import org.apache.hadoop.hbase.TableName;
import org.apache.hadoop.hbase.client.Admin;
import org.apache.hadoop.hbase.client.Connection;
import org.apache.hadoop.hbase.client.ConnectionFactory;
import org.apache.hadoop.hbase.client.Get;
import org.apache.hadoop.hbase.client.Result;
import org.apache.hadoop.hbase.client.Table;
import org.apache.hadoop.hbase.util.Bytes;

public class GetData {
// 连接 HBase 数据库，使用 Get 类创建 get 实例，并使用表对象的 get()方法查询表数据
```

```
    public static void main(String[] args) throws IOException {
      Configuration conf = HBaseConfiguration.create();
      conf.set("hbase.master", "master:16000");  // 指定 HMaster
      conf.set("hbase.rootdir", "hdfs://master:8020/hbase");  // 指定 HBase 在 HDFS 上的存储路径
      conf.set("hbase.zookeeper.quorum", "slave1,slave2,slave3");  // 指定使用的 Zookeeper 集群
      conf.set("hbase.zookeeper.property.clientPort", "2181");  // 指定 Zookeeper 端口
      Connection conn = ConnectionFactory.createConnection(conf);  // 获取连接

      Table table = conn.getTable(TableName.valueOf("Student"));
      Get get = new Get("01".getBytes());  // 指定查询的 Row Key
      get.addFamily("info".getBytes());  // 指定要查询的数据的列簇名
      get.setMaxVersions();  // 设置查询版本数为该列簇的最大版本数
      Result result = table.get(get);  // 新建 Result 对象，用于存储返回的数据
      for (Cell cell:result.rawCells()) {  // 遍历 Result 中的数据
        System.out.println();
        System.out.print(new String(CellUtil.cloneRow(cell))+"|");  // 输出 Row Key
        System.out.print(new String(CellUtil.cloneFamily(cell))+"|");  // 输出列簇
        System.out.print(new   String(CellUtil.cloneQualifier(cell))+"|");  // 输出列名
        System.out.print(new String(CellUtil.cloneValue(cell)));  // 输出具体值
      }
    }
  }
```

查询结果如图 3-34 所示。

```
01|info|age|20
01|info|name|张三
```

图 3-34　get()方法查询结果

3.7.3　调用表对象的 scan()方法进行全表查询

HBase Java API 提供了 Scan 类来获取整个表的数据或指定区间的数据，可满足不同的查询需求，Scan 类的方法及描述如表 3-11 所示。

表 3-11　Scan 类的方法及描述

返回值类型	函数	描述
scan	addColumn(byte[] family,byte[] qualifier)	获取指定列簇和列标识符对应的列
scan	addFamily(byte[] family)	通过指定的列簇获取其对应的所有列

续表

返回值类型	函数	描述
scan	setFilter(Filter filter)	当执行 scan 操作时设置服务器端的过滤器
scan	setStartRow(byte[] startRow)	设置扫描的行键的起始值
scan	setStopRow(byte[] stopRow)	设置扫描的行键的结束值

以查询表 Student 中时间版本在 1099531200～1099548200 的 info 列簇数据为例，如代码 3-42 所示。

代码 3-42　通过 scan()方法查询数据

```
import java.io.IOException;
import java.util.Iterator;
import org.apache.hadoop.conf.Configuration;
import org.apache.hadoop.hbase.Cell;
import org.apache.hadoop.hbase.CellUtil;
import org.apache.hadoop.hbase.HBaseConfiguration;
import org.apache.hadoop.hbase.TableName;
import org.apache.hadoop.hbase.client.Connection;
import org.apache.hadoop.hbase.client.ConnectionFactory;
import org.apache.hadoop.hbase.client.Result;
import org.apache.hadoop.hbase.client.ResultScanner;
import org.apache.hadoop.hbase.client.Scan;
import org.apache.hadoop.hbase.client.Table;

public class ScanData {
// 连接 HBase 数据库，使用 Scan 类创建 scan 实例，并使用表对象的 scan()方法扫描表数据
  public static void main(String[] args) throws IOException {
    long Start = 1099531200;
    long Stop = 1588153665669L;
    Configuration conf = HBaseConfiguration.create();
    conf.set("hbase.master", "master:16000");  // 指定 HMaster
    conf.set("hbase.rootdir", "hdfs://master:8020/hbase");
    // 指定 HBase 在 HDFS 上的存储路径
    conf.set("hbase.zookeeper.quorum", "slave1,slave2,slave3");
    // 指定使用的 Zookeeper 集群
    conf.set("hbase.zookeeper.property.clientPort", "2181");
    // 指定 Zookeeper 端口
    Connection conn = ConnectionFactory.createConnection(conf);  // 获取连接
    Table table = conn.getTable(TableName.valueOf("Student"));
    Scan scan = new Scan();
    scan.addFamily("info".getBytes());
    scan.setMaxVersions();  // 获取多个版本
    scan.setTimeRange(Start,Stop);  // 设置查询的时间区间

    ResultScanner scanner = table.getScanner(scan);
```

```
    Iterator<Result> reslut = scanner.iterator();
    while (reslut.hasNext()) {
      Result re = reslut.next();
      for (Cell cell:re.rawCells()) {  // 遍历 Result 中的数据
        System.out.println();
        System.out.print(new String(CellUtil.cloneRow(cell))+"|");
// 输出 Row Key
        System.out.print(new String(CellUtil.cloneFamily(cell))+"|");
// 输出列簇
        System.out.print(new String(CellUtil.cloneQualifier(cell))+"|");
// 输出列名
        System.out.print(new String(CellUtil.cloneValue(cell)));
// 输出具体值
      }
    }
  }
}
```

查询结果如图 3-35 所示。

```
01|info|age|20
01|info|name|张三
02|info|age|22
02|info|name|李四
```

图 3-35　scan()方法查询结果

3.7.4　任务实现

使用 HBase Java API 批量插入数据到钞票交易数据表并执行查询操作，如代码 3-43 所示。

代码 3-43　批量插入数据并执行查询操作

```
import java.io.BufferedReader;
import java.io.FileReader;
import java.io.IOException;
import java.text.ParseException;
import java.text.SimpleDateFormat;
import org.apache.hadoop.conf.Configuration;
import org.apache.hadoop.hbase.HBaseConfiguration;
import org.apache.hadoop.hbase.TableName;
import org.apache.hadoop.hbase.client.Connection;
import org.apache.hadoop.hbase.client.ConnectionFactory;
import org.apache.hadoop.hbase.client.Put;
import org.apache.hadoop.hbase.client.Table;

public class put2HBase {
// 连接 HBase 数据库，批量插入数据到钞票交易数据表并执行查询操作
  public static void main(String[] args) throws IOException, ParseException {
    String tableName = "identify_rmb_records";
```

```
        String line;
        Configuration conf = HBaseConfiguration.create();
        conf.set("hbase.master", "master:16000");  // 指定 HMaster
        // 指定 HBase 在 HDFS 上的存储路径
        conf.set("hbase.rootdir", "hdfs://master:8020/hbase");
        // 指定使用的 Zookeeper 集群
        conf.set("hbase.zookeeper.quorum", "slave1,slave2,slave3");
        // 指定 Zookeeper 端口
        conf.set("hbase.zookeeper.property.clientPort", "2181");
        Connection conn = ConnectionFactory.createConnection(conf);
// 获取连接
        Table table = conn.getTable(TableName.valueOf(tableName));

        SimpleDateFormat format =  new SimpleDateFormat("yyyy-MM-dd HH:mm");
        // 按行读取数据
        BufferedReader br = new BufferedReader(new FileReader("stumer_in_
out_details.txt"));
        while ((line = br.readLine())!=null) {
          String[] lines = line.split(",");
          Put put = new Put(lines[0].getBytes());
          long timeStamp = format.parse(lines[2]).getTime();
          // 插入各个单元格对应的具体值
          put.addColumn("op_www".getBytes(),"exist".getBytes(),timeStamp,
lines[1].getBytes());
          put.addColumn("op_www".getBytes(),"Bank".getBytes(),timeStamp,
lines[3].getBytes());
          if (lines.length == 4) {
            put.addColumn("op_www".getBytes(),"uId".getBytes(),timeStamp,
"".getBytes());
          }else {
            put.addColumn("op_www".getBytes(),"uId".getBytes(),timeStamp,
lines[4].getBytes());
          }
          table.put(put);
        }
        br.close();
      }
    }
```

查询钞票交易数据表中列簇为 op_www 的数据，设置查询最大版本数为 2、扫描起始 Row Key 为 AABX0673，如代码 3-44 所示。

代码 3-44　查询钞票交易数据表中的数据

```
    import java.io.IOException;
    import java.util.Iterator;
    import org.apache.hadoop.conf.Configuration;
    import org.apache.hadoop.hbase.Cell;
    import org.apache.hadoop.hbase.CellUtil;
```

```
import org.apache.hadoop.hbase.HBaseConfiguration;
import org.apache.hadoop.hbase.TableName;
import org.apache.hadoop.hbase.client.Connection;
import org.apache.hadoop.hbase.client.ConnectionFactory;
import org.apache.hadoop.hbase.client.Result;
import org.apache.hadoop.hbase.client.ResultScanner;
import org.apache.hadoop.hbase.client.Scan;
import org.apache.hadoop.hbase.client.Table;

public class ScanData {
  public static void main(String[] args) throws IOException {
    Configuration conf = HBaseConfiguration.create();
    conf.set("hbase.master", "master:16000");//指定 HMaster
    conf.set("hbase.rootdir", "hdfs://master:8020/hbase");
    //指定 HBase 在 HDFS 上的存储路径
    conf.set("hbase.zookeeper.quorum", "slave1,slave2,slave3");
    //指定使用的 Zookeeper 集群
    conf.set("hbase.zookeeper.property.clientPort", "2181");
    //指定 Zookeeper 端口
    Connection conn = ConnectionFactory.createConnection(conf);  //获取连接
    Table table = conn.getTable(TableName.valueOf("identify_rmb_records"));
    Scan scan = new Scan();
    scan.addFamily("op_www".getBytes());
    scan.setMaxVersions();  // 获取多个版本
    scan.setStartRow("AABX0673".getBytes());
    scan.setMaxVersions(2);

    ResultScanner scanner = table.getScanner(scan);
    Iterator<Result> reslut = scanner.iterator();
    while (reslut.hasNext()) {
      Result re = reslut.next();
      for (Cell cell:re.rawCells()) {  // 遍历 Result 中的数据
        System.out.println();
        System.out.print(new String(CellUtil.cloneRow(cell))+"|");
// 输出 Row Key
        System.out.print(new String(CellUtil.cloneFamily(cell))+"|");
// 输出列簇
        System.out.print(new String(CellUtil.cloneQualifier(cell))+"|");
// 输出列名
        System.out.print(new String(CellUtil.cloneValue(cell)));
// 输出具体值
      }
    }
  }
}
```

查询结果如图 3-36 所示。

```
AABZ9995|op_www|exist|0
AABZ9995|op_www|exist|1
AABZ9995|op_www|uId|4113281992XXXX5679
AABZ9995|op_www|uId|4113281989XXXX2273
AABZ9995|op_www|uId|
AABZ9996|op_www|Bank|BEASCNSH
AABZ9996|op_www|Bank|CITICNSX
AABZ9996|op_www|Bank|BKCHCNBJ
AABZ9996|op_www|exist|1
AABZ9996|op_www|exist|0
AABZ9996|op_www|exist|1
AABZ9996|op_www|uId|4113281991XXXX0497
AABZ9996|op_www|uId|4113281991XXXX5022
AABZ9996|op_www|uId|
AABZ9997|op_www|Bank|CITIHK
AABZ9997|op_www|Bank|BKCHCNBJ
AABZ9997|op_www|exist|0
AABZ9997|op_www|exist|1
AABZ9997|op_www|uId|4113281990XXXX8066
AABZ9997|op_www|uId|
AABZ9998|op_www|Bank|PCBCCNBJ
AABZ9998|op_www|Bank|BKCHCNBJ
AABZ9998|op_www|exist|0
AABZ9998|op_www|exist|1
AABZ9998|op_www|uId|4113281989XXXX0814
AABZ9998|op_www|uId|
AABZ9999|op_www|Bank|SPDBCNSH
AABZ9999|op_www|Bank|BKCHCNBJ
AABZ9999|op_www|exist|0
AABZ9999|op_www|exist|1
AABZ9999|op_www|uId|4113281990XXXX9274
AABZ9999|op_www|uId|
```

图 3-36 钞票交易数据表查询结果

任务 3.8 通过 MapReduce 导入数据到钞票交易数据表

任务描述

通过 MapReduce 可以实现 HDFS 与 HBase、HBase 与 HBase 的数据交互。本节的任务是使用 MapReduce 进行 HBase 与 HDFS、HBase 与 HBase 的数据交互，并实现通过 MapReduce 插入数据到钞票交易数据表中。

3.8.1 编写 MapReduce 实现数据交互

编写 MapReduce 程序实现 HDFS 与 HBase、HBase 与 HBase 的数据交互时，输入与输出可能是 HBase 数据表数据，而一般的 MapReduce 程序的输入输出为 HDFS 文件。因此，在利用 MapReduce 实现数据交互时，仅需要设置相应的输入或输出格式，其余实现过程与一般的 MapReduce 程序一致。

1. 导入 HDFS 的数据至 HBase

利用 MapReduce 读取 HDFS 文件的特点，可以使得满足批量插入数据到 HBase 数据表的需求变得非常简单。利用 MapReduce 从 HDFS 导入数据到 HBase 时，MapReduce 的输出必须为 HBase Java API 中 put 的实例对象，输出键值对类型为<ImmutableBytesWritable, Put>。此外，在提交 Job 之前还需设置输出表的信息，如代码 3-45 所示，导入 HDFS 的数据至 HBase 的 MapReduce 并不需要 Reduce 过程。

代码 3-45 输出表设置

```
    TableMapReduceUtil.initTableReducerJob(
        "tableName",  // 连接的表名
        null,  // 设置 Reduce，因为没有 Reduce 过程，所以为 null；如果有 Reduce 过程，
那么设置为需要的 Reduce 类名
        job);
    job.setNumReduceTasks(0);
```

2. 导出 HBase 的数据至 HDFS

利用 MapReduce 导出 HBase 的数据至 HDFS 时，需要在提交 Job 前设置 HBase 表的信息和查询数据的 get 或 scan 实例对象，如代码 3-46 所示。Map 端输入的键值对格式为<ImmutableBytesWritable,Result>，Result 类的具体读取操作可参照 3.7.2 小节的内容。

代码 3-46 输入表设置

```
// 设置输入表信息，包括表名、scan 操作、Mapper 类、Mapper 输出键类型、Mapper 输出值类型
    // 不需要 Reduce 过程，因此将 Reduce 数量设置为 0
    job.setNumReduceTasks(0);
    Scan scan = new Scan();
    TableMapReduceUtil.initTableMapperJob(
        "tableName",  // 连接的表名
        scan,  // 查询数据的具体操作
        ExportMapper.class,  // 设置输出类
        Text.class,  // 设置输出键值对的键类型
        Text.class,  // 设置输出键值对的值类型
        job);
```

3. 导出 HBase 数据至 HBase

利用 MapReduce 实现从 HBase 导出数据到 HBase 时，MapReduce 的输入端和输出端都是 HBase，Map 端输入的键值对格式为<ImmutableBytesWritable,Result>，MapReduce 最终输出的键值对格式为<ImmutableBytesWritable,Put>，因此在 MapReduce 程序中输入表信息与输出表信息都需要设置为相应格式，如代码 3-47 所示。

代码 3-47 输入与输出表设置

```
// 设置 HBase 表输入信息，包括表名、scan 操作、Mapper 类、Mapper 输出键类型、Mapper 输
出值类型
    Scan scan = new Scan();
    TableMapReduceUtil.initTableMapperJob(
        "ImportTableName",
        scan,
        H2HMapper.class,
        ImmutableBytesWritable.class,
        Put.class,
```

```
        job);
    // 设置 HBase 表输出信息，包括表名、Reduce 类（提示：参考 ImportToHBase）
    TableMapReduceUtil.initTableReducerJob(
        "OutportTableName",  // 连接的表名
        null,  // 设置 Reduce，因为没有 Reduce 过程，所以为 null
        job);
    // 不需要 Reduce 过程，所以设置 Reduce 数量为 0
    job.setNumReduceTasks(0);
```

3.8.2 任务实现

编写 MapReduce 程序实现导入 HDFS 的钞票数据到钞票交易数据表 identify_rmb_records 中，驱动类和 Mapper 类的代码分别如代码 3-48 和代码 3-49 所示。

代码 3-48 驱动类

```
package NO3_8;

import java.io.IOException;
import org.apache.hadoop.conf.Configuration;
import org.apache.hadoop.fs.Path;
import org.apache.hadoop.hbase.mapreduce.TableMapReduceUtil;
import org.apache.hadoop.mapreduce.Job;
import org.apache.hadoop.mapreduce.lib.input.FileInputFormat;
import org.apache.hadoop.mapreduce.lib.input.TextInputFormat;

public class ImportToHBase{
  public static void main(String[] args)throws IOException,
ClassNotFoundException, InterruptedException {
        String TABLE="identify_rmb_records";  // 设置表名
        Path inputDir = new Path("/opt/Hbase/stumer_in_out_details.txt");
        Configuration conf = new Configuration();
        String jobName = "Import to "+ TABLE;
        Job job = Job.getInstance(conf, jobName);
        job.setJarByClass(ImportToHBase.class);  // 声明 Driver 类
        FileInputFormat.setInputPaths(job, inputDir);  // 添加输入路径
        job.setInputFormatClass(TextInputFormat.class);
        job.setMapperClass(ImportMapper.class);  // 设置 Mapper 类
        TableMapReduceUtil.initTableReducerJob(
            TABLE,  // 连接的表名
            null,  // 设置 Reduce 输出格式，因为没有 Reduce 过程，所以为 null
            job);
        job.setNumReduceTasks(0);
        System.exit(job.waitForCompletion(true) ? 0 : 1);
  }
}
```

代码 3-49 Mapper 类

```
import java.io.IOException;
import java.text.ParseException;
import java.text.SimpleDateFormat;
import org.apache.hadoop.hbase.client.Put;
import org.apache.hadoop.hbase.io.ImmutableBytesWritable;
import org.apache.hadoop.hbase.util.Bytes;
import org.apache.hadoop.io.LongWritable;
import org.apache.hadoop.io.Text;
import org.apache.hadoop.mapreduce.Mapper;

public class ImportMapper extends Mapper<LongWritable, Text, 
ImmutableBytesWritable, Put>{
  private Put put =null;
  private ImmutableBytesWritable rowkey = new ImmutableBytesWritable();
  SimpleDateFormat format =  new SimpleDateFormat("yyyy-MM-dd HH:mm");
  @Override
  protected void map(LongWritable key, Text value,
      Mapper<LongWritable, Text, ImmutableBytesWritable, Put>.Context 
context)
      throws IOException, InterruptedException {
    String[] values = value.toString().split(",",-1);

    rowkey.set(Bytes.toBytes(values[0]));
    put= new Put(values[0].getBytes());
    long timeStamp = 0;
    try {
      timeStamp = format.parse(values[2]).getTime();
    } catch  (ParseException e) {
      e.printStackTrace();
    }
    put.addColumn("op_www".getBytes(),"exist".getBytes(),timeStamp, 
values[1].getBytes());
    put.addColumn("op_www".getBytes(),"Bank".getBytes(),timeStamp, 
values[3].getBytes());
    put.addColumn("op_www".getBytes(),"uId".getBytes(),timeStamp, 
values[4].getBytes());
    context.write(rowkey, put);
  }
}
```

MapReduce 程序编写完成后，需要将程序编译打包，并提交至 Hadoop 集群执行，具体操作步骤如下。

（1）右击 MapReduce 程序所在的 package（包）下，选择“export”→“JAVA”→“JAR file”命令，弹出图 3-37 所示的对话框，选择对应的驱动类与 Mapper 类，并选择 JAR 包的生成位置，单击“Finish”按钮生成 JAR 包。

（2）上传 H2HBase.jar 到 Hadoop 集群服务器节点。

（3）在 Hadoop 集群服务器的终端，使用 hadoop jar 命令提交任务，如代码 3-50 所示。

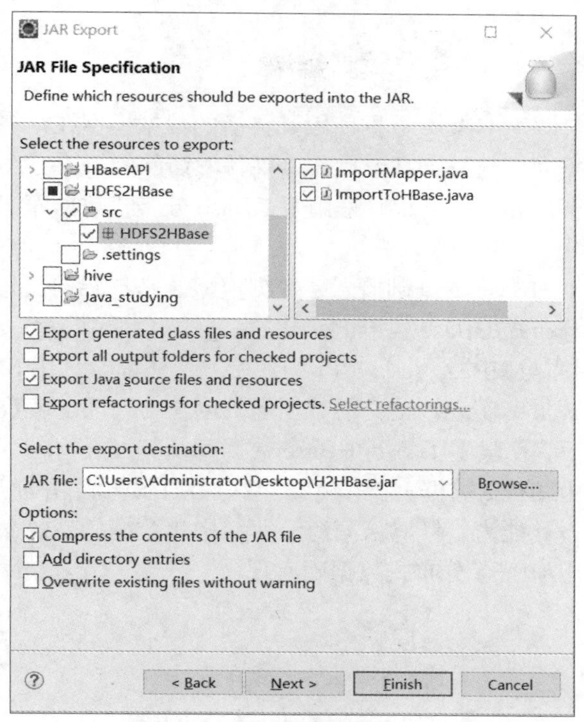

图 3-37 生成 JAR 包

代码 3-50 提交任务

```
hadoop jar /opt/Hbase/jars/H2HBase.jar NO3_8.ImportToHBase
```

（4）任务运行完后，在 HBase Shell 中查询 identify_rmb_records 表的前 10 条记录，查询结果如图 3-38 所示。

```
hbase(main):004:0> scan "identify_rmb_records",{ LIMIT => 10}
ROW                                COLUMN+CELL
 AAAA0000                          column=op_www:Bank, timestamp=1414985940000, value=CITIHK
 AAAA0000                          column=op_www:exist, timestamp=1414985940000, value=0
 AAAA0000                          column=op_www:uId, timestamp=1414985940000, value=4113281991XXXX9919
 AAAA0001                          column=op_www:Bank, timestamp=1071315780000, value=SPDBCNSH
 AAAA0001                          column=op_www:exist, timestamp=1071315780000, value=0
 AAAA0001                          column=op_www:uId, timestamp=1071315780000, value=4113281990XXXX3865
 AAAA0002                          column=op_www:Bank, timestamp=946702800000, value=BKCHCNBJ
 AAAA0002                          column=op_www:exist, timestamp=946702800000, value=1
 AAAA0002                          column=op_www:uId, timestamp=946702800000, value=
 AAAA0003                          column=op_www:Bank, timestamp=946702800000, value=BKCHCNBJ
 AAAA0003                          column=op_www:exist, timestamp=946702800000, value=1
 AAAA0003                          column=op_www:uId, timestamp=946702800000, value=
 AAAA0004                          column=op_www:Bank, timestamp=1296934560000, value=FJIBCNBA
 AAAA0004                          column=op_www:exist, timestamp=1296934560000, value=0
 AAAA0004                          column=op_www:uId, timestamp=1296934560000, value=4113281990XXXX2435
 AAAA0005                          column=op_www:Bank, timestamp=946702800000, value=BKCHCNBJ
 AAAA0005                          column=op_www:exist, timestamp=946702800000, value=1
 AAAA0005                          column=op_www:uId, timestamp=946702800000, value=
 AAAA0006                          column=op_www:Bank, timestamp=977636280000, value=HASECNSHBEJ
 AAAA0006                          column=op_www:exist, timestamp=977636280000, value=0
 AAAA0006                          column=op_www:uId, timestamp=977636280000, value=4113281991XXXX9319
 AAAA0007                          column=op_www:Bank, timestamp=946702800000, value=BKCHCNBJ
 AAAA0007                          column=op_www:exist, timestamp=946702800000, value=1
 AAAA0007                          column=op_www:uId, timestamp=946702800000, value=
 AAAA0008                          column=op_www:Bank, timestamp=946702800000, value=BKCHCNBJ
 AAAA0008                          column=op_www:exist, timestamp=946702800000, value=1
 AAAA0008                          column=op_www:uId, timestamp=946702800000, value=
 AAAA0009                          column=op_www:Bank, timestamp=946702800000, value=BKCHCNBJ
 AAAA0009                          column=op_www:exist, timestamp=946702800000, value=1
 AAAA0009                          column=op_www:uId, timestamp=946702800000, value=
10 row(s) in 0.0310 seconds
```

图 3-38 查询结果

项目总结

在 NoSQL 存储技术中，HBase 数据库因其灵活的数据模型在众多项目中得到了广泛的应用，常作为海量数据存储与查询高效操作、高并发访问的解决方案。本项目基于银行冠字号查询系统的数据存储和查询需求，采用了 HBase 分布式数据库实现钞票交易数据的存储与查询分析。

本项目首先介绍了 HBase 的基础概念、数据模型、基本架构及其各个核心功能模块；接着详细介绍了搭建分布式 HBase 集群的步骤；最后结合纸币冠字号查询系统案例，介绍 HBase Shell 命令行用法与 HBase Java API 的使用方法，以及利用 MapReduce 实现 HBase 与 HDFS 的数据交互，最终实现钞票交易数据表的创建与管理、表数据查询与分析。

通过本项目的学习，使学生了解到 HBase 数据库及其发展情况，掌握 HBase 的基本操作；结合案例使学生对 HBase 数据表操作有了更深层次的理解，并通过具体问题具体分析，提升学生对表结构的设计能力。针对访问海量非结构化数据的高效、高可靠、高并发的查询分析需求，可以采用 HBase 分布式数据库实现。

实　训

实训目的

（1）掌握 HBase 数据表的设计原则。

（2）掌握用 HBase Java API 实现 HBase 基本数据表的操作的方法。

（3）掌握使用 MapReduce 实现 HBase 与 HDFS 数据交互的方法。

实训 1　查询学生成绩信息

1. 训练要点

（1）掌握使用 HBase Java API 读取本地文件数据的方法，并插入文件数据到 HBase 中。

（2）掌握使用 HBase Java API 查询数据的方法。

2. 需求说明

根据学生信息（Student.txt）、大数据课程成绩（result_bigdata.txt）、数学成绩（result_math.txt）3 个文件，创建一个 HBase 学生成绩表，并查询大数据课程成绩大于 85 分的学生的信息。各文件数据示例如表 3-12、表 3-13、表 3-14 所示。

表 3-12　学生信息文件数据示例

学号	名字
1001	李正明
1002	王一磊
1003	陈志华

表 3-13 大数据课程成绩文件数据示例

学号	科目	成绩
1001	bigdata	90
1002	bigdata	94
1003	bigdata	100

表 3-14 数学成绩文件数据示例

学号	科目	成绩
1001	math	96
1002	math	94
1003	math	100

3. 思路及步骤

（1）创建一个以学号为 Row Key 的学生成绩表，设置 Name 和 Grade 两个列簇，Name 列簇记录学生名字；Grade 列簇以科目为列标识符，对应的值为科目成绩。

（2）分别逐行读取 3 个文件中的数据，以空格作为分割符区分每行数据，调用 put()方法插入对应的数据。

（3）使用 scan()方法扫描全表数据，并对扫描结果进行遍历，筛选出大数据课程成绩大于 85 的学生的信息。

实训 2 用户访问网站日志分析

1. 训练要点

（1）熟悉 HBase 数据表的设计原则。

（2）掌握利用 MapReduce 实现 HBase 与 HDFS 数据交互的方法。

2. 需求说明

使用 HBase 存储 law_visit_log_all.csv 文件的用户浏览日志数据，对用户浏览日志数据进行分析，要求实现查询每天的用户访问数，字段数据及其说明如表 3-15 所示。

表 3-15 字段数据及其说明

字段名称	字段说明	字段名称	字段说明
realIP	真实 IP 地址	fullURLID	网址类型
realAreacode	地区编号	hostname	源地址名
userAgent	浏览器代理	pageTitle	网页标题
userOS	用户浏览器类型	pageTitleCategoryId	标题类型 ID
userID	用户 ID	pageTitleCategoryName	标题类型名称
clientID	客户端 ID	pageTitleKw	标题类型关键字
timestamp	时间戳	fullReferrrer	入口源
timestamp_format	标准化时间	FullReferrerURL	入口网址
pagePath	路径	organicKeyword	搜索关键字
ymd	年月日	source	搜索源
fullURL	网址		

3. 思路及步骤

根据实训要求，实现思路及步骤如下。

（1）分析源数据的特征及业务需求，设置合适的 Row Key，设计列簇的数量及其最大版本数，设置合理的 Region 切割点并创建数据表。

（2）从源数据中选取需要的字段，利用 MapReduce 导入数据到 HBase 中。

（3）根据查询需求，利用 MapReduce 运行特点，结合 HBase Java API 设计出合理的查询程序。在 MapReduce 中扫描 HBase 数据表数据时获取日期；利用 MapReduce 的运行特点，设置 Map 输出的键为日期，将对应的值设置为“1”，将输出格式设置为<Text, IntWritable>。

（4）在 Reduce 过程中实现累加计算，计算每天的用户访问量，将日期作为键，将输出格式设置为<Text,IntWritable>。

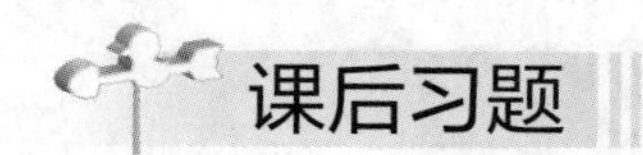

课后习题

1. 选择题

（1）HBase 来源于（　　）论文。

A. *The Google File System*　　B. *MapReduce*

C. *BigTable*　　D. *Chubby*

（2）下面对 HBase 的描述错误的是（　　）。

A. 不是开源的　　B. 是面向列的

C. 是分布式的　　D. 是一种 NoSQL 数据库

（3）HBase 依赖（　　）提供消息通信机制。

A. Zookeeper　　B. Chubby　　C. RPC　　D. Socket

（4）HBase 中的批量加载底层使用（　　）实现。

A. MapReduce　　B. Hive　　C. Coprocessor　　D. Bloom Filter

（5）【多选】下面关于 HBase 特性正确的是（　　）。

A. 高可靠性　　B. 高性能　　C. 面向列　　D. 可伸缩

（6）【多选】关于 Row Key 设计的原则，下列描述正确的是（　　）。

A. 越短越好　　B. 可以使用汉字

C. 可以使用字符串　　D. 其本身是无序的

（7）【多选】HBase 性能优化包含（　　）。

A. 读优化　　B. 写优化　　C. 配置优化　　D. JVM 优化

2. 操作题

有 3 份文件 sc_scs.csv、sc_course.csv、sc_student.csv，它们的示例数据分别如代码 3-51、代码 3-52、代码 3-53 所示。sc_scs.csv 文件有两个数据字段：学生学号和课程号。sc_course.csv 文件有 4 个数据字段：课程号、课程名称、课程描述和授课教师。sc_student.csv 文件有 4 个数据字段：学生号、学生姓名、年龄和性别。

需要设计一个 HBase 数据表存储学生选修课程信息，要求该数据表存储学生基本信息、所有选修的课程及课程对应的授课教师。

代码 3-51 sc_scs_.csv 示例数据

```
student_id,course_id
201628,09
201636,10
201614,01
```

代码 3-52 sc_course.csv 示例数据

```
course_id,name,description,teacher
01,gaoshu,gaoshu is math,Mr.D
02,lishi,lishi is history,Mrs.W
03,yuwen,yuwen is chinese,Mr.W
```

代码 3-53 sc_student.csv 示例数据

```
student_id,name,age,gender
201601,name201601,23,male
201602,name201602,24,female
201603,name201603,23,male
```

拓展阅读

【导读】习近平总书记提出，加快发展方式绿色转型。推动经济社会发展绿色化、低碳化是实现高质量发展的关键环节。加快推动产业结构、能源结构、交通运输结构等调整优化。

2023 年 5 月 4 日，交通运输部数据显示，“五一”假期，铁路公路水路民航预计发送旅客超 2.7 亿人次，日均发送超 5400 万人次，比去年同期增长 162.9%。出行人次大幅增加，映射着中国经济的生机活力，也彰显了中国交通的非凡实力。在这一次“五一”假期中，累积的交通数据量非常大，由于出行的交通工具的不同，导致交通数据的结构也存在差异，为了便于多方面分析交通数据，调整优化交通运输结构，可通过 HBase 存储多种结构的数据。

【思考】当需要对多个版本的数据进行对比分析时，在存储交通数据至 HBase 前，需要设置哪些配置？配置设置的依据是什么？

项目 4 文档存储数据库——MongoDB

教学目标

1. 知识目标

（1）了解 MongoDB 及其数据模型。

（2）掌握 MongoDB 的安装与配置方法。

（3）掌握 MongoDB shell 的基础操作。

（4）熟悉 MongoDB Java 开发环境的搭建过程。

（5）能够利用 MongoDB Java API 完成简单的数据分析任务。

2. 技能目标

（1）能够完成 MongoDB 数据库的安装与配置。

（2）能够使用 MongoDB 实现数据库的创建与管理。

（3）能够使用 MongoDB shell 命令实现文档数据插入、删除、更新等基本操作。

（4）能够完成 MongoDB Java 开发环境的搭建。

（5）能够使用 MongoDB Java API 实现文档数据存储与查询分析。

3. 素养目标

（1）培养学生的网络安全意识，增强学生的信息安全观念，以防个人信息外漏。

（2）培养学生良好的、德法兼修的职业道德素养，遵守相应的法律法规，要在合理合法的范围内对用户数据进行分析，注意规避数据伦理风险。

（3）引导学生在面对海量数据时理性判断和选择相关数据信息。

（4）培养学生具备爱岗敬业的职业素养，了解企业和用户之间的发展关系。

项目描述

1. 项目背景

随着企业经营水平的提高，各网站的访问量在逐步增加，随之而来的是数据信息量也在大幅增长。带来的问题是用户在面对大量信息时无法快速获取需要的信息，使得信息的使用效率降低。用户在浏览搜寻想要的信息的过程中，需要花费大量的时间，这种情况造成了用户的不断流失，对企业造成了巨大的损失。为了构建优质高效的服务业新体系，拟采用智能推荐服务用于为用户提供个性化的服务，改善用户的浏览体验，增加用户黏度，从而使用户与企业之间建立稳定的交互关系，实现客户链式反应增值。而在提供智能推荐服务前，需要为网站的海量数据提供一个存储与查询的解决方案。

某电子商务类网站致力于为用户提供丰富的法律信息与咨询服务，当用户访问网站页面时，系统会记录用户访问网站的日志。因此，该网站已保存了数据量非常庞大的用户浏览网站日志数据，用户访问数据的字段名称及说明如表 4-1 所示。

表 4-1　电子商务日志数据字段及说明

名称	说明	名称	说明
id	访问记录的编号 ID	fullURL	网址
realIP	真实 IP 地址	fullURLId	网址类型
realAreacode	地区编号	hostname	源地址名
userAgent	浏览器代理	pageTitle	网页标题
userOS	用户浏览器类型	pageTitleCategoryId	标题类型 ID
userID	用户 ID	pageTitleCategoryName	标题类型名称
clientID	客户端 ID	pageTitleKw	标题类型关键字
timestamp	时间戳	fullReferrer	入口源
timestamp_format	标准化时间	fullReferrerURL	入口网址
pagePath	路径	organicKeyword	搜索关键字
ymd	年月日	source	搜索源

2. 项目目标

本项目将根据网站用户日志数据的存储需求实现 MongoDB 数据库的安装与配置，并使用 MongoDB 数据库实现用户浏览网站日志数据的存储、查询、删除等过程。

3. 项目分析

（1）了解 MongoDB 及其数据模型，学习 MongoDB 的搭建过程，并根据网站对用户日志数据的存储需求安装配置 MongoDB 数据库。

（2）学习 MongoDB 中数据库的创建与管理操作，并创建一个用于存储用户网站日志数据的数据库。

（3）学习 MongoDB 中文档数据的插入、删除、更新、查询命令，将用户网站日志数据作为文档数据存储至数据库中，并对文档数据进行简单查询。

（4）学习 MongoDB Java API 的基本操作，创建用于存储网站用户日志数据的数据库，并将全部网站用户日志数据作为文档数据导入至数据库中。

（5）通过 MongoDB Java API 从网站和用户两个维度实现用户日志数据查询与分析，包括查询网站每月及每日的访问流量分布、查询每个用户的访问记录。

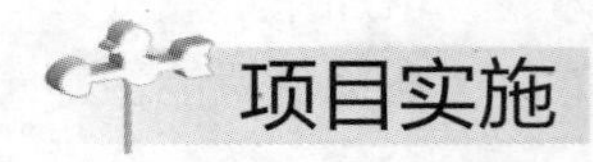

项目实施

任务 4.1 MongoDB 简介

任务描述

MongoDB 是一个基于分布式文件存储数据的数据库，由 C++语言编写，旨在为 Web 应用提供可扩展的高性能数据存储解决方案。了解 MongoDB 是学习和掌握 MongoDB 的首要条件。

4.1.1 了解 MongoDB

大数据时代，数据的实时更新迭代迅速，如网站上用户的个人信息、用户生成的数据和操作日志数据等都已经呈现几何倍数增加，原有的关系数据库管理系统已经无法满足这类数据的存储和查询需求，取而代之的是非关系数据库，如 HBase、MongoDB 等。

1．概述

HBase 和 MongoDB 皆为非关系数据库，但是由于 NoSQL 的非结构化特点，因此 HBase 和 MongoDB 之间的差异相对较大。HBase 主要由命名空间、表、行键、列簇、列等几个部分组成，通过行键、列簇及列定位数据；而 MongoDB 以键值对的形式存储数据，结构简单，表中的数据以键进行查询。此外，HBase 作为 Hadoop 生态圈的一部分，其底层必须依靠 Hadoop。由于 MongoDB 是一个相对独立的组件，无须依靠其他组件，因此其搭建相对简单。

MongoDB 是一个文档数据库，具有很强的可伸缩性和灵活性。MongoDB 可以在文档中直接插入数组等复杂数据类型，并且文档的 Key 和 Value 不是固定的数据类型和大小。开发者在使用 MongoDB 时无须预定义关系数据库中的表等数据库对象，数据库的设计将变得非常方便，可以大大地加快开发速度。

2．特点

MongoDB 具有以下主要特点。

（1）MongoDB 为基于文档数据模型（Document Data Model）的非关系数据库。

（2）MongoDB 以 BSON 格式存储数据，类似于 JSON 数据格式。

（3）关系数据库使用表（Table）形式存储数据，而 MongoDB 则使用集合（Collection）形式存储数据。

（4）MongoDB 支持临时查询，不用提前定义系统可以接收的查询类型。

（5）MongoDB 支持索引和次级索引。次级索引是指文档有一个主键作为索引，同时允许文档还拥有另一个索引，以提升查询的效率。

（6）MongoDB 是一个无结构的数据库。

3．适用场景

MongoDB 的主要目标是在键值存储方式和传统的关系数据库管理系统之间架起一座

桥梁，集两者的优势于一身。MongoDB 主要适用于以下数据场景。

（1）网站数据：MongoDB 非常适用于实时的插入、更新与查询，可以满足网站实时数据存储的备份需求，并具备网站实时数据存储所需的高度伸缩性。

（2）缓存：由于 MongoDB 的性能很高，因此适合作为信息基础设施的缓存层；在系统重启后，由 MongoDB 搭建的持久化缓存层可以避免下层的数据源过载。

（3）大尺寸、低价值的数据：当存储大量数据，特别是 TB 级别以上的数据时，传统的关系数据库会出现进程中断等问题，而 MongoDB 则可以存储海量数据集。

（4）高伸缩性的场景：MongoDB 非常适合由数十或数百台服务器组成的数据库，在 MongoDB 的路线图中已经包含对 MapReduce 引擎的内置支持。

（5）对象及 JSON 格式数据的存储：MongoDB 的 BSON 数据格式非常适合文档格式数据的存储及查询。

4.1.2 了解 MongoDB 数据模型

本小节将逐步深入介绍 MongoDB。在进行实际操作前，需要了解 MongoDB 的基础术语及其常用的数据类型。

1. MongoDB 术语

（1）文档（Document）

文档是 MongoDB 中数据的基本单位，类似于 SQL 等关系数据库中的行（Row），但是比行复杂。键及其关联的值有序地放在一起就构成了文档，如代码 4-1 所示。

代码 4-1 MongoDB 文档示例 1

```
{"name":"xiaoming"}
```

在代码 4-1 中，文档只有一个键“name”，对应的值为字符串类型的“xiaoming”。在多数情况下，文档会包含多个键值对，相当于关系数据库中的多个字段。

文档的值不仅可以是字符串类型，还可以是其他的数据类型，如整型、布尔型等，也可以是另外一个文档，即文档可以嵌套文档。文档的键只能是字符串类型，如代码 4-2 所示。

代码 4-2 MongoDB 文档示例 2

```
{"id":"202001","age":3}
```

文档中的键值对是有序的，如代码 4-2 中的文档与代码 4-3 中的文档是完全不同的两个文档。

代码 4-3 MongoDB 文档示例 3

```
{"age":3,"id":"202001"}
```

（2）集合（Collection）

集合就是一组文档，类似于关系数据库中的表。集合是无模式的，集合中的文档可以是各式各样的。例如，代码 4-1 和代码 4-2 中的文档的键不同，值的类型也不同，但是可以将它们存放在同一个集合中，即不同模式的文档可以放在同一个集合中。

尽管集合中可以存放任何类型的文档，但在实际使用中很少会将所有文档都放在同一个集合中。例如，对于网站的日志记录，可以根据日志的级别进行存储，Info 级别日志存放在 Info 集合中，Debug 级别日志存放在 Debug 集合中。这样做的目的是方便对数据库进行管理，提升查询等基础操作的效率。

需要注意的是，创建多个集合对文档进行存储并不是 MongoDB 的强制要求，用户可以灵活选择存储的方式。

（3）数据库（DataBase）

MongoDB 中的数据库与关系数据库中的数据库概念相似。在 MongoDB 中，文档组成集合，集合组成数据库。一个 MongoDB 实例中可以包含多个数据库，数据库之间是相互独立的，且每个数据库都有独立的控制权限。在磁盘上，不同的数据库存放在不同的文件中。

在 MongoDB 中，主要存在以下系统数据库。

① admin 数据库：一个权限数据库，如果创建用户的时候将该用户添加到 admin 数据库中，那么该用户将自动继承所有数据库的权限。

② local 数据库：local 数据库永远不会被复制，可以用于存储本地单台服务器的任意集合。

③ config 数据库：当 MongoDB 使用分片模式时，config 数据库在内部使用，用于保存分片的信息。

2. 数据类型

MongoDB 常用数据类型如表 4-2 所示。

表 4-2 MongoDB 常用数据类型

类型	备注
integer	整型数值，用于存储数值，可分为 32 位和 64 位
double	双精度浮点值，用于存储浮点值
string	字符串，存储常用的数据类型。在 MongoDB 中，UTF-8 编码的字符串才是合法的
object	一般用于内嵌文档
array	一般用于数组或列表
binary data	二进制数据，一般用于存储二进制数据
object id	对象 ID，用于创建文档的 ID
boolean	布尔值，用于存储布尔值（true/false）
date	日期数据
null	一般用于创建空值
timestamp	时间戳

任务 4.2 安装分布式 MongoDB

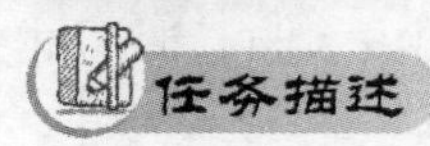

对 MongoDB 有了初步的了解后，开始安装与配置分布式 MongoDB，分布式是指通过

网络等方式连接多个组件，通过交换信息并协作而形成的系统。本节的任务是以 Linux 操作系统为例，介绍分布式 MongoDB 的安装过程，其中分布式 MongoDB 共有 4 个节点，包括 1 个主节点、3 个子节点。

4.2.1 安装与配置 MongoDB

在实际场景中，如果只掌握理论知识是不足以解决问题的，还需要将理论知识和实操进行结合。如果需要进行 MongoDB 实操，那么需要先安装并配置 MongoDB。

1. 下载与解压安装包

在 MongoDB 官网中下载 mongodb-linux-x86_64-3.0.6.tgz 安装包。下载完成后，将安装包上传至 Linux 虚拟机，输入命令“tar -zxvf mongodb-linux-x86_64-3.0.6.tgz”解压安装包文件，解压完成后输入命令“mv mongodb-linux-x86_64-3.0.6 /usr/local/mongodb”，将 MongoDB 安装目录移至/use/local/目录下，并将文件名修改为 mongodb。

2. 添加 MongoDB 至环境变量

输入命令“vi /etc/profile”打开 profile 文件，在文件末尾添加代码 4-4 所示的命令，将 MongoDB 添加至环境变量中。保存并退出 profile 文件后，输入命令“source /etc/profile”使操作生效。

代码 4-4 添加 MongoDB 至环境变量

```
export MONGODB_HOME=/usr/local/mongodb
export PATH=$MONGODB_HOME/bin:$PATH
```

3. config 配置文件

在 MongoDB 安装目录下输入代码 4-5 所示的命令，创建 config 配置文件所需的文件目录，如数据存放文件目录、配置文件目录和日志文件目录。

代码 4-5 创建 config 配置文件所需的文件目录

```
# 进入 MongoDB 安装目录
cd $MONGODB_HOME
# 文件数据路径
mkdir master
mkdir slave1
mkdir slave2
mkdir slave3
# 配置文件路径
mkdir -p bin/conf
# 日志路径
mkdir log
```

切换至/usr/local/mongodb/bin/conf 目录，在该目录下创建文件 master.conf、slave1.conf、slave2.conf、slave3.conf。创建完成后在 master.conf 文件中添加代码 4-6 所示的内容，因为 slave1.conf、slave2.conf、slave3.conf 与 master.conf 文件的内容类似，所以只需要修改相应的节点名称、port 参数以及节点 ip。以 slave1.conf 文件为例，在 slave1.conf 文件中添加代

码 4-7 所示的内容。

代码 4-6　master.conf 配置文件

```
# master
dbpath = /usr/local/mongodb/master
logpath=/usr/local/mongodb/logs/master.log
port=27017
logappend=true
fork=true
maxConns=5000
# 复制集名称
storageEngine=mmapv1
replSet=master
# 置参数为 true
shardsvr=true
# 允许任意机器连接
bind_ip=192.168.128.130
```

注：请将 master.conf 的 bind_ip 参数设置为相应的主节点 IP 地址。

代码 4-7　slave1.conf 配置文件

```
# slave1
dbpath = /usr/local/mongodb/slave1
logpath=/usr/local/mongodb/logs/slave1.log
port=27001
logappend=true
fork=true
maxConns=5000
storageEngine=mmapv1
shardsvr=true
replSet=slave1
bind_ip=192.168.128.131
```

注：请将 slave1.conf、slave2.conf、slave3.conf 配置文件的 bind_ip 参数修改为相应的子节点 IP 地址，相应的 port 参数依次为 27001，27002 以及 27003。

将 config 的配置文件修改完成后，其余步骤如下。

（1）分发安装目录至各个子节点。输入代码 4-8 所示的命令，将 MongoDB 发送至各个子节点。

代码 4-8　分发安装目录至各个子节点

```
scp -r /usr/local/mongodb slave1:/usr/local/
scp -r /usr/local/mongodb slave2:/usr/local/
scp -r /usr/local/mongodb slave3:/usr/local/
```

（2）使用自定义 config 文件启动 MongoDB。进入 master 节点下的 MongoDB 安装目录，在 bin 目录下输入“./mongod -config /usr/local/mongodb/bin/conf/master.conf”命令，启动 MongoDB。

（3）在浏览器中输入 master 节点的 IP 地址加端口号 27017，如 192.168.128.130:28017/。如果服务启动成功，那么将会看到图 4-1 所示的信息。

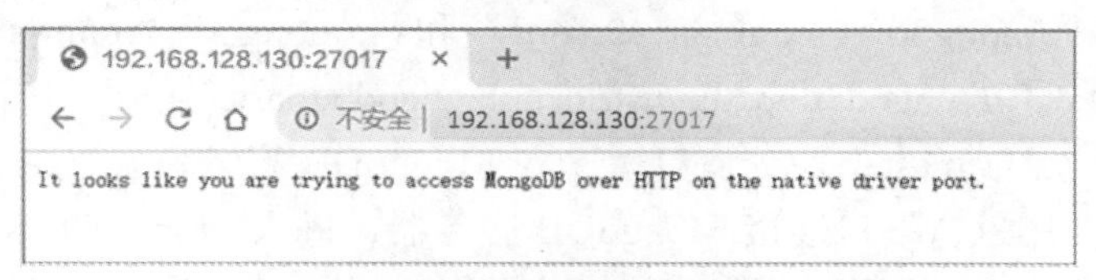

图 4-1　MongoDB 服务启动成功时的信息

4.2.2　访问 MongoDB HTTP 端口

MongoDB 默认会开启一个 HTTP 的端口以提供 REST 服务（使用“mongod -dbpath=/usr/local/mongodb/master -rest”命令启动），这个端口的端口号为服务器的端口号加 1000，MongoDB 的默认端口号为 28017。在浏览器中输入服务器的 IP 地址加上端口号 28017（如 192.168.128.130:28017），即可访问 MongoDB HTTP 端口。访问成功的页面如图 4-2 所示。

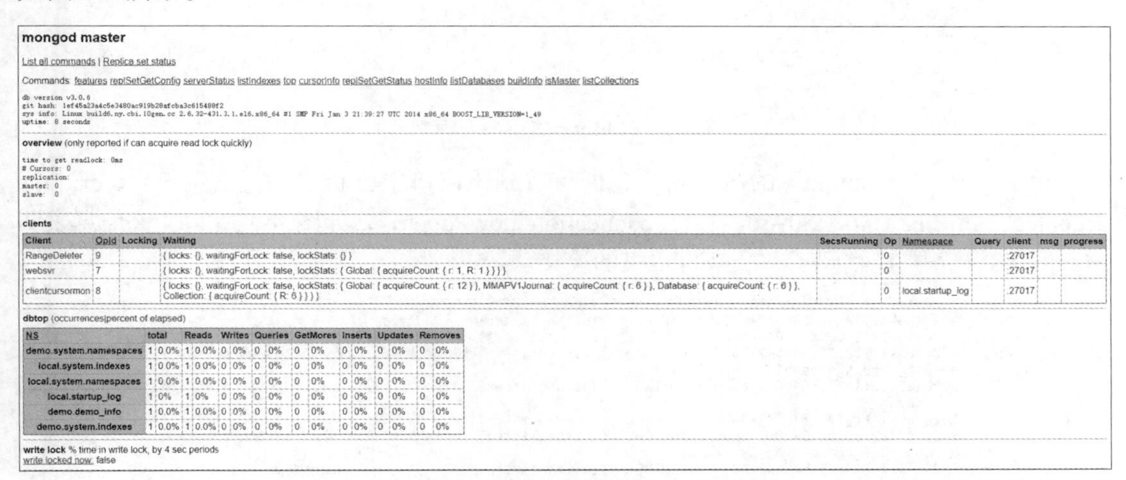

图 4-2　访问 MongoDB HTTP 端口

任务 4.3　创建存储用户日志数据的数据库

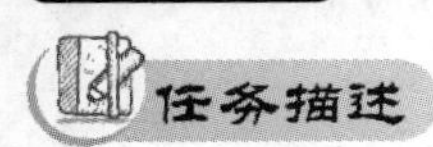

在安装好 MongoDB 后，将在 MongoDB 中创建存储用户日志数据的数据库。本节的任务是介绍如何使用 MongoDB shell 连接 MongoDB 服务器，以及 MongoDB 数据库的创建、删除操作。

4.3.1　创建与删除数据库

在 MongoDB 中类似于关系数据库的数据都会存储在数据库中，本小节将介绍在 MongoDB 中实现数据库的创建、删除。

1. 使用 MongoDB shell 连接服务器

在 Linux 操作系统中，使用 MongoDB shell 连接 MongoDB 服务器的步骤如下。

（1）输入命令“cd $MONGODB_HOME/bin”，进入 MongoDB 安装目录下的 bin 目录。

（2）在 4 个节点的 bin 目录下输入命令“./mongod -f conf/master.conf”“./mongod -f conf/slave1.conf”“./mongod -f conf/slave2.conf”和“./mongod -f conf/slave3.conf”，并在 master 节点输入命令“./mongod -dbpath=/usr/local/mongodb/master -rest”，开启 MongoDB 服务。

（3）打开一个新的 master 命令窗口，进入 MongoDB 安装目录下的 bin 目录，输入命令“./mongod”，使用默认端口连接 MongoDB 服务器，进入 MongoDB Shell 界面。

当连接完成后，可以执行一些简单的加减操作，以进行启动测试，如图 4-3 所示。

```
MongoDB shell version: 3.0.6
connecting to: test
Server has startup warnings:
2020-05-12T19:05:54.642+0800 I CONTROL  [initandlisten] ** WARNING: You are running this
 process as the root user, which is not recommended.
2020-05-12T19:05:54.642+0800 I CONTROL  [initandlisten]
2020-05-12T19:05:54.642+0800 I CONTROL  [initandlisten]
2020-05-12T19:05:54.642+0800 I CONTROL  [initandlisten] ** WARNING: /sys/kernel/mm/trans
parent_hugepage/enabled is 'always'.
2020-05-12T19:05:54.642+0800 I CONTROL  [initandlisten] **        We suggest setting it
to 'never'
2020-05-12T19:05:54.642+0800 I CONTROL  [initandlisten]
2020-05-12T19:05:54.642+0800 I CONTROL  [initandlisten] ** WARNING: /sys/kernel/mm/trans
parent_hugepage/defrag is 'always'.
2020-05-12T19:05:54.642+0800 I CONTROL  [initandlisten] **        We suggest setting it
to 'never'
2020-05-12T19:05:54.642+0800 I CONTROL  [initandlisten]
> 2+2
4
> 5-3
2
>
```

图 4-3　MongoDB shell 界面

返回输入“./mongod”的命令窗口，即可看到该窗口中已新增一行信息：“connection accepted from 127.0.0.1:50956 #1 (1 connection now open)”，如图 4-4 所示。该信息表明 MongoDB 服务器接收到了一个来自本机的连接。

```
 process as the root user, which is not recommended.
2020-05-12T19:05:54.642+0800 I CONTROL  [initandlisten]
2020-05-12T19:05:54.642+0800 I CONTROL  [initandlisten]
2020-05-12T19:05:54.642+0800 I CONTROL  [initandlisten] ** WARNING: /sys/kernel/mm/trans
parent_hugepage/enabled is 'always'.
2020-05-12T19:05:54.642+0800 I CONTROL  [initandlisten] **        We suggest setting it
to 'never'
2020-05-12T19:05:54.642+0800 I CONTROL  [initandlisten]
2020-05-12T19:05:54.642+0800 I CONTROL  [initandlisten] ** WARNING: /sys/kernel/mm/trans
parent_hugepage/defrag is 'always'.
2020-05-12T19:05:54.642+0800 I CONTROL  [initandlisten] **        We suggest setting it
to 'never'
2020-05-12T19:05:54.642+0800 I CONTROL  [initandlisten]
2020-05-12T19:05:54.642+0800 I CONTROL  [initandlisten] db version v3.0.6
2020-05-12T19:05:54.642+0800 I CONTROL  [initandlisten] git version: 1ef45a23a4c5e3480ac
919b28afcba3c615488f2
2020-05-12T19:05:54.642+0800 I CONTROL  [initandlisten] build info: Linux build6.ny.cbi.
10gen.cc 2.6.32-431.3.1.el6.x86_64 #1 SMP Fri Jan 3 21:39:27 UTC 2014 x86_64 BOOST_LIB_V
ERSION=1_49
2020-05-12T19:05:54.642+0800 I CONTROL  [initandlisten] allocator: tcmalloc
2020-05-12T19:05:54.642+0800 I CONTROL  [initandlisten] options: {}
2020-05-12T19:05:54.644+0800 I JOURNAL  [durability] Durability thread started
2020-05-12T19:05:54.644+0800 I JOURNAL  [journal writer] Journal writer thread started
2020-05-12T19:05:55.171+0800 I NETWORK  [initandlisten] waiting for connections on port
27017
2020-05-12T19:10:50.662+0800 I NETWORK  [initandlisten] connection accepted from 127.0.0
.1:50956 #1 (1 connection now open)
```

图 4-4　MongoDB 服务器信息

2. 创建与删除数据库

当成功连接到 MongoDB 服务器后，即可通过 MongoDB 命令完成数据库的创建与删除操作，创建、删除 MongoDB 数据库的语法如下。

```
# 如果数据库不存在，那么创建数据库，否则切换到指定数据库
```

```
use database_name
# 删除当前所在的数据库
db.dropDatabase()
```

当数据库创建完成后，输入命令“show dbs”，可以查看数据库列表。需要注意的是，当一个新的数据库创建完成，但尚未插入数据时，该数据库将不显示在数据库列表中。MongoDB 数据库中不能直接插入数据，只能在集合中插入数据。MongoDB 不需要特意创建集合，只需要在语法中说明，集合就会自动创建。插入文档数据的语法如下。

```
db.collection_name.insert(document)
```

当不使用“use”关键字指定数据库时，所有操作都会在 MongoDB 默认数据库 test 中执行。

创建、删除 MongoDB 数据库的完整示例如代码 4-9 所示。

代码 4-9　MongoDB 数据库的创建、删除示例

```
// 创建新数据库 student
use student
// 查看数据库列表（此时 student 将不会出现）
show dbs
// 插入文档数据
db.student_info.insert({"id":202001,"name":"xiaoming"})
// 再次查看数据库列表
show dbs
// 删除当前数据库
db.dropDatabase()
// 查看数据库列表，检验 student 是否被删除
show dbs
```

在代码 4-9 中，创建了一个数据库 student，并向该数据库中的 student_info 集合插入了一条文档数据“{"id": 202001,"name": "xiaoming"}”。数据插入完成后，查看数据库列表，确认数据库是否创建成功。确认数据库已创建后，将其删除，再次查看数据库列表，检验是否成功删除。代码 4-9 的执行结果如图 4-5 所示。

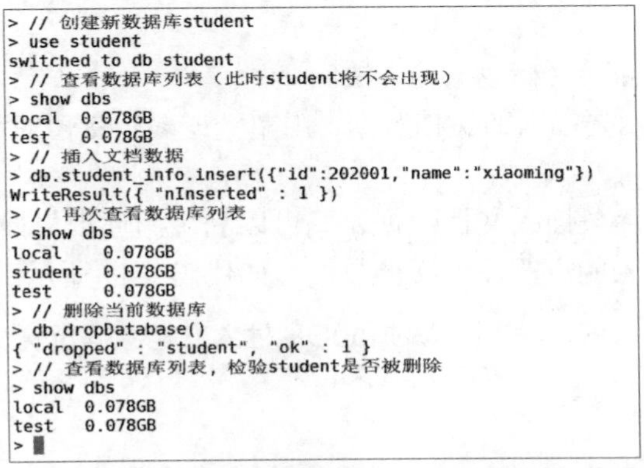

```
> // 创建新数据库student
> use student
switched to db student
> // 查看数据库列表（此时student将不会出现）
> show dbs
local  0.078GB
test   0.078GB
> // 插入文档数据
> db.student_info.insert({"id":202001,"name":"xiaoming"})
WriteResult({ "nInserted" : 1 })
> // 再次查看数据库列表
> show dbs
local    0.078GB
student  0.078GB
test     0.078GB
> // 删除当前数据库
> db.dropDatabase()
{ "dropped" : "student", "ok" : 1 }
> // 查看数据库列表，检验student是否被删除
> show dbs
local  0.078GB
test   0.078GB
>
```

图 4-5　MongoDB 数据库的创建、删除示例的执行结果

4.3.2 任务实现

使用 MongoDB shell 在 MongoDB 中创建存储用户日志数据的数据库 user_info，并切换到该数据库，向该数据库插入文档数据“{"test": 1}”，使其成功创建，具体命令如代码 4-10 所示。

代码 4-10 创建存储用户日志数据的数据库并向其插入文档数据

```
use user_info
db.user_info.insert({"test":1})
show dbs
```

创建存储用户日志数据的数据库的结果如图 4-6 所示。

```
> use user_info
switched to db user_info
> db.user_info.insert({"test":1})
WriteResult({ "nInserted" : 1 })
> show dbs
local      0.078GB
test       0.078GB
user_info  0.078GB
> 
```

图 4-6 创建存储用户日志数据的数据库

任务 4.4 存储用户日志数据到 MongoDB

在 MongoDB 中成功创建数据库后，即可将文档数据插入数据库中，在 4.3 节中简单地展示了如何将数据插入文档中。本节的任务是通过存储用户日志数据到 MongoDB 来详细介绍 MongoDB 的文档插入、更新、删除等操作。

4.4.1 插入文档数据

MongoDB 可以使用 insert()方法插入文档数据，插入文档数据的语法已在 4.3.1 小节中介绍，各参数的解释说明如下。

（1）db：表示当前所在的数据库，默认为“test”。

（2）collection：表示文档数据所要插入的集合（如 demo_info），若该集合不存在，则新建集合。

（3）insert()：表示插入文档数据的方法。

（4）document：表示要插入的文档数据，由单个或多个键值对组成，如“{"title":"one", "id":0}”。

insert()方法既可以逐条插入文档数据，又可以利用循环批量插入文档数据。分别使用逐条插入和循环批量插入的方式插入文档数据，如代码 4-11 所示。

代码 4-11 MongoDB 插入文档数据示例

```
# 创建数据库
use demo
# 插入单条数据，标题为“one”
```

```
db.demo_info.insert({"title":"one","id":0})
# 插入 9 条数据，标题为“many”
for(var i=1;i <10;i++) db.demo_info.insert({"title":"many","id":i})
```

在代码 4-11 中，用两种方式共插入了 10 条文档数据至集合 demo_info 中。输入“db.demo_info.find()”命令查看 deno_info 集合，结果如图 4-7 所示。

由图 4-7 可知，10 条数据都成功地插入集合 demo_info 中，其中 1 条文档数据的“title”为“one”，表示单独创建；其余 9 条文档数据的“title”为“many”，表示循环批量创建。

```
> use demo
switched to db demo
> use demo
switched to db demo
> db.demo_info.insert({"title":"one","id":0})
WriteResult({ "nInserted" : 1 })
> for(var i=1; i<10; i++) db.demo_info.insert({"title":"many","id":i})
WriteResult({ "nInserted" : 1 })
> db.demo_info.find()
{ "_id" : ObjectId("5ebbf36492889e08336a71a9"), "title" : "one", "id" : 0 }
{ "_id" : ObjectId("5ebbf36692889e08336a71aa"), "title" : "many", "id" : 1 }
{ "_id" : ObjectId("5ebbf36692889e08336a71ab"), "title" : "many", "id" : 2 }
{ "_id" : ObjectId("5ebbf36692889e08336a71ac"), "title" : "many", "id" : 3 }
{ "_id" : ObjectId("5ebbf36692889e08336a71ad"), "title" : "many", "id" : 4 }
{ "_id" : ObjectId("5ebbf36692889e08336a71ae"), "title" : "many", "id" : 5 }
{ "_id" : ObjectId("5ebbf36692889e08336a71af"), "title" : "many", "id" : 6 }
{ "_id" : ObjectId("5ebbf36692889e08336a71b0"), "title" : "many", "id" : 7 }
{ "_id" : ObjectId("5ebbf36692889e08336a71b1"), "title" : "many", "id" : 8 }
{ "_id" : ObjectId("5ebbf36692889e08336a71b2"), "title" : "many", "id" : 9 }
>
```

图 4-7 MongoDB 插入文档数据示例执行结果

4.4.2 删除文档数据

MongoDB 使用 remove()方法删除文档数据，MongoDB 删除文档数据的语法如下。

```
db.collection.remove(
  <query>,
  {
    justOne: <boolean>,
    writeConcern: <document>
  }
)
```

该语句的部分参数说明如下。

（1）query：必选，表示删除文档的条件，相当于 SQL 数据库中的 WHERE 关键字。

（2）justOne：可选，如果设置为 false，那么删除所有满足匹配条件的文档；如果设为 true 或 1，那么只删除第一个匹配到的文档；默认为 false。

（3）writeConcern：可选，表示抛出异常的级别。

MongoDB 删除文档数据示例如代码 4-12 所示。

代码 4-12 MongoDB 删除文档数据示例

```
// 删除键为 title，值为 many 的第一条数据
db.demo_info.remove({"title":"many"},{"justOne":true})
// 查看结果
db.demo_info.find()
```

```
// 删除键为 title，值为 many 的所有数据
db.demo_info.remove({"title":"many"})
// 查看结果
db.demo_info.find()
// 删除集合 demo_info 的所有数据
db.demo_info.remove({})
// 查看结果
db.demo_info.find()
```

代码 4-12 的执行结果如图 4-8 所示。

```
> // 删除键为title，值为many的第一条数据
> db.demo_info.remove({"title":"many"},{"justOne":true})
WriteResult({ "nRemoved" : 1 })
> // 查看结果
> db.demo_info.find()
{ "_id" : ObjectId("5ebbff6a92889e08336a71e2"), "title" : "one", "id" : 0 }
{ "_id" : ObjectId("5ebbff6b92889e08336a71e4"), "title" : "many", "id" : 2 }
{ "_id" : ObjectId("5ebbff6b92889e08336a71e5"), "title" : "many", "id" : 3 }
{ "_id" : ObjectId("5ebbff6b92889e08336a71e6"), "title" : "many", "id" : 4 }
{ "_id" : ObjectId("5ebbff6b92889e08336a71e7"), "title" : "many", "id" : 5 }
{ "_id" : ObjectId("5ebbff6b92889e08336a71e8"), "title" : "many", "id" : 6 }
{ "_id" : ObjectId("5ebbff6b92889e08336a71e9"), "title" : "many", "id" : 7 }
{ "_id" : ObjectId("5ebbff6b92889e08336a71ea"), "title" : "many", "id" : 8 }
{ "_id" : ObjectId("5ebbff6b92889e08336a71eb"), "title" : "many", "id" : 9 }
> // 删除键为title，值为many的所有数据
> db.demo_info.remove({"title":"many"})
WriteResult({ "nRemoved" : 8 })
> // 查看结果
> db.demo_info.find()
{ "_id" : ObjectId("5ebbff6a92889e08336a71e2"), "title" : "one", "id" : 0 }
> // 删除集合demo_info的所有数据
> db.demo_info.remove({})
WriteResult({ "nRemoved" : 1 })
> // 查看结果
> db.demo_info.find()
>
```

图 4-8　MongoDB 删除文档数据示例执行结果

由图 4-8 可知，在集合 demo_info 中，删除条件 query 为删除键 title，删除键的值为 many。当参数 justOne 设置为 true 时，remove()方法仅删除了一条“id”为 1 的文档数据。而当不设置参数 justOne，使用默认值时，remove()方法会将满足条件的 8 条文档数据全部删除。

此外，如果将删除条件设置为“{}”，那么此时的删除条件为无限制条件，将会删除集合中的所有数据。

4.4.3　更新文档数据

MongoDB 使用 update()方法更新集合中的文档数据。MongoDB 更新文档数据的语法如下。

```
db.collection.update(
   <query>,
   <update>,
   {
     upsert: <boolean>,
     multi: <boolean>,
```

```
        writeConcern: <document>
    }
)
```

该语句的部分参数说明如下。

（1）query：必选，表示 update 的查询条件，类似 SQL 中使用 update 时的 WHERE 关键字。

（2）update：必选，表示对满足条件的 update 对象进行更新的内容，类似 SQL 中使用 update 时的 SET 关键字。

（3）upsert：可选，如果设置为 false，那么当 update 条件不满足时，则不会对集合进行任何修改；如果设置为 true，那么当需要更新的文档数据中不存在满足 update 条件的文档对象时，会将此次更新结果作为新的文档数据插入集合中；默认为 false。

（4）multi：可选，如果设置为 false，那么只更新匹配到的第一条满足条件的文档数据；如果设置为 true，那么更新满足条件的所有文档数据；默认为 false。

（5）writeConcern：可选，表示抛出异常的级别。

利用循环批量插入方式重新向 demo_info 集合插入 9 条文档数据，并使用 update()方法将所有满足“id”大于或等于 5 的文档数据的“title”更新为“new data”，如代码 4-13 所示。

代码 4-13 MongoDB 更新文档数据示例

```
// 插入数据
for(var i=1;i<10;i++) db.demo_info.insert({"title":"old data","id":i})
db.demo_info.find()
// 更新数据
db.demo_info.update({"id":{$gte:5}},{$set:{"title":"new data"}},
{multi:true})
db.demo_info.find()
```

代码 4-13 的执行结果如图 4-9 所示。

```
> // 插入数据
> for(var i=1; i<10; i++) db.demo_info.insert({"title":"old data","id":i})
WriteResult({ "nInserted" : 1 })
> db.demo_info.find()
{ "_id" : ObjectId("5ebc2bcd92889e08336a7214"), "title" : "old data", "id" : 1 }
{ "_id" : ObjectId("5ebc2bcd92889e08336a7215"), "title" : "old data", "id" : 2 }
{ "_id" : ObjectId("5ebc2bcd92889e08336a7216"), "title" : "old data", "id" : 3 }
{ "_id" : ObjectId("5ebc2bcd92889e08336a7217"), "title" : "old data", "id" : 4 }
{ "_id" : ObjectId("5ebc2bcd92889e08336a7218"), "title" : "old data", "id" : 5 }
{ "_id" : ObjectId("5ebc2bcd92889e08336a7219"), "title" : "old data", "id" : 6 }
{ "_id" : ObjectId("5ebc2bcd92889e08336a721a"), "title" : "old data", "id" : 7 }
{ "_id" : ObjectId("5ebc2bcd92889e08336a721b"), "title" : "old data", "id" : 8 }
{ "_id" : ObjectId("5ebc2bcd92889e08336a721c"), "title" : "old data", "id" : 9 }
> // 更新数据
> db.demo_info.update({"id":{$gte:5}},{$set:{"title":"new data"}},{multi:true})
WriteResult({ "nMatched" : 5, "nUpserted" : 0, "nModified" : 5 })
> db.demo_info.find()
{ "_id" : ObjectId("5ebc2bcd92889e08336a7214"), "title" : "old data", "id" : 1 }
{ "_id" : ObjectId("5ebc2bcd92889e08336a7215"), "title" : "old data", "id" : 2 }
{ "_id" : ObjectId("5ebc2bcd92889e08336a7216"), "title" : "old data", "id" : 3 }
{ "_id" : ObjectId("5ebc2bcd92889e08336a7217"), "title" : "old data", "id" : 4 }
{ "_id" : ObjectId("5ebc2bcd92889e08336a7218"), "title" : "new data", "id" : 5 }
{ "_id" : ObjectId("5ebc2bcd92889e08336a7219"), "title" : "new data", "id" : 6 }
{ "_id" : ObjectId("5ebc2bcd92889e08336a721a"), "title" : "new data", "id" : 7 }
{ "_id" : ObjectId("5ebc2bcd92889e08336a721b"), "title" : "new data", "id" : 8 }
{ "_id" : ObjectId("5ebc2bcd92889e08336a721c"), "title" : "new data", "id" : 9 }
>
```

图 4-9 MongoDB 更新文档数据示例执行结果

由图 4-9 可知，在所有键中，“id”值大于或等于 5 的文档数据的“title”值都由原来的“old data”被更新为“new data”。

4.4.4 任务实现

由于用户日志中存在数十万条记录，要将所有的文档数据手动插入 MongoDB，将会耗费大量的时间，并且在用户数据的 22 个字段中存在大量无规律字段，因此无法通过简单的循环插入数据。

本小节将存储部分用户日志数据到 MongoDB，具体的批量存储操作将会在 4.6 节中介绍。在 MongoDB shell 中实现存储用户日志数据到 MongoDB，如代码 4-14 所示。

代码 4-14 存储用户日志数据到 MongoDB

```
use user_info
db.temp.insert({"userid":1597050740,"fullurl":"http://www.***.cn/ask/question_5281741.html"})
db.temp.insert({"userid":2048326726,"fullurl":"http://www.***.cn/ask/exp/17199.html"})
db.temp.insert({"userid":1639801603,"fullurl":"http://www.***.cn/ask/question_3893276.html"})
db.temp.find()
```

代码 4-14 的执行结果如图 4-10 所示。

```
> db.temp.insert({"userid":1597050740,"fullurl":"http://www.***.cn/ask/question_5281741.html"})
WriteResult({ "nInserted" : 1 })
> db.temp.insert({"userid":2048326726,"fullurl":"http://www.***.cn/ask/exp/17199.html"})
WriteResult({ "nInserted" : 1 })
> db.temp.insert({"userid":1639801603,"fullurl":"http://www.***.cn/ask/question_3893276.html"})
WriteResult({ "nInserted" : 1 })
> db.temp.find()
{ "_id" : ObjectId("5ebc34d392889e08336a7220"), "userid" : 1597050740, "fullurl" : "http://www.***.cn/ask/question_5281741.html" }
{ "_id" : ObjectId("5ebc34d392889e08336a7221"), "userid" : 2048326726, "fullurl" : "http://www.***.cn/ask/exp/17199.html" }
{ "_id" : ObjectId("5ebc34d492889e08336a7222"), "userid" : 1639801603, "fullurl" : "http://www.***.cn/ask/question_3893276.html" }
> 
```

图 4-10 存储用户日志数据到 MongoDB 代码执行结果

任务 4.5 查询 MongoDB 中用户访问 HTML 页面的记录数

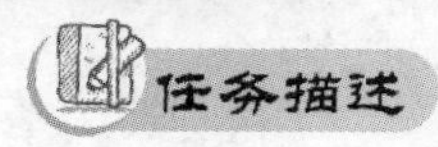

当存储用户日志数据到 MongoDB 后，即可对日志数据进行统计分析。本节的任务是通过查询 MongoDB 中用户访问 HTML 页面的记录数介绍 MongoDB 的查询文档、创建索引、分组聚合等操作。

4.5.1 查询文档数据

MongoDB 使用 find()方法查询文档。在 4.4 节中，使用了“db.demo_info.find()”命令查看集合“demo_info”中的所有文档，这是 find()方法的一个简单示例。MongoDB 查询文档数据的语法如下。

```
db.collection.find(query,projection)
```

该语句的部分参数说明如下。

（1）query：可选，表示使用查询操作符指定查询条件，默认为无条件。

（2）projection：可选，表示筛选本次查询指定返回的键，默认为返回文档数据中的所有键。

根据 4.4 节创建的集合 demo_info，查询集合中键“id”对应的值小于 5 的文档数据，仅返回键为“title”的键值对；查询集合中键“titile”对应的值为“new data”的文档数据，仅返回键为“id”的键值对，具体命令如代码 4-15 所示。

代码 4-15 MongoDB 查询示例

```
use demo
// 查询“id”小于 5 的文档数据
db.demo_info.find({"id":{$lt:5}},{"title":1})
// 查询“title”等于“new data”的文档数据
db.demo_info.find({"title":"new data"},{"id":1})
```

代码 4-15 的执行结果如图 4-11 所示。

```
> use demo
switched to db demo
> // 查询“id”小于5的文档数据
> db.demo_info.find({"id":{$lt:5}},{"title":1})
{ "_id" : ObjectId("5ebc2bcd92889e08336a7214"), "title" : "old data" }
{ "_id" : ObjectId("5ebc2bcd92889e08336a7215"), "title" : "old data" }
{ "_id" : ObjectId("5ebc2bcd92889e08336a7216"), "title" : "old data" }
{ "_id" : ObjectId("5ebc2bcd92889e08336a7217"), "title" : "old data" }
> // 查询“title”等于 “new data” 的文档数据
> db.demo_info.find({"title":"new data"},{"id":1})
{ "_id" : ObjectId("5ebc2bcd92889e08336a7218"), "id" : 5 }
{ "_id" : ObjectId("5ebc2bcd92889e08336a7219"), "id" : 6 }
{ "_id" : ObjectId("5ebc2bcd92889e08336a721a"), "id" : 7 }
{ "_id" : ObjectId("5ebc2bcd92889e08336a721b"), "id" : 8 }
{ "_id" : ObjectId("5ebc2bcd92889e08336a721c"), "id" : 9 }
> 
```

图 4-11 MongoDB 查询示例执行结果

由图 4-11 可知，“id”小于 5 的文档数据的“title”值均为“old data”，而“title”值为“new data”的文档数据的键“id”的值均大于或等于 5，查询结果符合 4.4 节中集合 demo_info 对应的文档数据。

4.5.2 索引

索引通常能够极大地提高查询的效率，如果没有索引，那么 MongoDB 在查询数据时必须扫描集合中的每个文件并选取符合查询条件的记录。这种扫描全集合的方式在处理大量的数据时，查询效率会比较低。因此为经常查询的数据创建相应的索引是非常有必要的。

MongoDB 使用 createIndex()方法来创建索引。MongoDB 创建索引的语法如下。

```
db.collection.createIndex(keys,options)
```

该语句的部分参数说明如下。

（1）keys：必选，key 值为需要创建的索引字段，1 为指定按升序创建索引，-1 则为指定按降序创建索引。

（2）options：可选，表示在创建索引时的限制条件，默认为无限制条件。

在默认数据库 test 中，创建集合 test_demo，使用循环向该集合插入 50000 条文档数据。为该集合创建一个索引，查询所有“id”等于 1 的文档数据，并使用 explain()方法对比创建索引前后查询速度的变化，具体命令如代码 4-16 所示。

代码 4-16 MongoDB 创建索引前后示例

```
use test
// 插入数据
for(var i=0;i<50000;i++) db.test_demo.insert({"id":i})
// 查看查询执行信息
db.test_demo.find({"id":1}).explain("executionStats")
// 创建索引
db.test_demo.createIndex({"id":1})
// 再次查看查询执行信息
db.test_demo.find({"id":1}).explain("executionStats")
```

创建索引前的部分查询执行信息如图 4-12 所示，创建索引后的部分查询执行信息如图 4-13 所示

```
"executionStats" : {
        "executionSuccess" : true,
        "nReturned" : 1,
        "executionTimeMillis" : 22,
        "totalKeysExamined" : 0,
        "totalDocsExamined" : 50000,
```

图 4-12 无索引查询执行信息

```
"executionStats" : {
        "executionSuccess" : true,
        "nReturned" : 1,
        "executionTimeMillis" : 18,
        "totalKeysExamined" : 0,
        "totalDocsExamined" : 50000,
```

图 4-13 有索引查询执行信息

查询执行信息的部分参数说明如下。

（1）nReturned：表示该查询条件下返回的文档数量。

（2）executionTimeMillis：表示执行时间，单位为毫秒。

（3）totalDocsExamined：表示该集合拥有的所有文档数。

对比图 4-12 与图 4-13 所示的执行信息可知，在无索引的情况下，查询执行时间为 22 毫秒，而加入索引后查询执行时间为 18 毫秒，查询效率得到提升。由于在 MongoDB 中对海量数据添加相应索引后将极大地提升这些数据的查询效率，因此在 MongoDB 中对文档数据添加相应的索引是很有必要的。

4.5.3 聚合

MongoDB 使用 aggregate()方法进行聚合操作。aggregate()方法主要用于处理数据，如统计平均值、求和等，并返回计算后的数据结果，与 SQL 中的聚合函数相似。aggregate()方法的语法格式如下。

```
db.collection_name.aggregate(aggregate_operation)
```

该语句的参数解释说明如下。

aggregate_operation：必选，表示 aggregate()中可使用的聚合运算符，如 limit 设置进入

聚合处理的文档数、sort 用于对处理的文档进行排序等。这些运算符中使用最多的为 group 命令，group 命令会将文档进行分组，而且 group 可以结合相关的运算符对文档进行计算。

aggregate 聚合中 group 运算符常用的表达式如表 4-3 所示。

表 4-3 group 运算符常用的表达式

表达式	描述
$sum	计算总和。{$sum: 1}表示返回总和×1 的值（即总和的数量），使用{$sum: '$制定字段'}也能直接获取指定字段的值的总和
$avg	计算平均值
$min	获取最小值
$max	获取最大值
$push	将聚合后的结果数据文档插入一个数组中
$first	根据文档的排序获取第一个文档数据
$last	根据文档的排序获取最后一个文档数据

使用 aggregate 聚合中的 group 运算符，按照键“title”的值分组统计 demo_info 集合中的记录总数，具体命令如代码 4-17 所示。

代码 4-17 MongoDB 聚合示例

```
db.demo_info.aggregate([{$group:{_id: "$title",count:{$sum: 1}}}])
```

在代码 4-17 中，使用“$group”表达式声明分组条件为键“title”，将返回结果（记录的总和数）命名为“count”。代码 4-17 的执行结果如图 4-14 所示。

```
> db.demo_info.aggregate([{$group: {_id: "$title", count: {$sum: 1}}}])
{ "_id" : "new data", "count" : 5 }
{ "_id" : "old data", "count" : 4 }
> 
```

图 4-14 MongoDB 聚合示例执行结果

4.5.4 任务实现

按照用户日志数据的“fullurl”分组，对分组结果进行去重统计，即可查询 MongoDB 中用户访问 HTML 页面的记录数，如代码 4-18 所示。

代码 4-18 查询 MongoDB 中用户访问 HTML 页面的记录数

```
use user_info
db.temp.aggregate([{$group:{_id:"$fullurl", count:{$sum:1}}}])
```

代码 4-18 的执行结果如图 4-15 所示。

```
> use user_info
switched to db user_info
> db.temp.aggregate([{$group: {_id: "$fullurl", count: {$sum: 1}}}])
{ "_id" : "http://www.***.cn/ask/question_3893276.html", "count" : 1 }
{ "_id" : "http://www.***.cn/ask/exp/17199.html", "count" : 1 }
{ "_id" : "http://www.***.cn/ask/question_5281741.html", "count" : 1 }
> 
```

图 4-15 查询 MongoDB 中用户访问 HTML 页面的记录数的执行结果

由于原始数据只有 3 条，因此在显示的结果中，HTML 页面的访问记录数都为 1。

任务 4.6 使用 MongoDB Java API 创建电子商务日志数据存储系统

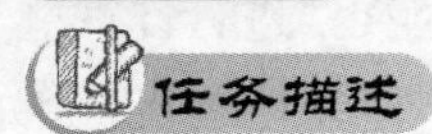

在 4.3～4.5 节中，通过 MongoDB shell 介绍了 MongoDB 的许多基本命令，但是 MongoDB shell 很难满足实际应用中复杂多样的需求，此时需要使用更高层次的开发环境。本节的任务是搭建 MongoDB 的开发环境，并使用 MongoDB 中的 Java API 实现电子商务日志数据存储系统的创建。

4.6.1 搭建 MongoDB 的开发环境

以 IDEA.2018.3.5 版本为例，搭建 MongoDB 开发环境的步骤如下。

（1）项目创建。在 IDEA 中创建一个新的 Maven project，创建原型选择“maven-archetype-quickstart”，如图 4-16 所示。

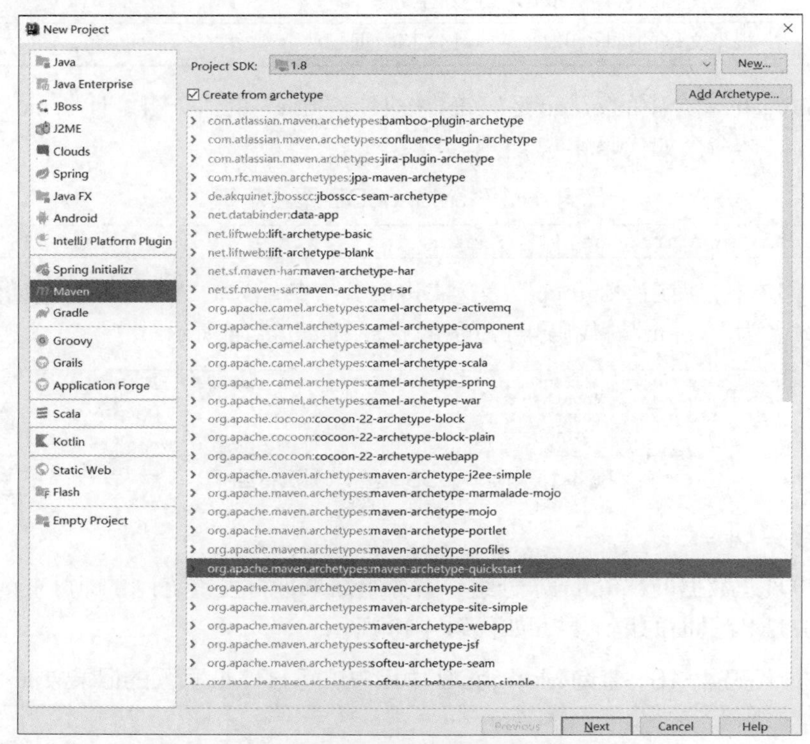

图 4-16 MongoDB 项目创建

（2）在 pom 文件中添加依赖。创建项目工程完成后，在 pom 文件中添加驱动程序依赖，如代码 4-19 所示。

代码 4-19 在 IDEA 中添加 mongodb-driver-sync 依赖

```
<dependencies>
    <dependency>
        <groupId>org.mongodb</groupId>
        <artifactId>mongodb-driver-sync</artifactId>
        <version>3.12.4</version>
```

```
    </dependency>
</dependencies>
```

（3）完成步骤（1）～（2）后，如果出现图 4-17 所示的信息，那么说明成功创建 Java 连接 MongoDB 的开发环境。

```
Messages:  Maven Goal
[INFO] Parameter: groupId, Value: XJH
[INFO] Parameter: artifactId, Value: test
[INFO] Project created from Archetype in dir: C:\Users\XJH\AppData\Local\Temp\archetypetmp\test
[INFO] ------------------------------------------------------------------------
[INFO] BUILD SUCCESS
[INFO] ------------------------------------------------------------------------
[INFO] Total time: 6.247 s
[INFO] Finished at: 2020-05-15T19:12:28+08:00
[INFO] ------------------------------------------------------------------------
[INFO] Maven execution finished
```

图 4-17 Maven 工程创建成功信息

4.6.2 创建电子商务日志数据存储数据库

在 IDEA 中将 MongoDB 的项目环境搭建好后，即可进入 MongoDB Java API 的编程环节。本小节将以实际应用形式介绍如何使用 Java API 对 MongoDB 文档数据库进行操作。

1. Java 连接 MongoDB

Java 连接到 MongoDB 有以下两个先决条件。

（1）运行要连接的 MongoDB。

（2）开发环境中存在 MongoDB 驱动程序。

在 Java 中可以使用 MongoClients.create()方法连接到 MongoDB。MongoClients.create()方法的语法如下。

```
MongoClient mongoClient = MongoClients.create("mongodb://host:27017");
```

host 为服务器 IP 地址，Linux 操作系统可以在控制台中输入“ifconfig -a”查看本地 IP 地址，根据查询到的 IP 地址连接 MongoDB 端口，MongoDB 的默认端口号为 27017，如 182.168.128.130：27017。

2. Java 导入数据到 MongoDB

连接到 MongoDB 数据库后，即可通过 Java 编程对 MongoDB 进行操作。MongoDB Java 常用 API 如表 4-4 所示。

表 4-4 MongoDB Java 常用 API

方法	描述	示例
db.getCollection()	连接到数据库中的指定集合，若指定集合不存在，则会新建集合	db.getCollection("student");
insertOne()	向集合中插入单条数据	insertOne(document);
insertMany()	向集合中批量插入数据	insertMany(documents);
updateOne()	修改集合中第一条符合条件的数据	updateOne(lt("age",15),new Document("$set", new Document("i",15)));

续表

方法	描述	示例
updateMany()	修改集合中符合条件的所有数据	updateMany(regex("id","2017"), combine(set("age",15)));
deleteOne()	删除集合中第一条符合条件的数据	collection.deleteOne(eq("i", 110));
deleteMany()	删除集合中符合条件的所有数据	deleteResult = collection.deleteMany(lt("age", 20));
drop()	删除整个集合	collection.drop();

使用 insertMany()方法，以文件读取写入的文档可以实现将用户日志数据存储到 MongoDB，并删除文件数据中的空缺记录，具体实现方法如代码 4-20 所示。

代码 4-20　将用户日志数据存储到 MongoDB

```
    // 指定字段名
    static String[] hear = {
            "id", "realIP", "realAreacode", "userAgent", "userOS",
            "userID", "clientID","timestamps","timestamp_format",
            "pagePath", "ymd", "fullURL", "fullURLID", "hostname",
            "pageTitle", "pageTitleCategoryId", "pageTitleCategoryName",
            "pageTitleKw", "fullReferrrer", "FullReferrerURL",
"organicKeyword", "source"
    };
    //批量插入数据
    public static void insertMany(MongoCollection<Document> collection,
String inputPath) throws IOException {
        //准备插入数据
        ArrayList<Document> documents = new ArrayList<Document>();
        Document document;
        //读取本地文件
        FileReader fr = new FileReader(inputPath);
        BufferedReader br = new BufferedReader(fr);
        String line = "";
        int x = 0;
        int y = 0;
        while ((line = br.readLine()) != null ) {
            if (line.split(",").length != hear.length){
                y++;
                continue;
            }
            document = new Document();
            for (int i=0; i < line.split(",").length;i++){
                document.append(hear[i],line.split(",")[i]);
            }
            documents.add(document);
            x++;
        }
        System.out.println("删除了"+y+"条异常数据");
```

```
        System.out.println("总共插入"+x+"条数据");
        collection.insertMany(documents);
        br.close();
    }
```

代码 4-20 的执行结果如图 4-18 所示。

```
law
五月 17, 2020 1:54:55 下午 com.mongodb.diagnostics.logging.JULLogger log
信息: Opened connection [connectionId{localValue:1, serverValue:99}] to 192.168.128.150:27017
五月 17, 2020 1:54:55 下午 com.mongodb.diagnostics.logging.JULLogger log
信息: Monitor thread successfully connected to server with description ServerDescription{address=192.168.128.150:27017, type=STANDALONE, state
五月 17, 2020 1:54:55 下午 com.mongodb.diagnostics.logging.JULLogger log
信息: Opened connection [connectionId{localValue:2, serverValue:100}] to 192.168.128.150:27017
删除了124191条异常数据
总共插入171165条数据

Process finished with exit code 0
```

图 4-18 将用户日志数据存储到 MongoDB 的执行结果

由图 4-18 可知，其中删除了 124191 条异常数据，插入 MongoDB 中的数据共有 171165 条。

3. 查询每月及每日访问流量分布

查询每月、每日的访问流量分布，可以使用 aggregate()方法，如代码 4-21 所示。

代码 4-21 aggregate()方法示例

```
collection.aggregate(
  Arrays.asList(
          Aggregates.match(Filters.eq("categories","Bakery")),
          Aggregates.group("$stars",Accumulators.sum("count",1))
  )
).forEach(printBlock);
```

在代码 4-21 中，首先使用$match 过滤出 categories 字段包含元素 Bakery 的文档，类似于 SQL 中的 HAVING 条件子句。然后，对过滤后的数据依照 stars 字段进行分组，统计出每个分组的文档数量，并将统计结果字段命名为 count。

按照年月日（ymd）字段对集合进行分组聚合，即可查询出每月、每日的访问流量分布，如代码 4-22 所示。

代码 4-22 查询每月及每日的访问流量

```
        //分组聚合
        collection.aggregate(
                Arrays.asList(
                        // 求和（若想统计，则将 expression 设置为 1）
                        Aggregates.group(id, Accumulators.sum("count",1))
                )
        ).forEach(printBlock);
    static Map<String,Integer> sum_map = new HashMap();
        // 输出函数
        Block<Document> printBlock = new Block<Document>() {
          @Override
```

```
            public void apply(final Document document) {
                String day = document.toJson().substring(11,19);
                String month = document.toJson().substring(11,17);
                int count = Integer.valueOf(document.toJson().substring(33,
document.toJson().length()-1));
                System.out.println("日期: "+day+" 访问流量数: "+count);
                if (!sum_map.containsKey(month)){
                    sum_map.put(month,count);
                }else {
                    sum_map.put(month,sum_map.get(month)+count);
                }
            }
        };
```

代码 4-22 的执行结果如图 4-19 所示。

```
日期：20150201 访问流量数：5901
日期：20150224 访问流量数：3456
日期：20150204 访问流量数：12744
日期：20150220 访问流量数：1804
日期：20150209 访问流量数：11515
日期：20150202 访问流量数：12843
日期：20150217 访问流量数：1667
日期：20150225 访问流量数：5777
日期：20150211 访问流量数：9802
日期：20150203 访问流量数：13245
------------------
月份：201502 访问流量数171165
五月 18, 2020 4:59:57 下午 com.mongodb.diagnostics.logging.JULLogger log
信息：Closed connection [connectionId{localValue:2, serverValue:99}] to 192.168.128.150:27017 because the pool has been closed.

Process finished with exit code 0
```

图 4-19　查询每月及每日的访问流量执行结果

由图 4-19 可知，由于原文件中只存在一个月的数据，因此每月访问流量统计结果只有一条，而且 2 月份访问总量与所有记录数总数一致，为 171165 条记录。

4. 查询每个用户的访问记录数

查询每个用户的访问记录数的操作与查询每月及每日访问流量分布的操作相似，按照用户 ID（userID）字段对集合进行分组聚合，即可查询出结果，如代码 4-23 所示。

代码 4-23　查询每个用户的访问记录数

```
//分组聚合
collection.aggregate(
        Arrays.asList(
                //求和（若想统计则将 expression 设置为 1）
                Aggregates.group(id,Accumulators.sum("count",1))
        )
).forEach(printBlock);
// 输出函数 2
Block<Document> printBlock2 = new Block<Document>() {
    @Override
    public void apply(final Document document) {
```

```
            System.out.println(document.toJson());
        }
    };
```

代码 4-23 的执行结果如图 4-20 所示。

```
{"_id": "\"1422531067\"", "count": 1}
{"_id": "\"1069877399\"", "count": 1}
{"_id": "\"1088606644\"", "count": 2}
{"_id": "\"1215921478\"", "count": 1}
{"_id": "\"282680038.1\"", "count": 1}
{"_id": "\"2145378565\"", "count": 2}
{"_id": "\"928046216.1\"", "count": 1}
{"_id": "\"952247100.1\"", "count": 1}
{"_id": "\"1080520946\"", "count": 2}
{"_id": "\"1571236847\"", "count": 2}
{"_id": "\"1241068296\"", "count": 1}
{"_id": "\"879220858.1\"", "count": 1}
{"_id": "\"237518110.1\"", "count": 1}
{"_id": "\"335186303.1\"", "count": 1}
五月 18, 2020 5:16:28 下午 com.mongodb.diagnostics.logging.JULLogger log
信息: Closed connection [connectionId{localValue:2, serverValue:103}] to 192.168.128.150:27017 because the pool has been closed.

Process finished with exit code 0
```

图 4-20 查询每个用户的访问记录数执行结果

5. 修改用户日志的访问日期

由于文档数据中只存在 2 月份的数据，样本数据比较单一，对统计每月访问流量分布并不能起到较好的验证效果，因此修改文档数据的日期字段“ymd”，将“id”字段小于 10000 的文档数据定义为 2 月数据，将“id”字段大于等于 10000 且小于 20000 的文档数据定义为 3 月数据，将其他文档数据定义为 4 月数据。修改完成后再次统计每月访问流量分布，如代码 4-24 所示。

代码 4-24 修改用户日志的访问日期

```
    collection.updateMany(lt("id",10000),new Document("$set",new Document
("ymd","201502")));
    collection.updateMany(gte("id",10000),new Document("$set",new Document
("ymd","201503")));
    collection.updateMany(gt("id",20000),new Document("$set",new Document
("ymd","201504")));
```

代码 4-24 的执行结果如图 4-21 所示。

```
信息: Monitor thread successfully connected to server with description ServerDescription{address=192.168.128.150:27017, type=STANDALONE, state=C
五月 19, 2020 1:43:27 下午 com.mongodb.diagnostics.logging.JULLogger log
信息: Opened connection [connectionId{localValue:2, serverValue:32}] to 192.168.128.150:27017
{"_id": "201504", "count": 159281}
{"_id": "201503", "count": 5961}
{"_id": "201502", "count": 5923}
五月 19, 2020 1:43:31 下午 com.mongodb.diagnostics.logging.JULLogger log
信息: Closed connection [connectionId{localValue:2, serverValue:32}] to 192.168.128.150:27017 because the pool has been closed.

Process finished with exit code 0
```

图 4-21 修改用户日志的访问日期执行结果

由图 4-21 可知，修改用户日志的访问日期后，每月访问流量分布新增了 3 月和 4 月的统计结果，与预想结果相符。

4.6.3 任务实现

在 4.6.2 小节中总共展示了 5 个任务，分别为 Java 连接 MongoDB、将数据导入 MongoDB、查询每月及每日访问流量分布、查询每个用户的访问记录数、修改用户日志的访问日期，如代码 4-25 所示。

代码 4-25 总体任务实现

```
import com.mongodb.Block;
import com.mongodb.client.*;
import com.mongodb.client.model.Accumulators;
import com.mongodb.client.model.Aggregates;
import org.bson.Document;

import java.io.BufferedReader;
import java.io.FileReader;
import java.io.IOException;
import java.util.ArrayList;
import java.util.Arrays;
import java.util.HashMap;
import java.util.Map;

import static com.mongodb.client.model.Filters.*;
import static com.mongodb.client.model.Updates.combine;
import static com.mongodb.client.model.Updates.set;

public class law {
    // 指定字段名
    static String[] hear = {
            "id", "realIP", "realAreacode", "userAgent", "userOS",
            "userID", "clientID", "timestamps", "timestamp_format",
            "pagePath", "ymd", "fullURL", "fullURLID", "hostname",
            "pageTitle", "pageTitleCategoryId", "pageTitleCategoryName",
            "pageTitleKw", "fullReferrrer", "FullReferrerURL",
"organicKeyword", "source"
    };
    static Map<String,Integer> sum_map = new HashMap();
    public static void main(String[] args) throws IOException {
        // 创建连接
        MongoClient client = MongoClients.create("mongodb://
192.168.128.130:27017");
        // 打开数据库 test
        MongoDatabase db = client.getDatabase("test");
        // 获取集合
        MongoCollection<Document> collection = db.getCollection("law");
        // 输出函数
        Block<Document> printBlock = new Block<Document>() {
            @Override
```

```
            public void apply(final Document document) {
                String day = document.toJson().substring(11,19);
                String month = document.toJson().substring(11,17);
                int count = Integer.valueOf(document.toJson().substring
(33,document.toJson().length()-1));
                System.out.println("日期: "+day+" 访问流量数: "+count);
                if (!sum_map.containsKey(month)){
                    sum_map.put(month,count);
                }else {
                    sum_map.put(month,sum_map.get(month)+count);
                }
            }
        };
        // 输出函数 2
        Block<Document> printBlock2 = new Block<Document>() {
            @Override
            public void apply(final Document document) {
                System.out.println(document.toJson());
            }
        };
        // 批量插入数据
        insertMany(collection,"./data/lawtime_one.csv");
        // 查询每月及每日访问流量
        GroupAggregation(collection,printBlock,"$ymd");
        // 输出结果
        for (Map.Entry<String,Integer> entry : sum_map.entrySet()) {
            System.out.println("月份: " + entry.getKey() + " 访问流量数" +
entry.getValue());
        }
        // 查询每个用户的访问记录数
        GroupAggregation(collection,printBlock2,"$userID");
        // 修改用户日志的访问日期
        update(collection);
        // 修改完成后再次统计每月访问流量
        GroupAggregation(collection,printBlock2,"$ymd");
        // 关闭连接
        client.close();
    }

    /*
     批量插入数据
    */
    public static void insertMany(MongoCollection<Document> collection,
String inputPath) throws IOException {
        //准备插入数据
        ArrayList<Document> documents = new ArrayList<Document>();
```

```
        Document document;
        //读取本地文件
        FileReader fr = new FileReader(inputPath);
        BufferedReader br = new BufferedReader(fr);
        String line = "";
        int x = 0;
        int y = 0;
        while ((line = br.readLine()) != null ) {
            if (line.split(",").length != hear.length){
                y++;
                continue;
            }
            document = new Document();
            for (int i=0;i<line.split(",").length;i++){
                document.append(hear[i],line.split(",")[i]);
            }
            documents.add(document);
            x++;
        }
        System.out.println("删除了"+y+"条异常数据");
        System.out.println("总共插入"+x+"条数据");
        collection.insertMany(documents);
        br.close();
    }

    /*
    分组聚合
    */
    public static void GroupAggregation(MongoCollection<Document>
collection,Block<Document> printBlock,String id){
        // 分组聚合
        collection.aggregate(
                Arrays.asList(
                        // TODO 求和（若想统计，则将 expression 设置为 1）
                        Aggregates.group(id,Accumulators.sum("count",1))
                )
        ).forEach(printBlock);
    }

    /*
    修改数据
    */
    public static void update(MongoCollection<Document> collection) {
        // 将 id 字段由 string 类型转变为 int 类型
        FindIterable<Document> documents = collection.find();
        for (Document document : documents) {
            String val = document.getString("id");
            String sub_val = val.substring(val.indexOf("\"")+1,
```

```
val.lastIndexOf("\""));
            collection.updateOne(regex("id",sub_val),combine(set("id",
Integer.valueOf(sub_val))));
          }
          collection.updateMany(lt("id",10000),new Document("$set",new
Document("ymd","201502")));
          collection.updateMany(gte("id",10000),new Document("$set",new
Document("ymd","201503")));
          collection.updateMany(gt("id",20000),new Document("$set",new
Document("ymd","201504")));
      }
  }
```

项目总结

用户日志数据的处理，往往会成为企业数据建设首先面对的瓶颈，因为用户日志数据不易保存，分析难度也较大，但是数据价值却不可估量。本项目中使用 MongoDB 数据库为网站的海量日志数据提供了一个存储与查询的解决方案。

本项目首先介绍非关系数据库 MongoDB，包括 MongoDB 的特点、应用场景和数据模型；其次逐步深入地讲解了 MongoDB 中的分布式部署、数据库的创建和删除、对内部数据的增删查改、数据的简单计算操作，并贴合实际需求使用 Java 编程演示了 MongoDB 的开发搭建和数据导入、处理。

通过本项目的学习，学生可以了解 MongoDB 数据库的特点及其应用场景，掌握 MongoDB 的基础操作，并结合电子商务日志数据存储与分析案例，对日志数据的重要性有一定的认知和了解，培养学生理性分析数据的能力。

实　训

实训目的

（1）掌握利用 MongoDB 创建数据库、批量插入数据的方法。

（2）掌握利用 MongoDB 查询数据的方法。

（3）掌握利用 MongoDB Java API 完成基本数据的插入和查询的方法。

实训 1　学生信息的存储和查询

1. 训练要点

（1）掌握利用 for 循环批量向 MongoDB 中插入数据的方法。

（2）掌握利用 MongoDB 查询数据的方法。

2. 需求说明

现有 Tom、Jack、Jie、Juliy、Anna 5 名学生和 Java、BigData、Math、Python 4 门课程，同时学生年龄在 15～21 岁之间，需要根据这 3 项信息进行随机组合搭配，生成 20 条数据插入 grade 集合中，并查询选修课程“BigData”的学生信息。

3. 思路及步骤

（1）根据需求说明生成数据文件。

（2）使用 MongoDB Java API 创建数据库以及集合，读取之前生成的数据文件，插入数据到 grade 集合中。

（3）使用 MongoDB 中的 find 函数，设定 course 键值为“BigData”。

实训 2 电影评分查询

1. 训练要点

（1）掌握利用 MongDB Java API 完成本地连接并插入数据的方法。

（2）掌握利用 MongDB Java API 查询并处理数据的方法。

2. 需求说明

现有电影评分信息表（ratings.txt），数据字段：用户编号（userID）、电影编号（movieID）、电影评分（rating）及评分时间点的时间戳形式（timestamp）。利用 MongDB Java API 创建一个存储学生数据的集合，并计算每部电影的平均分，并按平均分将结果降序排列。

3. 思路及步骤

（1）利用 Java API 连接 MongoDB 数据库，进入“test”数据库，创建“ratings”集合。

（2）读取本地“ratings.txt”数据，对数据进行分割，并导入“ratings”集合中。

（3）以“movieID”字段为分组标准，编写相应的聚合函数，计算分组下的“rating”字段的平均值，并按平均分将结果降序排列。

课后习题

1. 选择题

（1）以下不属于 MongoDB 的特点的是（　　）。

A. 以 BSON 格式存储数据

B. 不支持临时查询

C. MongoDB 是一个无架构的数据库

D. MongoDB 为非关系数据库，基于文档数据模型（Document Data Model）

（2）MongoDB 部署过程中描述错误的是（　　）。

A. 文件数据存储路径、配置文件路径和日志路径需用户自己创建

B. MongoDB 启动后 REST 默认端口为 28017

C. 相关配置文件修改完成后需要使用 scp 命令将安装文件发送到子节点

D. 将 MongoDB 添加至环境变量中后，MongoDB 的启动命令“mongod”也必须在$MongoDB/bin 目录下执行才能进入 MongoDB shell 界面

（3）下列对于“db.demo_info.insert({“title”: “one”, “id”:0})”命令描述错误的是（　　）。

A. 此命令是对集合进行的

B. 此命令的作用是删除文档数据

C. db 表示当前所在的数据库

D. 此命令可逐条进行，也可以利用循环批量执行

（4）【多选】在 MongoDB 中可以使用 update()方法更新文档，其中必选参数是（　　）。

A. Query　　B. Upsert　　C. Multi　　D. Update

（5）MongoDB 聚合方法 aggregate()可以通过设置参数来达到各种数据处理目的，以下为 aggregate()中没有的参数的是（　　）。

A. Sum：求和　　B. Max：求最大值

C. First：根据排序获取第一条数据　　D. Head：根据排序获取前 10 条数据

（6）Java 连接 MongoDB 后可以通过 Java API 对数据进行操作，以下对于 API 描述错误的是（　　）。

A. inserOne()：向集合插入单条数据

B. updateMany()：修改集合中符合条件的所有数据

C. deleteMany()：删除集合中第一条符合条件的数据

D. drop()：删除整个集合

2. 操作题

使用 Java API 在 MongoDB 中创建集合，并将如下数据插入该集合。

```
4,David,42
6,Fran,50
2,Bob,27
1,Alice,28
3,Charlie,65
5,Ed,55
```

拓展阅读

【导读】《中华人民共和国国民经济和社会发展第十四个五年规划和 2035 年远景目标纲要》提出，加快布局量子计算、量子通信、神经芯片、DNA 存储等前沿技术，加强信息科学与生命科学、材料等基础学科的交叉创新。

MongoDB 作为 NoSQL 数据库，可实现图片数据的存取功能。敦煌壁画是我国历史文化的瑰宝，属于世界文化遗产。通过 MongoDB 的 GridFS 存储敦煌壁画时，需要将敦煌壁画这些大文件数据进行分块存储；通过 MongoDB 的 BSON 二进制文件存储敦煌壁画，存在数据太大的问题。中国科学院与天津大学的合成生物学团队坚持不懈，结合理论与试验，不断优化算法，将 10 幅敦煌壁画存入 DNA 中，通过 DNA 存储创新算法，可以实现壁画信息在实验室常温下可靠保存超过千年，在 9.4℃下保存 2 万年。

【思考】除了 MongoDB，还有哪些技术可存储敦煌壁画、清明上河图等不易于长期保存的艺术类图片数据？

项目 5 文档存储数据库——ElasticSearch

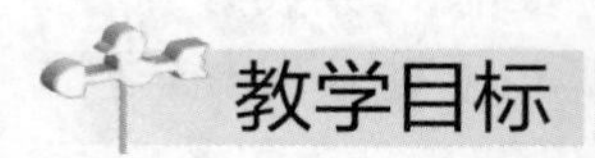

教学目标

1. 知识目标

（1）了解 ElasticSearch 的基础概念、术语和特点。
（2）掌握 ElasticSearch 集群的安装过程和配置方法。
（3）掌握 ElasticSearch Head 插件的基础操作。
（4）掌握 ElasticSearch Java API 的基础语法。

2. 技能目标

（1）能够完成 ElasticSearch 集群的安装与配置。
（2）能够完成 ElasticSearch Head 插件的安装与配置。
（3）能够使用 ElasticSearch Head 插件创建与修改索引。
（4）能够在 Head 可视化操作界面中实现数据的增删查改。
（5）能够使用 ElasticSearch Java API 实现数据的查询。
（6）能够使用 ElasticSearch Java API 实现数据的度量和分组聚合查询。

3. 素养目标

（1）培养学生的探索精神，提高学生的问题解决能力和思考能力，当遇到问题时，能够尝试从大数据角度找到解决问题的方法。

（2）遵守相关法律法规，具备职业操守，遵循合法、正当和必要的原则收集和使用用户的信息，维护用户的隐私和合法权益。

（3）培养学生爱岗敬业的职业素养，努力加强自身专业知识学习和专业技能培养。

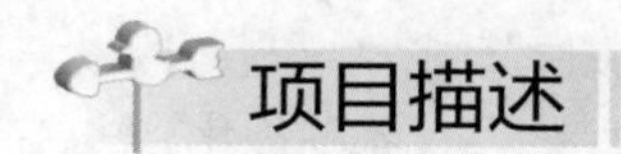

项目描述

1. 项目背景

在某电影网站的数据库中存在海量用户对电影的评分数据，电影网站希望通过这些数据为用户实时推送用户感兴趣的电影，以供用户参考。基于这一需求，寻找一个解决实时大规模数据检索问题的方案成为电影网站最紧迫的工作。

用户对电影的评分数据包含用户编号（UserID）、电影编号（MovieID）、评分（Ratings）、评分时间（Timestamp）4 个字段，示例数据如表 5-1 所示。

表 5-1 用户对电影评分的示例数据

示例数据
1::1193::5::978300760 1::661::3::978302109 1::914::3::978301968 1::3408::4::978300275 1::2355::5::978824291

2. 项目目标

当面对庞大的数据量时，MySQL、Oracle 等传统数据库越来越难以满足实时大规模数据检索的需求。幸运的是，ElasticSearch 为解决实时大规模数据检索提供了有效方案。ElasticSearch 有三大突出特点，分别为分布式实时文件存储、优秀的横向扩展能力和实时分析的分布式搜索引擎，并能够满足近实时的 PB 级数据的检索需求。因此本项目选择 ElasticSearch 作为实时检索用户对电影评分数据的解决方案。

本项目将根据电影评分数据的存储需求搭建 ElasticSearch 集群，并详细介绍如何使用 ElasticSearch 解决实时检索用户对电影评分数据的问题。

3. 项目分析

（1）学习 ElasticSearch 的基础知识、相关术语和 ElasticSearch 集群的搭建过程，结合电影用户评分数据实例搭建 ElasticSearch 集群。

（2）学习 ElasticSearch Head 的配置与基础操作，并使用 Head 插件在可视化的操作界面中实现用户和电影信息数据的增删查改操作。

（3）学习 ElasticSearch 开发环境的搭建过程和 ElasticSearch Java API 的基础使用方法，搭建 ElasticSearch 开发环境，并使用 ElasticSearch Java API 对电影用户评分数据进行存储与查询。

（4）使用 ElasticSearch Java API 中的聚合操作 API 查询出电影评价次数超过 50 次的用户信息。

项目实施

任务 5.1 ElasticSearch 简介

任务描述

随着科技水平的发展，数据呈现出爆发式增长的态势，在全球范围内每天都会新增数以千万计的数据。当涉及庞大的数据集时，传统的关系数据库的工作速度相对较慢，导致在数据库中查询检索的速度也相对较慢。现在的企业都在寻找其他的方式存储数据，以便于快速检索，而 ElasticSearch 的出现在一定程度上解决了这一问题。本节的任务是介绍 ElasticSearch 的基础概念、术语、特点、应用场景、集群的搭建等内容。

5.1.1 了解 ElasticSearch

MongoDB 和 ElasticSearch 都以文档式存储数据，但 MongoDB 更侧重于海量数据的存储，而 ElasticSearch 则更侧重于数据的实时检索。本小节通过对 ElasticSearch 的简单介绍，进一步阐述 ElasticSearch 和 MongoDB 之间的区别。

1. ElasticSearch 概述

ElasticSearch 是一个基于 Apache Lucene 的开源分布式全文检索引擎，无论是在开源还是在专业领域，Lucene 都可以被认为是迄今为止最先进、性能最好、功能最全的搜索引擎库之一。Lucene 只是一个库，想要使用它，用户必须使用 Java 作为开发语言并将其直接集成到要使用的应用中。不仅如此，Lucene 还非常复杂，用户需要深入了解检索的相关知识，才能理解它是如何工作的。

而 ElasticSearch 的出现弥补了 Lucene 的这些缺点。ElasticSearch 虽然也是使用 Java 开发并使用 Lucene 作为其核心，以实现所有索引和搜索的功能，但是它的目的是通过简单的 RESTful API 隐藏 Lucene 的复杂性，从而让全文搜索变得简单。不过，ElasticSearch 不仅仅是 Lucene 和全文搜索，还可以描述为以下方式。

（1）分布式的实时文件存储，每个字段都被索引并可被搜索。

（2）分布式的实时分析搜索引擎。

（3）可以扩展到上百台服务器，能够处理 PB 级结构化或非结构化数据。

因为 ElasticSearch 与同为文档型数据库的 MongoDB 都属于 NoSQL 数据库，二者均没有 Schema，并且都支持全文索引，所以这两者的很多功能和特性比较相似，但是其实两者在本质上存在巨大的差异。MongoDB 与 ElasticSearch 的差异如表 5-2 所示。

表 5-2 MongoDB 与 ElasticSearch 的差异

对比项	MongoDB	ElasticSearch	备注
定位	文档型数据库	文档型搜索引擎	MongoDB 侧重于管理数据，ElasticSearch 侧重于检索数据
数据大小	PB 级	TB 级到 PB 级	两者都支持分片和横向扩展
写入延迟	低	高	ElasticSearch 侧重于检索数据，读写能力较差
全文索引支持度	一般	非常好	ElasticSearch 作为搜索引擎，检索数据的性能非常优秀
性能	非常好	好	MongoDB 在大部分场景中性能比 ElasticSearch 强
索引结构	B 树	LSM 树	ElasticSearch 追求写入吞吐量，MongoDB 读写比较均衡
资源占用	一般	高	MongoDB 使用 C++开发，ElasticSearch 使用 Java 开发

2. ElasticSearch 术语

ElasticSearch 作为文档型搜索引擎，不同于之前任何类型的数据库，因此它们的相关术语和常用的数据类型也存在很大的差异，ElasticSearch 的常用术语和数据类型主要有以下几种。

（1）索引（Index）

索引是具有相同结构的文档集合，索引相当于关系数据库的库。在系统上索引的名字全部为小写，通过这个名字可以执行索引、搜索、更新和删除等操作。在单个集群中，可以定义任意多个索引。

（2）类型（Type）

在索引中，只能定义一个类型，类型是索引的逻辑分区。类型相当于关系数据库的表，在一般情况下，一个类型被定义为具有一组公共字段的文档。

（3）文档（Document）

文档是存储在 ElasticSearch 中的一个 JSON 格式的字符串。文档可以类比于关系数据库的表中的行数据。每个存储在索引中的文档都有一个类型（Type）和一个 ID，每个文档都是一个 JSON 对象，存储了零个或多个键值对。每个文档实际存储的内容被存储在一个名为_source 的字段中，当搜索文档时默认返回的就是这个字段。

（4）主键（ID）

ID 是文档的唯一标识，如果文档在被存入库时没有提供 ID，那么系统将会自动生成一个 ID。因此，文档的 index/type/id 必须是唯一的。

（5）映射（Mappings）

映射相当于关系数据库中的表结构，每一个索引都有一个映射，它定义了索引中的每一个字段类型，以及一个索引范围内的设置。映射可以在创建时被定义，或在第一次存储文档的时候自动识别。

（6）REST

表述性状态传输（REpresentational State Transfer，REST）通常是开发的一种约定，当所有的开发者都遵从这种约定时，可以大大降低开发的沟通成本。REST 约定使用 HTTP 的请求头 POST、GET、PUT、DELETE 对应 CRUD（create、read、update、delete）的 4 种数据操作。如果设计的应用程序符合 REST 约定，那么设计的应用程序可称为 RESTful API。请求头的功能如表 5-3 所示。

表 5-3 请求头的功能

请求头	功能
POST	用于更新文档，类似于 MySQL UPDATE 操作
GET	用于检索文档，类似于 MySQL SEARCH 操作
PUT	用于新建文档，类似于 MySQL INSERT 操作
DELETE	用于删除文档，类似于 MySQL DELETE 操作

（7）数据类型

由于 ElasticSearch 以 JSON 格式的文档存储数据，因此 ElasticSearch 支持众多数据类型。常见的数据类型及其说明如表 5-4 所示。

表 5-4 常见的数据类型及其说明

类型	说明
text	当一个字段需要用于全文搜索（会被分词）时，如产品名称、产品描述信息，则应该使用 text 类型
keyword	当一个字段需要按照精确值进行过滤、排序、聚合等操作时，则应该使用 keyword 类型，keyword 类型的数据不会被分词
date	因为 JSON 没有日期数据类型，所以在 ElasticSearch 中，日期可以是多种形式的
binary	二进制类型是 Base64 编码字符串的二进制值，不以默认的方式存储，且不能被搜索
array	ElasticSearch 中没有专门的数组类型，直接使用[]定义即可
object	JSON 文档是分层的，文档可以包含内部对象，内部对象也可以包含内部对象
nested	嵌套类型是对象数据类型的一个特例，可以让 array 类型的对象被独立索引和搜索
geo point	地理点类型用于存储地理位置的经纬度对

3. ElasticSearch 特点

ElasticSearch 文档搜索引擎存在以下特点。

（1）具有横向可扩展性：ElasticSearch 作为大型分布式集群，很容易将新的服务器扩展到 ElasticSearch 集群中；同时也可运行在单机上作为轻量级搜索引擎使用。

（2）支持近实时的搜索：ElasticSearch 完全继承了 Apache Lucene 的近实时搜索特点。

（3）安装方便：ElasticSearch 不依赖于其他组件，下载后安装非常方便，只需修改几个参数即可搭建一个集群。

（4）RESTful：ElasticSearch 的所有操作（索引、查询，甚至是配置）基本都可以通过 HTTP 接口进行。

（5）更丰富的功能：与传统关系数据库相比，ElasticSearch 提供了全文检索、同义词处理、相关度排名、复杂数据分析、海量数据的近实时处理等功能。

（6）用分片机制提供更好的分布性：同一个索引被分为多个分片（Shard），利用分而治之的思想提升处理效率。

（7）高可用：ElasticSearch 提供副本（Replica）机制，一个分片可以设置多个副本，即使在某些服务器宕机后，集群仍能正常工作。

ElasticSearch 与关系数据库的差异如表 5-5 所示。

表 5-5 ElasticSearch 与关系数据库的差异

对比项	关系数据库	ElasticSearch
定位	关系数据库	文档型搜索引擎
结构化	结构化数据	非结构化的 JSON 数据
数据大小	GB 到 TB 级数据	TB 到 PB 级数据
扩展难度	困难	非常容易
容错	单个或少个节点宕机没有影响	额外需要较复杂的配置
索引	支持	支持倒排索引

4. 应用场景

ElasticSearch 高效的查询和海量数据的存储特性，使其在一些实时响应方面得到青睐。ElasticSearch 具有以下几个应用场景。

（1）搜索领域：包括百度、全文检索、高亮、搜索推荐等。

（2）内容网站：基于用户产生的行为日志（点击、浏览、收藏、评论）和社交网络数据进行分析，包括网站内容搜索等。

（3）Stack Overflow（IT 技术论坛）：全文检索，搜索相关问题和答案。

（4）GitHub：开源代码管理，可搜索管理 GitHub 中托管的上千亿行代码。

（5）日志数据分析：ELK 技术栈（ElasticSearch+Logstash+Kibana）对日志数据进行采集和分析。

（6）商品价格监控网站：根据用户设定某商品的价格阈值，当价格低于该阈值时，向用户推送降价消息。

（7）BI 系统：分析某区域最近 3 年的用户消费额的趋势、用户群体的组成结构等。

（8）其他应用：电商、招聘、门户等网站的内部搜索服务，IT 系统（OA、CRM、ERP 等）的内部搜索服务、数据分析等。

5.1.2 安装分布式 ElasticSearch

海量数据的存储需要组件满足分布式存储这一特点，ElasticSearch 也是如此。在现有的虚拟机群上搭建分布式 ElasticSearch 文档搜索引擎，具体步骤如下。

1. 环境准备

ElasticSearch 作为分布式文件存储系统，可在 Hadoop 集群之上进行部署，集群环境的具体要求如表 5-6 所示。

表 5-6 集群环境的具体要求

操作系统	内核版本	节点名称	IP 地址
CentOS 6.1	3.5+	master	192.168.128.130
CentOS 6.1	3.5+	slave1	192.168.128.131
CentOS 6.1	3.5+	slave2	192.168.128.132
CentOS 6.1	3.5+	slave3	192.168.128.133

ElasticSearch 是基于 Java 开发的一个组件，运行在 JVM 中，由于本项目中安装的 ElasticSearch 版本为 6.5.4，因此要求每个节点中的 JDK 版本在 1.8.0 或以上。

2. 安装 Node.js 环境

由于 Head 插件本质上还是一个 Node.js 的工程，因此需要安装 Node.js，并使用 npm 安装依赖包。运行代码 5-1，在 Node.js 官网下载并解压 node-v9.3.0-linux-x64.tar.gz 到 /usr/node 目录下，并发送到其余节点（slave1、slave2、slave3）。因为所有的节点都需要安装 Node.js，所以为了避免重复执行相同的操作，可在 XShell 的菜单栏中打开“工具”，勾选“发送键盘输入到所有会话”，将所有命令发送到各个节点上，并执行解压命令（tar）。

代码 5-1　分发并解压 Node.js 的压缩包

```
scp-r /usr/local/ node-v9.3.0-linux-x64.tar.gz slave1:/usr/local
scp-r /usr/local/ node-v9.3.0-linux-x64.tar.gz slave2:/usr/local
scp-r /usr/local/ node-v9.3.0-linux-x64.tar.gz slave3:/usr/local
# 分发 node-v9.3.0-linux-x64.tar.gz 至各节点上并解压 Node.js 压缩包
tar -xzf node-v9.3.0-linux-x64.tar.gz -C /usr/node
```

当解压完 node-v9.3.0-linux-x64.tar.gz 后，需将解压后的安装目录的路径配置到环境变量中，执行"vim /etc/profile"命令，并添加代码 5-2 所示的内容。

代码 5-2　配置环境变量

```
export NODE_HOME=/usr/node/node-v9.3.0-linux-x64
export PATH=$PATH:$NODE_HOME/bin
```

当完成/etc/profile 文件内容的添加后，执行"source /etc/profile"命令，使新配置的环境变量生效。运行代码 5-3，测试 Node.js 是否已正常安装。当 Node.js 正常安装时，在代码的运行结果中 Node.js 与 npm 的版本号一致。

代码 5-3　测试 Node.js

```
node -v
npm -v
```

3. 配置分布式 ElasticSearch

在 ElasticSearch 官网中下载文件名为 elasticsearch-6.5.4.tar.gz 的软件包，并上传软件包到各个节点上。勾选"发送键盘输入到所有会话"，将安装并配置 ElasticSearch 的命令在各个节点上执行。读者可通过运行代码 5-4 来解压并安装 elasticsearch-6.5.4。

代码 5-4　安装 ElasticSearch

```
tar -xzf elasticsearch-6.5.4.tar.gz
```

参考代码 5-2 所示的代码，将解压后的 ElasticSearch 安装目录的路径配置到环境变量中。ElasticSearch 安装完毕后会生成很多文件，包括配置文件、日志文件等，其中最主要的配置文件路径如代码 5-5 所示。

代码 5-5　配置文件路径

```
$ELASTICSEARCH_HOME/config/elasticsearch.yml  # ElasticSearch 的配置文件
$ELASTICSEARCH_HOME/config//jvm.options  # JVM 相关的配置、内存大小等
$ELASTICSEARCH_HOME/config/log4j2.properties  #定义日志系统
$ELASTICSEARCH_HOME/config/elasticsearch  # ElasticSearch 默认安装目录
/var/lib/elasticsearch  # 数据的默认存放位置
```

ElasticSearch 集群配置信息保存在 elasticsearch.yml 文件中，配置中最重要的两项参数是 node.name 与 network.host，分别配置每个节点对应的节点名和节点 IP 地址，注意各节点的配置不可出现重复的节点名或节点 IP 地址。以 master 节点为例，详细配置如代码 5-6 所示，其他节点只需修改 node.name 和 network.host 对应的节点名（slave1、slave2、slave3）

和 IP 地址即可，其余参数与 master 节点一致。

代码 5-6 配置 master 节点的 elasticsearch.yml 文件

```
# ---------------------------------- Cluster -----------------------------------
#
# Use a descriptive name for your cluster:
#
cluster.name: MyES

#cluster.name: my-application
#
# ------------------------------------ Node ------------------------------------
#
# Use a descriptive name for the node:
node.name: master
node.master: true
node.data: true
#node.name: node-1
#
# Add custom attributes to the node:
#
#node.attr.rack: r1
#
# ----------------------------------- Paths ------------------------------------
#
# Path to directory where to store the data (separate multiple locations 
by comma):
#
#path.data: /path/to/data
path.data: /var/lib/elasticsearch
# Path to log files:
path.logs: /var/log/elasticsearch
#path.logs: /path/to/logs
#
# ----------------------------------- Memory -----------------------------------
#
# Lock the memory on startup:
#
#bootstrap.memory_lock: true
#
# Make sure that the heap size is set to about half the memory available
# on the system and that the owner of the process is allowed to use this
# limit.
# bootstrap.system_call_filter 需设定为 false
bootstrap.memory_lock: false
bootstrap.system_call_filter: false
#
```

```
# Elasticsearch performs poorly when the system is swapping the memory.
#
# ---------------------------------- Network -----------------------------------

# 设置本节点 IP 地址
network.host: 192.168.128.130
# 设置开放端口和外网访问
http.port: 9200
http.cors.enabled: true
http.cors.allow-origin: "*"

# Set the bind address to a specific IP (IPv4 or IPv6):
#
#network.host: 192.168.0.1
#
# Set a custom port for HTTP:
#
#http.port: 9200
#
# For more information, consult the network module documentation.
#
# --------------------------------- Discovery ----------------------------------

# 设置在启动此节点时传递需执行发现操作的主机的初始列表，需填入所有节点的 IP 地址
discovery.zen.ping.unicast.hosts:
["192.168.128.130","192.168.128.131","192.168.128.132","192.168.128.133"]
# 为防止脑裂问题（出现多个活动的主节点的情况），设置最少主节点数，此参数一般设置为：集
群节点个数/2+1
discovery.zen.minimum_master_nodes: 3
# Pass an initial list of hosts to perform discovery when new node is
started:
# The default list of hosts is ["127.0.0.1", "[::1]"]
#
#discovery.zen.ping.unicast.hosts: ["host1", "host2"]
#
# Prevent the "split brain" by configuring the majority of nodes (total
number of master-eligible nodes / 2 + 1):
#
#discovery.zen.minimum_master_nodes:
#
# For more information, consult the zen discovery module documentation.
```

配置/etc/security/limits.conf 文件，修改每个进程最大同时打开文件数和最大线程个数。增加代码 5-7 所示的内容。

代码 5-7　配置 limits.conf 文件

```
* soft nofile 65536
* hard nofile 65536
```

```
* soft nproc 4096
* hard nproc 4096
```

执行“vim /etc/sysctl.conf ”命令，修改 sysctl.conf 文件中的 vm.max_map_count 参数，该参数设置进程可以使用的虚拟内存区域（Virtual Memory Area，VMA）数量，如代码 5-8 所示。保存文件后，执行“sysctl -p”命令，使修改的配置生效。

代码 5-8　修改 sysctl.conf 文件

```
vm.max_map_count=655360
```

执行“vim /etc/security/limits.d/90-nproc.conf”命令，修改 ElasticSearch 用户的最大进程数，如代码 5-9 所示。

代码 5-9　修改 90-nproc.conf

```
es  soft  nproc  4096
root  soft  nproc  unlimited
```

当 ElasticSearch 的相关配置操作完成时，即可启动 ElasticSearch 集群。但是出于安全的考虑，ElasticSearch 不允许使用 root 用户启动，所以需要创建一个新的用户，并赋予这个用户相应的文件权限。创建 ElasticSearch 运行用户，如代码 5-10 所示。为了减少重复的操作，可以使用“发送键盘输入到所有会话”功能，为所有节点都创建同名的用户作为 ElasticSearch 运行用户。

代码 5-10　创建 ElasticSearch 用户组

```
# 创建用户组
groupadd es
# 创建用户并添加至用户组
useradd es -g es
# 更改用户密码（输入 123456）
passwd es

# 赋予 ElasticSearch 用户主要文件的操作权限
chown -R es:es  /etc/
chown -R es:es  /usr/share/elasticsearch/
chown -R es:es  /var/log/elasticsearch/
chown -R es:es  /var/lib/elasticsearch

# 切换到 ElasticSearch 用户运行
su es

# 进入安装目录启动 ElasticSearch
cd /usr/share/elasticsearch/

# 设置后台启动
./bin/elasticsearch
```

当完成代码 5-4 至代码 5-10 所示的操作后，即可进入 http://192.168.128.130:9200/_cat/

nodes（ElasticSearch Web 接口）。若集群正常启动，则可在浏览器中看见集群各节点的信息，如图 5-1 所示。

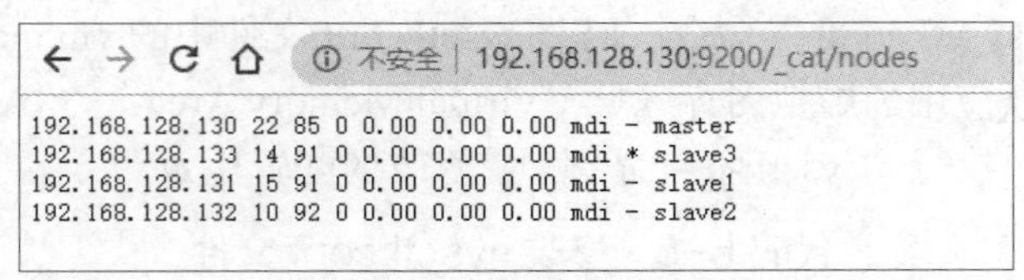

图 5-1　测试集群状态

任务 5.2　使用 Head 扩展插件存储用户和电影信息数据

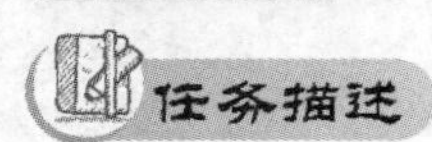

ElasticSearch-Head 是 Web 前端，用于浏览和与 ElasticSearch 集群进行交互，它是提供可视化的操作页面对 ElasticSearch 搜索引擎进行各种设置和数据检索功能的管理插件，如在 Head 插件页面编写 RESTful 接口风格的请求，即可对 ElasticSearch 中的数据进行增、删、改、查、创建或删除索引等操作。

本节的任务是利用 Head 插件存储用户信息和电影信息数据，实现创建索引和数据的增、删、查、改等功能。在用户信息数据（users.dat）中包含 UserID（用户 ID）、Gender（性别）、Age（年龄）、Occupation（职业）和 Zip-code（编码）等字段，数据示例如表 5-7 所示。

表 5-7　用户信息数据示例

示例数据
1::F::20::10::48067 2::M::56::16::70072 3::M::25::15::55117 4::M::45::7::02460 5::M::25::20::55455

电影信息数据中包含 MovieID（电影 ID）、电影名（Name）、电影类型（Type）等字段，数据示例如表 5-8 所示。

表 5-8　电影信息数据示例

示例数据
1::Toy Story (1995)::Animation|Children's|Comedy 2::Jumanji (1995)::Adventure|Children's|Fantasy 3::Grumpier Old Men (1995)::Comedy|Romance 4::Waiting to Exhale (1995)::Comedy|Drama 5::Father of the Bride Part II (1995)::Comedy

5.2.1　配置 Head 插件

在 GitHub 上下载 Head 插件。下载文件名为 elasticsearch-head-master.zip 的 Head 安装包，将 Head 安装包上传到 master 节点上，运行代码 5-11 所示的内容，即可完成 Head 插件压缩包的解压。

代码 5-11　解压 Head 插件压缩包

```
# 创建 Head 插件存储路径
mkdir /usr/local/elasticsearch-head

# 解压 Head 插件压缩包
unzip elasticsearch-head-master.zip -d /usr/local/elasticsearch-head
```

Grunt 是运行在 Node.js 上的任务管理器（Task Runner），它可以在任何语言和项目中自动完成指定的任务。读者可通过 npm 安装 Grunt。Grunt 是一个很方便的构建工具，可以完成打包压缩、测试、执行等工作，其中 ElasticSearch 6.0 以上版本的 Head 插件是通过 Grunt 启动的，因此在安装 Head 插件时还需要安装 Grunt。运行代码 5-12 所示的内容，即可完成 Grunt 的安装。

代码 5-12　安装 Grunt

```
cd /usr/local/elasticsearch-head/elasticsearch-head-master/
# 安装 grunt-cli
npm install -g grunt-cli
```

当完成 Grunt 的安装后，还需要进行 Head 的相关配置，包括修改 elasticsearch-head-master 文件夹下的 Gruntfile.js 文件、配置 Head 的服务器监听地址、增加 hostname 属性等。配置服务器监听地址，如代码 5-13 所示。

代码 5-13　配置服务器监听地址

```
connect:{
    server:{
        options:{
            port:9100,
            hostname:'*',
            base:'.',
            keepalive: true
        }
    }
}
```

修改/usr/local/elasticsearch-head/elasticsearch-head-master/_site/app.js 文件，配置 Head 的连接地址，将 localhost 修改为 ElasticSearch 的服务器地址，如代码 5-14 所示。

代码 5-14　配置 Head 的连接地址

```
init:function(parent) {
        this._super();
        this.prefs = services.Preferences.instance();
        //初始时为 http://localhost:9200
        this.base_uri = this.config.base_uri || this.prefs.get("app-
base_uri") || "http://192.168.128.130:9200";
        if( this.base_uri.charAt( this.base_uri.length - 1 ) !== "/" ) {
        // 如果 URL 不是以“/”结尾，则 XHR 请求失败
```

```
        this.base_uri += "/";
        }
```

启动 ElasticSearch-Head 插件，如代码 5-15 所示。

代码 5-15　启动 Head 插件

```
cd /usr/java/elasticsearch-head/elasticsearch-head-master/
# 启动 Grunt
grunt server
# 若启动报错，则执行以下命令后，再重新启动
npm install grunt --save-dev
```

若再次启动 Grunt 时出现如图 5-2 所示的错误，这是由于缺少相关依赖包，此时可执行如代码 5-16 所示命令安装依赖包，安装完成后再次重新启动 Grunt。

```
[root@master elasticsearch-head-master]# grunt server
>> Local Npm module "grunt-contrib-clean" not found. Is it installed?
>> Local Npm module "grunt-contrib-concat" not found. Is it installed?
>> Local Npm module "grunt-contrib-watch" not found. Is it installed?
>> Local Npm module "grunt-contrib-connect" not found. Is it installed?
>> Local Npm module "grunt-contrib-copy" not found. Is it installed?
>> Local Npm module "grunt-contrib-jasmine" not found. Is it installed?
```

图 5-2　再次启动 Grunt 出现错误

代码 5-16　启动 Head 插件

```
npm install grunt-contrib-clean
npm install grunt-contrib-concat
npm install grunt-contrib-watch
npm install grunt-contrib-connect
npm install grunt-contrib-copy
npm install grunt-contrib-jasmine
```

Head 插件启动成功后，在浏览器中访问 http://192.168.128.130:9100/（ElasticSearch 为启动状态），即可看见 Head 的主页面，如图 5-3 所示。

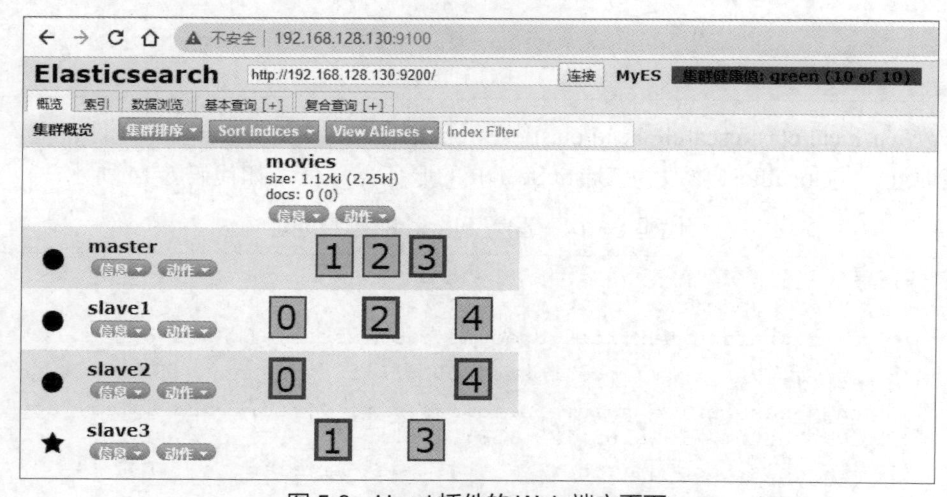

图 5-3　Head 插件的 Web 端主页面

5.2.2 创建与修改索引

在 Head 插件中创建索引非常方便。在 Head 的 Web 主页面打开“索引详情页面”→“新建索引”→输入索引名→单击“OK”按钮，即可完成索引的创建，创建成功后会出现图 5-4 所示的提示。

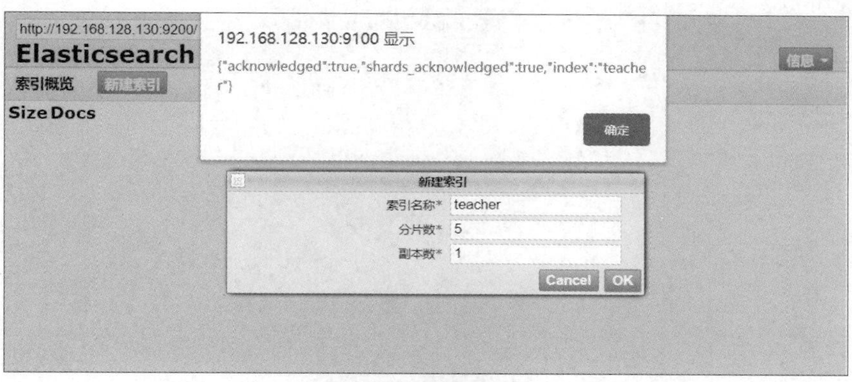

图 5-4 创建索引

直接创建的索引不会产生映射。在 ElasticSearch 中索引映射的生成方式有 3 种，包括创建后再修改索引进而添加映射、创建索引时添加映射、插入数据时自动生成映射。

创建后再修改索引进而添加映射和创建索引时添加映射，这两种方式都是通过 Head 插件中的复合查询向 ElasticSearch 集群提交索引映射；而创建索引后再添加映射实质上是修改索引。创建后再添加映射只能修改映射，不能修改分片数量、副本数量等设置。添加索引“teacher”的映射，具体操作如图 5-5 所示。当页面右侧返回"acknowledged": true 的信息时，代表修改成功。

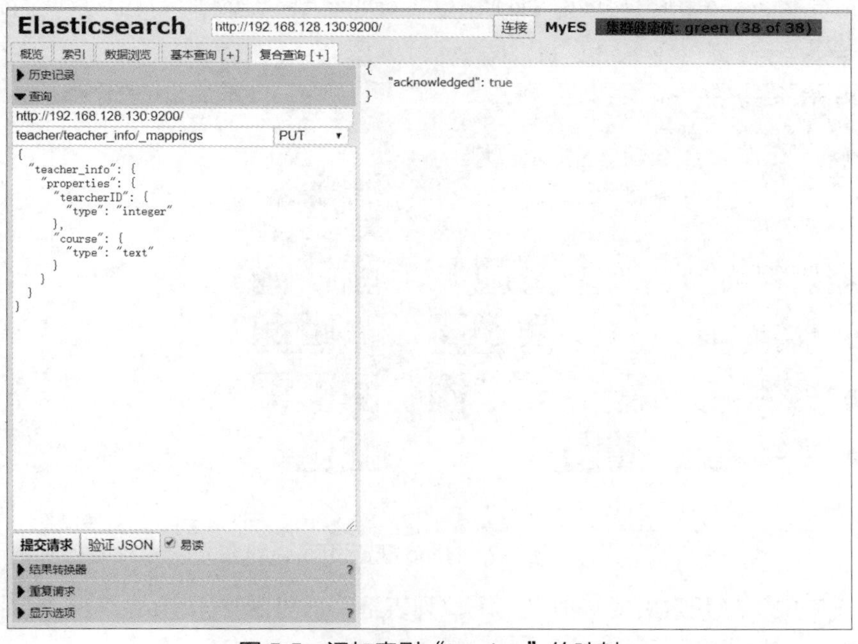

图 5-5 添加索引“teacher”的映射

创建索引时添加映射的方式可以定义分片数量、副本数量等。创建索引“student”并添加、设置索引，具体操作如图 5-6 所示。

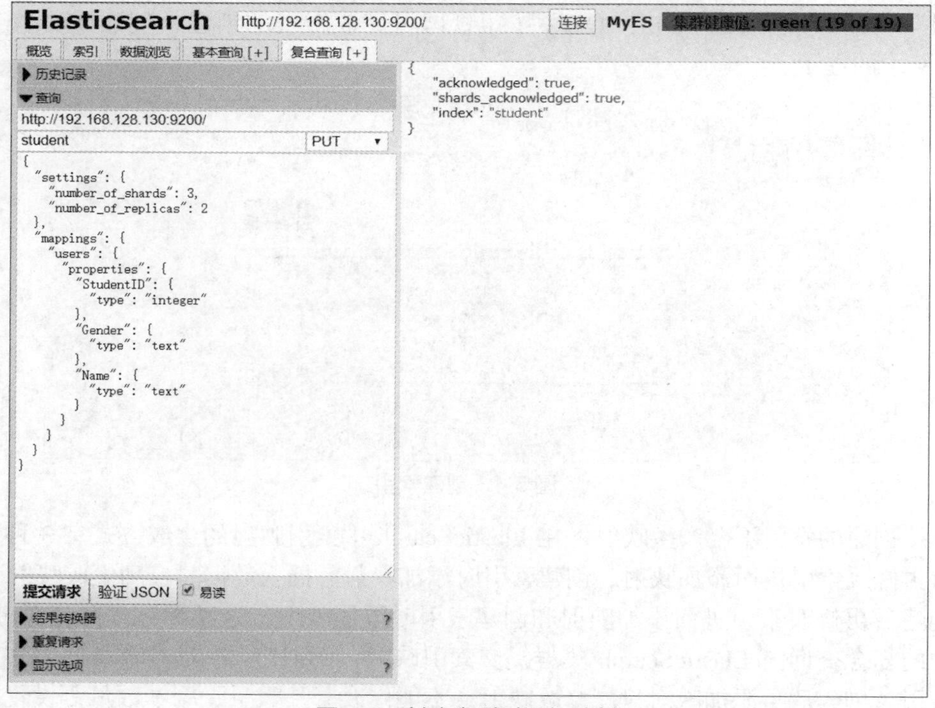

图 5-6　创建索引时添加映射

在 http://192.168.128.130:9100/网页中，可直接看到创建的索引，还可以获取索引的分配信息和集群状态。在图 5-7 所示的页面中，“teacher”索引的主分片有 4 个，绿色即表示该分片为健康状态。

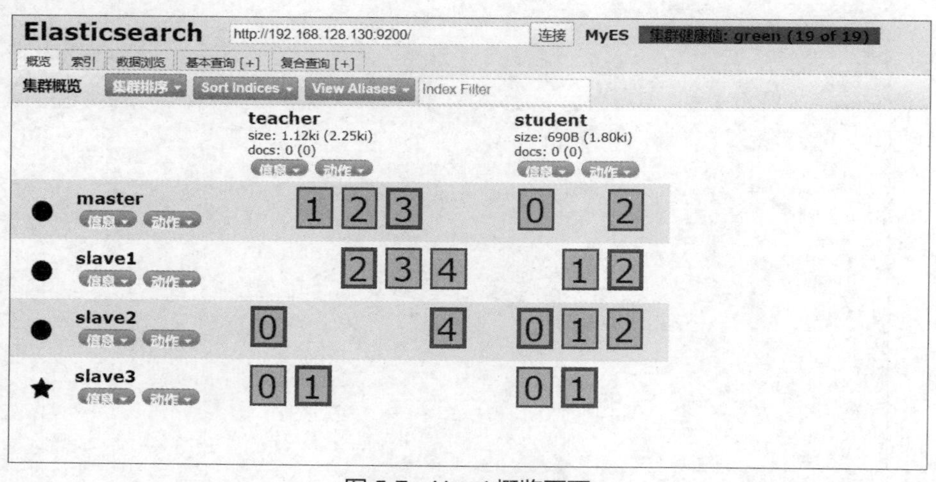

图 5-7　Head 概览页面

在图 5-7 中，打开索引的“信息”下拉列表框，即可看见索引的状态、分片、映射等信息，如图 5-8 所示。

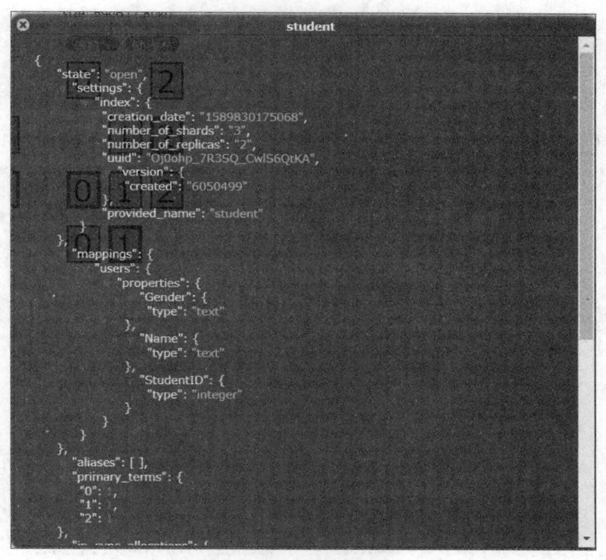

图 5-8 索引信息

5.2.3 增加、删除与修改数据

ElasticSearch 作为数据库，最为基础的功能就是对数据的增、删、查、改，但 ElasticSearch 侧重于对数据的高效查询。本小节将对 ElasticSearch 的增、改、删数据进行简单介绍。

1. 增加数据

增加数据是将一条新的数据增加到对应的索引中，使之能够进行搜索，增加的数据格式是 JSON 格式。如果索引中已经有映射，那么增加的数据类型必须与映射相符；如果索引没有映射，那么将会根据增加的数据生成对应的映射。增加数据时必须提供索引、类型，如果没有提供 ID，那么系统会自动生成一个 ID；而且在 ElasticSearch 中如果有相同 ID 的文档存在，那么将更新此文档。

例如，向 student 索引的 student_info 类型中插入文档，分别插入不提供 ID 和提供 ID 的文档。例如，在图 5-9 中，使用的关键字为 PUT，设置插入 ID 为 1，成功提交请求后在返回的信息中，ID 为用户指定的 ID（_id 为 1），以此方式插入若干条数据，为后续章节的查询介绍提供数据；在图 5-10 中，使用的关键字为 POST，不设置插入 ID，成功提交请求后在返回的信息中，ID 为系统自动生成的 ID。

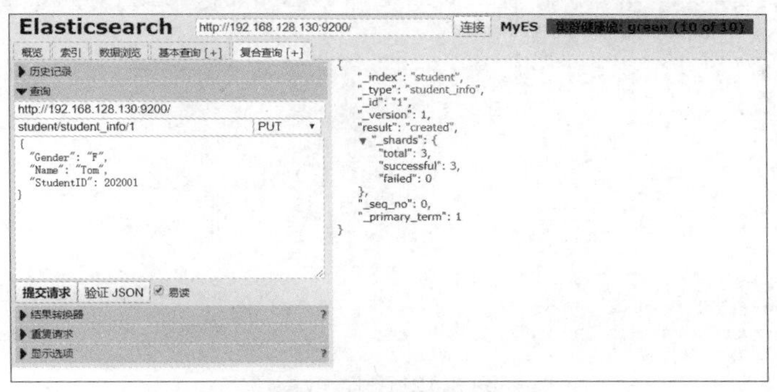

图 5-9 提供 ID 插入数据

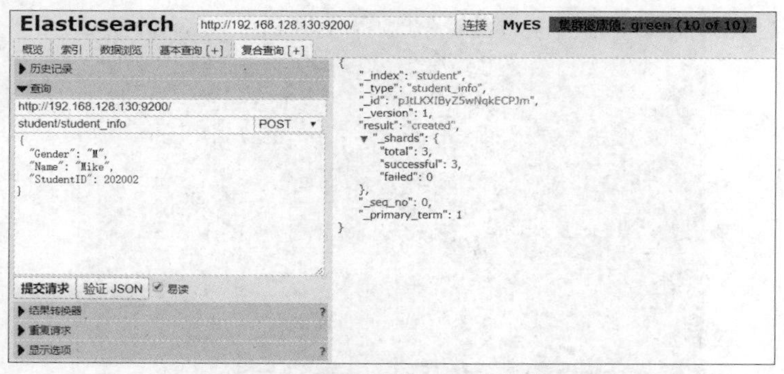

图 5-10　不提供 ID 插入数据

2. 修改数据

用户可以利用 POST 提交修改数据的请求。调用 POST 修改数据时，需要提供修改文档的索引、类型、ID，ElasticSearch 使用版本号控制文档获取或重建索引。以修改索引 student 的数据为例，修改文档 ID 为 1 的“Gender”字段为“M”，具体操作如图 5-11 所示，在返回的信息中，“result”字段的值为“updated”，而且版本号“_version”也变成了 2。

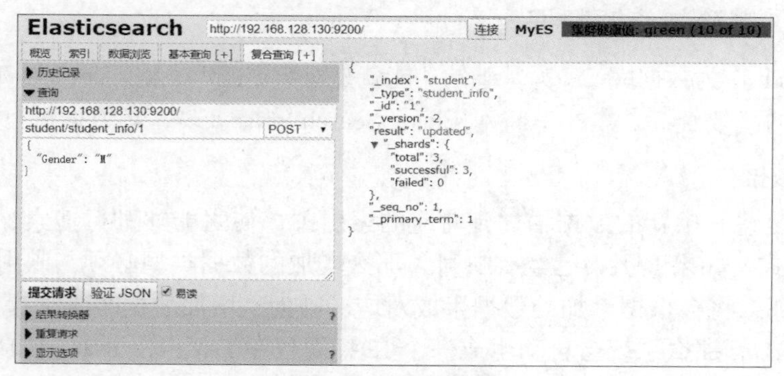

图 5-11　修改数据

3. 删除数据

删除数据的操作相对简单，只需要提供对应文档的索引、类型、ID，调用 DELETE 关键字提交请求即可删除该文档，如图 5-12 所示。若返回的信息中“result”字段的值为“deleted”，则说明该文档删除成功。

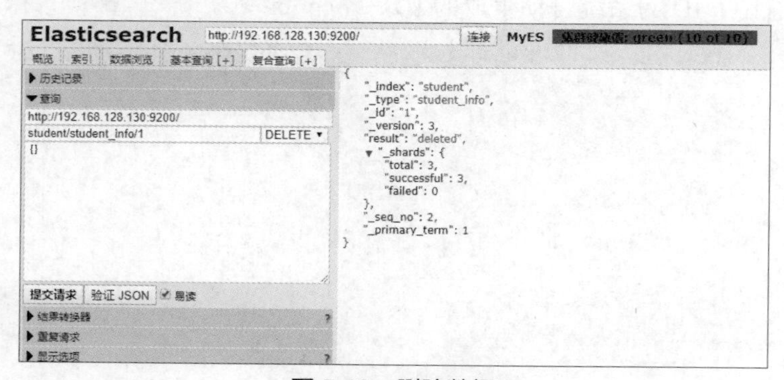

图 5-12　删除数据

5.2.4 查询数据

在 ElasticSearch 中有两种查询方式：一种是通过 URL 提交参数，另一种是通过 POST 请求提交参数。

1. URL 参数查询

URL 参数查询会构造 HTTP 请求，并在将 HTTP 请求提交到 ElasticSearch 集群后，返回需要查询的结果，其基本语法如下。

```
# 查询单个文档数据
GET http://<ip>:<port>/<索引>/<类型>/<文档 ID>

# 查询多个文档数据
GET http://<ip>:<port>/<索引>/<类型>/_search?参数
```

当查询单个文档数据时，必须提供文档的索引、类型、ID。当查询多个文档数据时，文档的索引是必须提供的，而类型则为可选项。在请求中可以设置多个参数，参数之间使用&分开。常用参数的说明如表 5-9 所示。

表 5-9 常用参数的说明

参数	解释
q	查询字符串，如 q=name
_source	是否包含源数据，同时支持_source_include 和_source_exclude
fields	只返回索引中指定的列，多个列之间用逗号分开
sort	根据字段名排序，如 fieldName:asc 或 fieldName:desc
timeout	设置超时的时间
from	返回的索引匹配结果的开放值，默认为 0
size	返回的结果条数，默认为 10

在 Head 插件中使用 URL 参数查询单个文档数据示例如图 5-13 所示。在返回信息中还包含了文档的索引类型的归属、ID、版本号等。

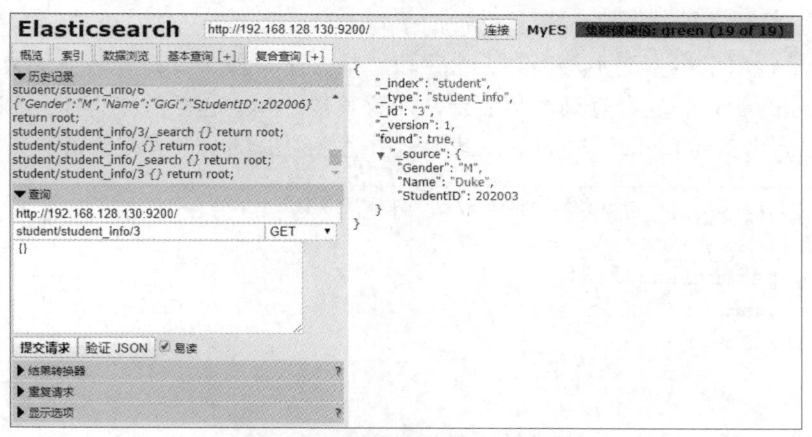

图 5-13 单个文档数据查询示例

在 Head 插件中使用 URL 参数查询多个文档数据示例的结果如图 5-14 所示，请求参数如代码 5-17 所示。在代码 5-17 所示的查询示例中设置了 q、source、size 共 3 个参数，查询“Gender”字段值为“M”的文档的“Name”“Gender”字段数据，并限制返回数据条数为 5。

代码 5-17　多个文档数据查询示例

```
student/_search?q=Gender:M&_source=Name,Gender&size=5
```

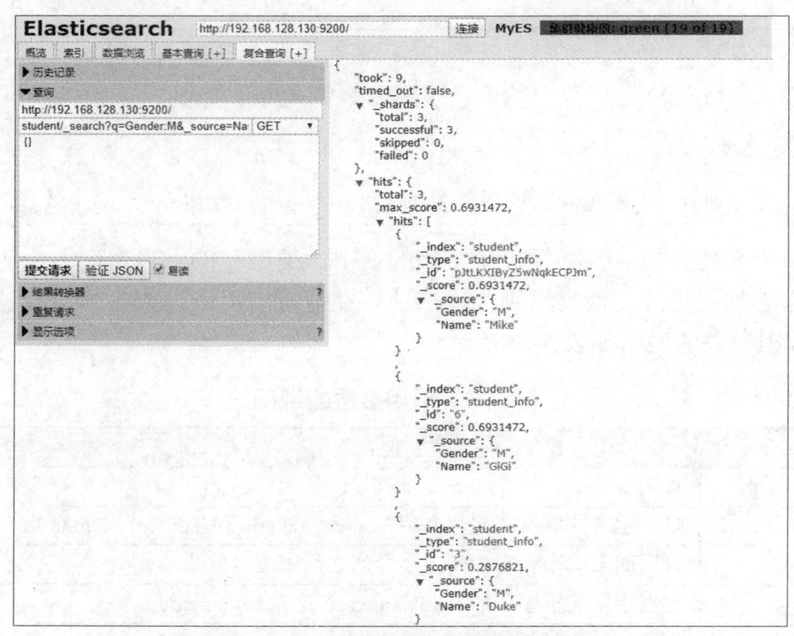

图 5-14　多个文档数据查询示例的结果

2. POST 请求参数查询

ElasticSearch 提供了一个基于 JSON 的完整特定领域的语言(Domain Specific Language, Query DSL) 定义查询。POST 请求参数查询即以 Query DSL 作为参数，通过 POST 方式提交请求。Query DSL 可看作查询的抽象语法树（ Abstract Syntax Tree，AST ），由两种类型的子句组成，分别是叶查询子句和复合查询子句。

叶查询子句用于将查询字符串与一个字段（或多个字段）进行比较，而复合查询子句用于合并其他的子句。复合查询子句能合并任意其他子句，包括叶查询子句和其他复合查询子句。Query DSL 的基础语法如下，其中索引是必须提供的，类型为可选项。

```
POST http://<ip>:<port>/<索引>/<类型>/_search
{
  query_parameter:{
    fieldname : value,
    fieldname: value,
    ...
  }
}
```

Query DSL 的主要参数说明如表 5-10 所示。

表 5-10 Query DSL 的主要参数说明

参数	说明
match	支持全文检索和精确查询，查询结果取决于字段是否支持全文检索。keyword 类型不支持分词，text 类型支持分词
match_all	用于匹配所有文档。在没有指定查询方式时，它是默认的查询
multi_match	用于多字段查询，如查询 color 和 ad 字段包含单词 red 的文档
range	用于范围查询
term	用于精确值查询
terms	terms 查询与 term 查询基本一样，但 terms 查询允许指定多值进行匹配，如果所查询的字段包含了指定值中的任何一个值，那么被查询的文档就满足了 terms 查询条件
exists	用于查找指定字段中是否存在特定值
missing	用于查找指定字段中是否不存在特定值
filter	用于过滤指定字段的值
bool	用于合并多个过滤条件查询结果的布尔逻辑，包含的操作符有 must、must_not、should

查询索引 student 中，“Gender”字段值为“M”的数据，以具体说明叶查询子句的用法，具体操作和结果如图 5-15 所示。

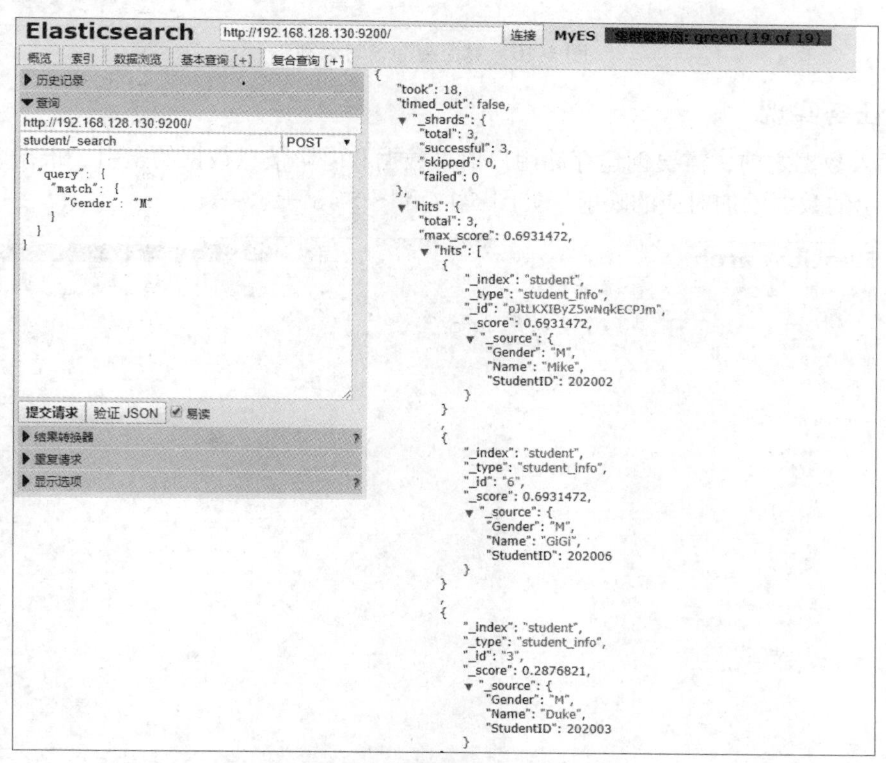

图 5-15 叶查询子句示例

复合查询子句包含叶查询子句和其他的复合查询，当查询“StudentID”字段的值小于等于 202004 且性别为男性（Gender 为 M）的数据时，所使用的就是由两条叶查询子句组合在一起的复合查询子句，具体操作及结果如图 5-16 所示。

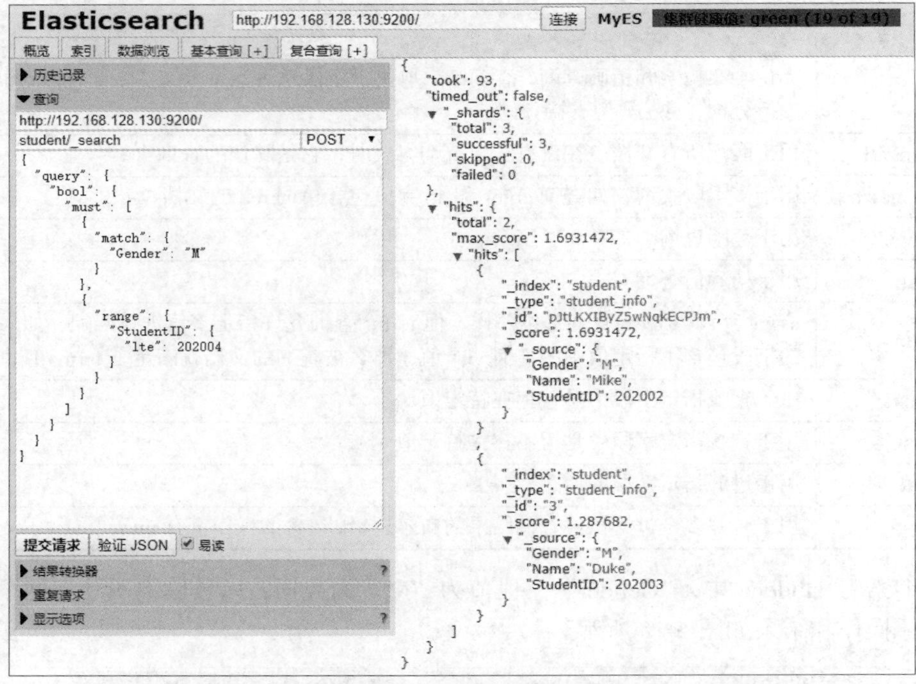

图 5-16　复合查询子句示例

5.2.5　任务实现

在插入数据之前，需要创建存储用户信息数据和电影信息数据的索引。根据表 5-7 和表 5-8 所示的数据添加对应的映射，如图 5-17 和图 5-18 所示。

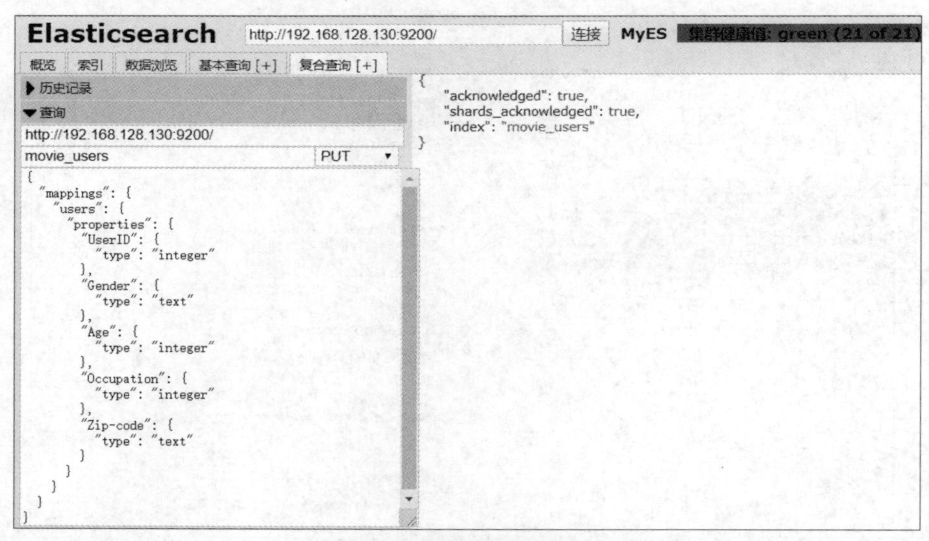

图 5-17　创建用户信息索引

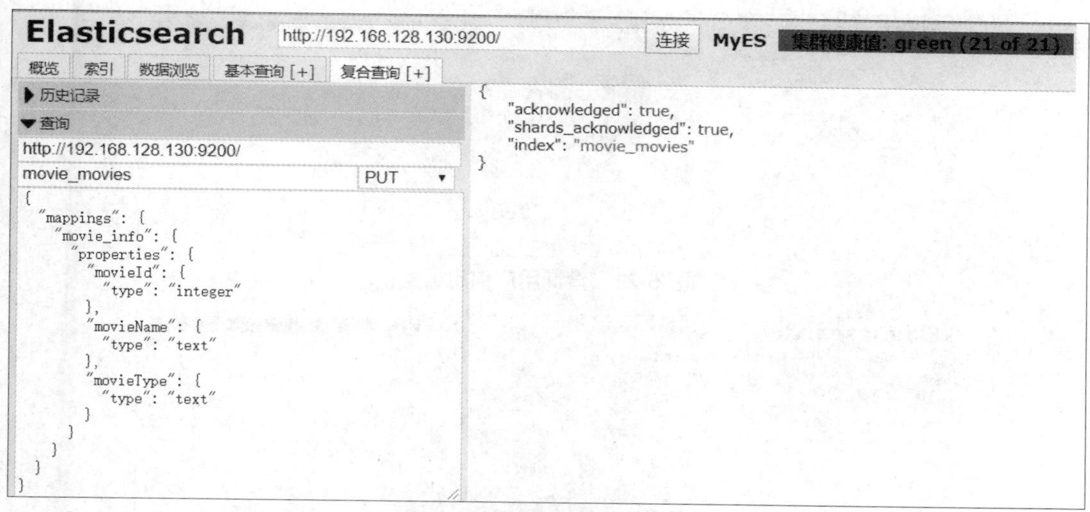

图 5-18　创建电影信息索引

根据表 5-7 和表 5-8 所示的内容，插入数据到已创建好的索引中，具体操作和结果如图 5-19 和图 5-20 所示。

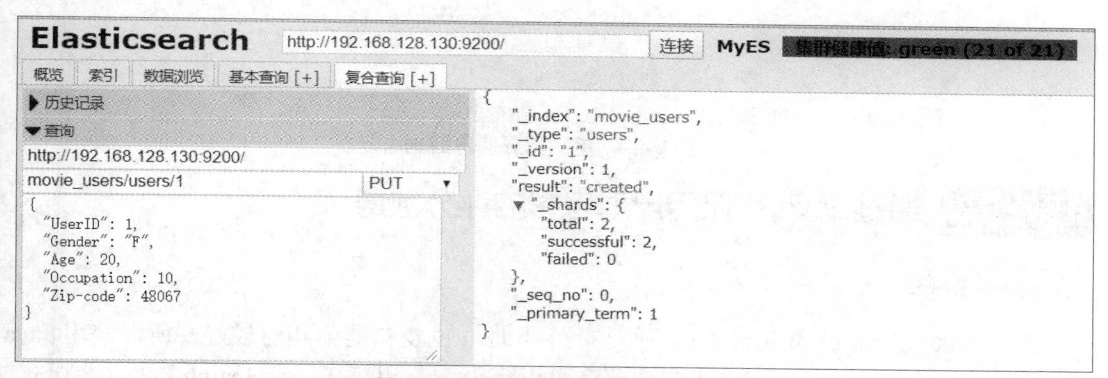

图 5-19　插入数据到用户信息索引

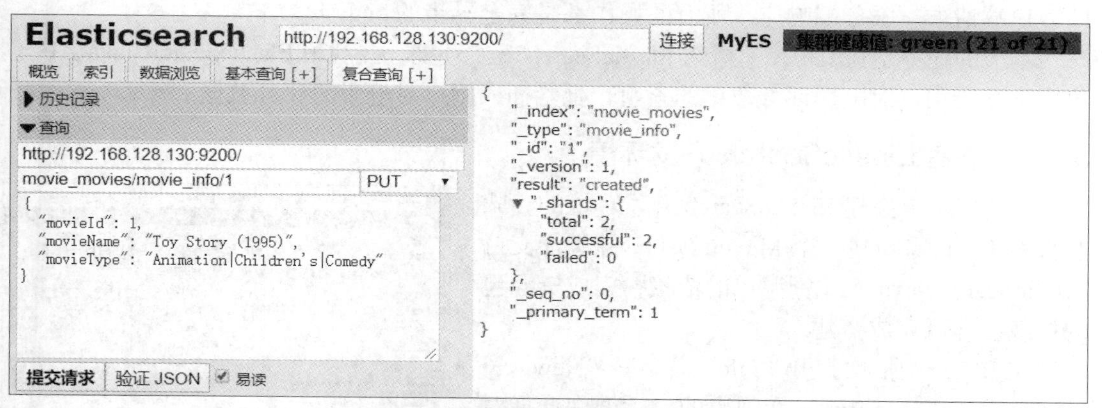

图 5-20　插入数据到电影信息索引

查询用户信息与电影信息索引中的数据，具体操作与结果如图 5-21 和图 5-22 所示。

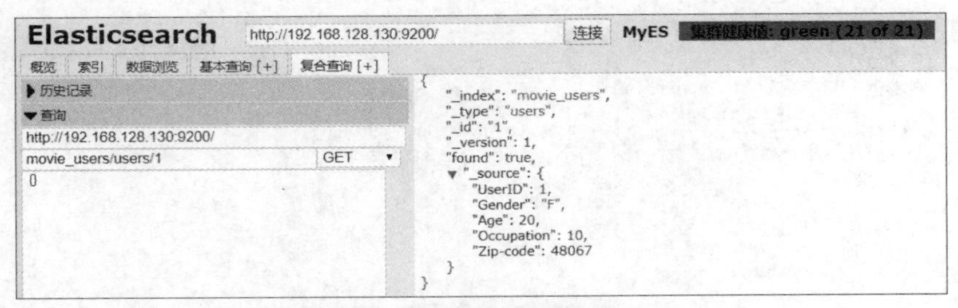

图 5-21 查询用户信息数据

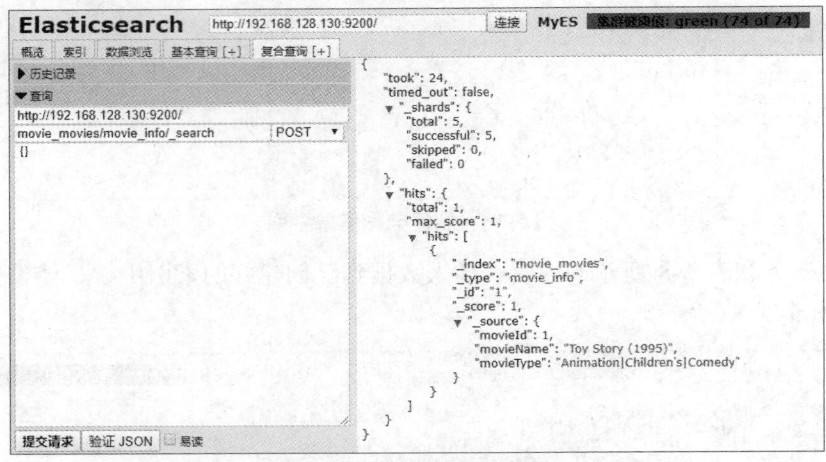

图 5-22 查询电影信息数据

任务 5.3 通过 Java 存储用户对电影的评分数据

任务描述

因为 ElasticSearch 是基于 Java 开发的，对 Java 的支持能力相对较好，所以使用 Java 开发 ElasticSearch 是一个不错的选择。读者可以将用 Java 开发 ElasticSearch 看作 CS 模式，即客户端请求、服务端响应，所有的操作都是完全异步的。

本节的任务是在 IDEA 上搭建 ElasticSearch 开发环境，并利用 ElasticSearch Java API 创建用于存储用户对电影评分数据的索引，批量插入用户对电影的评分数据。

5.3.1 搭建 ElasticSearch 开发环境

在 IDEA 上搭建 ElasticSearch 开发环境的步骤非常简单，只需新建一个 Maven 项目，并添加支持 ElasticSearch Java API 资源包的依赖，完成资源包的加载，即可完成搭建。

在 IDEA 中依次打开“File”菜单→“New”→“Project”→“Maven”，在弹出的对话框中选择对应的 JDK 版本，然后单击“Next”按钮，在对话框中输入组名、项目名，即可创建成功，具体过程如图 5-23、图 5-24、图 5-25 所示。

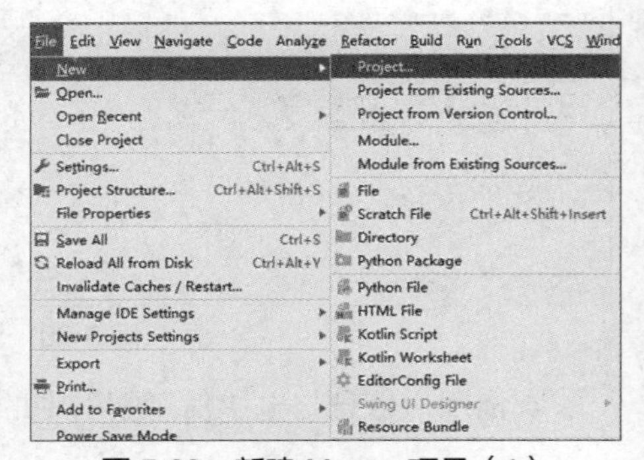

图 5-23 新建 Maven 项目（1）

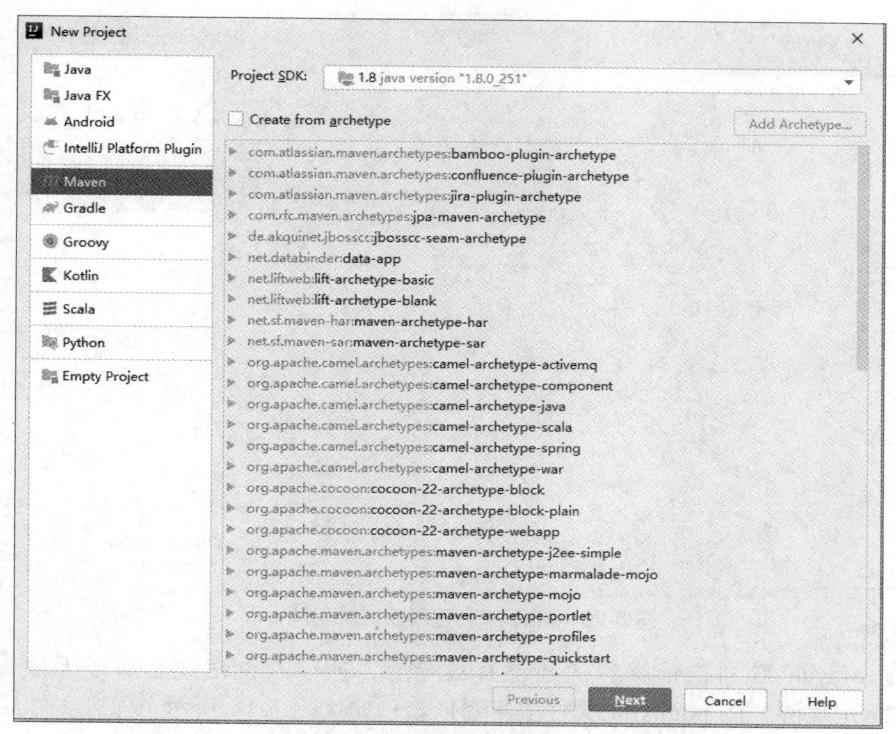

图 5-24　新建 Maven 项目（2）

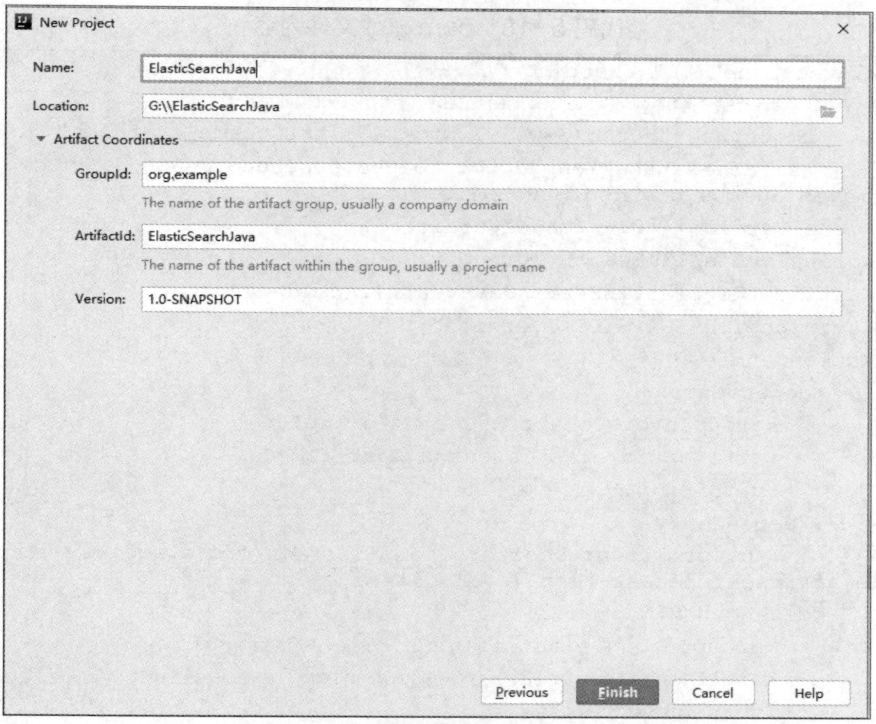

图 5-25　新建 Maven 项目（3）

Maven 项目新建成功后的界面如图 5-26 所示。

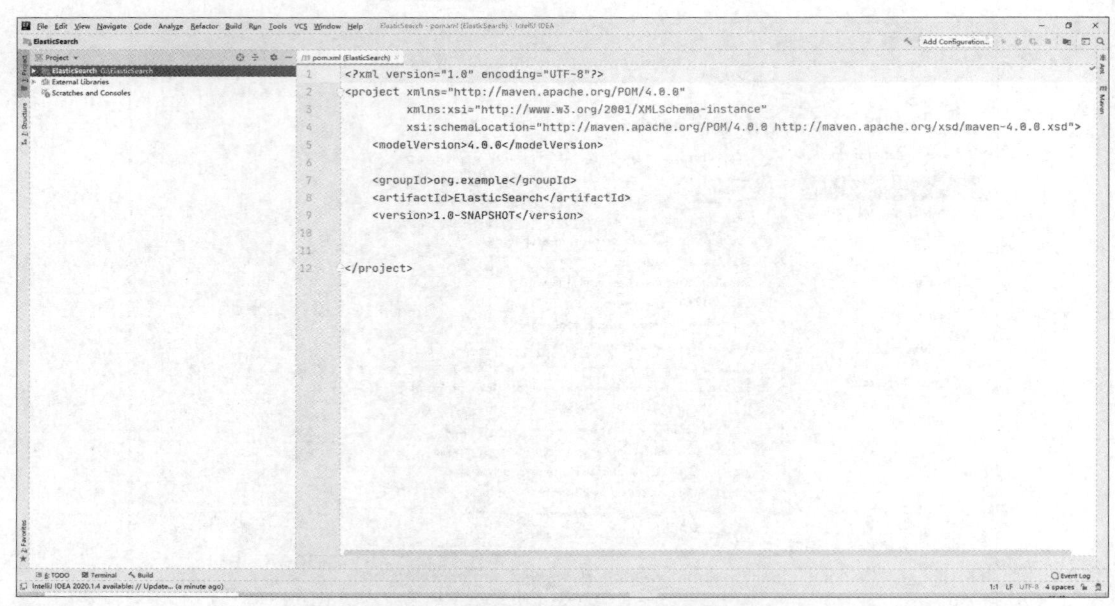

图 5-26　Maven 项目新建成功后的界面

因为 Maven 项目的依赖资源还没有被导入，所以在创建成功后还无法正常连接 ElasticSearch 集群。在 pom.xml 文件中声明依赖，如代码 5-18 所示，保存文件后，IDEA 会自动检查并导入 pom.xml 文件中的依赖资源。

代码 5-18　pom.xml 文件内容

```
<?xml version="1.0" encoding="UTF-8"?>
<project xmlns="http://maven.apache.org/POM/4.0.0"
         xmlns:xsi="http://www.w3.org/2001/XMLSchema-instance"
         xsi:schemaLocation="http://maven.apache.org/POM/4.0.0
http://maven.apache.org/xsd/maven-4.0.0.xsd">
    <modelVersion>4.0.0</modelVersion>
    <groupId>ElasticSearch</groupId>
    <artifactId>ElasticSearchJava</artifactId>
    <version>1.0-SNAPSHOT</version>
    <dependencies>
        <dependency>
            <groupId>org.elasticsearch</groupId>
            <artifactId>elasticsearch</artifactId>
            <version>6.5.4</version>
        </dependency>
        <!-- https://mvnrepository.com/artifact/org.elasticsearch.
client/elasticsearch-rest-high-level-client -->
        <dependency>
            <groupId>org.elasticsearch.client</groupId>
            <artifactId>elasticsearch-rest-high-level-client</artifactId>
            <version>6.5.4</version>
        </dependency>
        <dependency>
            <groupId>org.apache.logging.log4j</groupId>
```

```
            <artifactId>log4j-to-slf4j</artifactId>
            <version>2.9.1</version>
        </dependency>
        <dependency>
            <groupId>org.slf4j</groupId>
            <artifactId>slf4j-api</artifactId>
            <version>1.7.24</version>
        </dependency>
        <dependency>
            <groupId>org.slf4j</groupId>
            <artifactId>slf4j-simple</artifactId>
            <version>1.7.21</version>
        </dependency>
        <dependency>
            <groupId>log4j</groupId>
            <artifactId>log4j</artifactId>
            <version>1.2.12</version>
        </dependency>
        <dependency>
            <groupId>junit</groupId>
            <artifactId>junit</artifactId>
            <version>4.11</version>
            <scope>test</scope>
        </dependency>
    </dependencies>
</project>
```

5.3.2 创建与修改索引

在 IDEA 的相关环境依赖安装好之后，进一步使用 ElasticSearch Java API 连接 ElasticSearch，并使用 Java API 完成 ElasticSearch 中的索引创建等相关操作。

1. 创建索引

在 IDEA 上连接 ElasticSearch 集群需要通过 org.elasticsearch.client 提供的 RestHighLevelClient() 方法，创建一个 ElasticSearch 的高级客户端对象，用于配置集群的相关信息，如集群 IP 地址、端口、请求方式等，即可连接到指定的集群，而且所有的请求最终都需要通过这个客户端对象提交到集群中，如代码 5-19 所示。

代码 5-19　在 IDEA 中配置并连接 ElasticSearch 集群

```
import org.elasticsearch.client.RestHighLevelClient;
RestHighLevelClient client = new RestHighLevelClient(
        RestClient.builder(
        new HttpHost("192.168.128.130", 9200, "http"),
        new HttpHost("192.168.128.131", 9200, "http"),
        new HttpHost("192.168.128.132", 9200, "http"),
        new HttpHost("192.168.128.133", 9200, "http")
        ));
```

利用 Java API 创建索引，需要调用 org.elasticsearch.action.admin.indices.create 中的 CreateIndexRequest()方法声明一个创建索引的对象。只需提供索引名即可创建索引对象，如代码 5-20 所示。

代码 5-20　创建索引

```
CreateIndexRequest request = new CreateIndexRequest("school");
client.indices().create(request,RequestOptions.DEFAULT);  // 通过客户端
对象提交创建索引的请求
```

ElasticSearch Java API 允许用户在创建索引时自定义索引的基础配置，如分片数量、副本数量、超时设置等，如代码 5-21 所示。

代码 5-21　配置索引

```
CreateIndexRequest request = new CreateIndexRequest("school");
// 自定义分片副本数量
request.settings(Settings.builder()
    .put("index.number_of_shards", 3)  // 设置分片数量
    .put("index.number_of_replicas", 3)  // 设置副本数量
);
// 设置节点的 Timeout 阈值
request.masterNodeTimeout(TimeValue.timeValueMinutes(1));
client.indices().create(request, RequestOptions.DEFAULT);
```

创建索引时添加映射也是十分重要的。因为在 ElasticSearch Java API 中所有请求最终都会被转换成 JSON 格式，所以 ElasticSearch Java API 的请求实例可以接收 key-pairs、JSON 格式的字符串、XContent、Map 等数据类型作为类型参数。以创建 school 索引为例，创建 student 类型，并添加数据类型为 keyword 的“name”字段、数据类型为 integer 的“age”字段的映射，如代码 5-22 所示。

代码 5-22　以 XContent 为映射源

```
CreateIndexRequest request = new CreateIndexRequest("school");
// 以 XContent 数据类型作为类型参数提交请求
XContentBuilder builder = XContentFactory.jsonBuilder();
builder.startObject();
{
    builder.startObject("student");
    {
        builder.startObject("properties");
        {
            builder.startObject("name");
            {
                builder.field("type", "keyword");
            }
            builder.endObject();
        }
        {
```

```
            builder.startObject("age");
            {
                builder.field("type", "integer");
            }
            builder.endObject();
        }
        builder.endObject();
    }
    builder.endObject();
}
builder.endObject();
request.mapping("student",builder);
client.indices().create(request,RequestOptions.DEFAULT);
```

2. 修改索引

当索引创建成功后，虽然无法通过 ElasticSearch Java API 修改或删除原有的映射，但是允许新增映射。以增加数据类型为 integer 的“studentID”字段为例，添加指定映射，如代码 5-23 所示。

代码 5-23 新增映射

```
import org.elasticsearch.action.admin.indices.mapping.put.PutMappingRequest;
PutMappingRequest request = new PutMappingRequest("school");  // 设置新增映射的目标索引
request.type("student");  // 设置新增映射的目标类型
request.source("studentID","type=integer");  // 新增映射
client.indices().putMapping(request,RequestOptions.DEFAULT);
```

ElasticSearch 还提供了修改索引设置的 Java API，以修改索引“school”的设置为例，修改索引分片数量为 5、副本数量为 3，如代码 5-24 所示。

代码 5-24 修改索引设置

```
Settings.Builder settingsBuilder = Settings.builder();
settingsBuilder.put("index.number_of_shards ",5);
settingsBuilder.put("index.number_of_replicas",3);
request.settings(settingsBuilder);
client.indices().putSettings(request,RequestOptions.DEFAULT);
```

5.3.3 增加、删除与修改数据

在 5.3.2 小节中，创建好索引后，即可使用 Java API 完成对 ElasticSearch 文档数据库的增、删、改（CDU）操作。

1. 增加数据

当增加数据时，必须提供文档的索引、类型，文档 ID 为可选项。如果没有提供文档 ID，那么系统会自动生成唯一 ID。使用 ElasticSearch 增加数据，如代码 5-25 所示。

代码 5-25 增加数据

```
// 以 key-pairs 作为参数提交请求
IndexRequest indexRequest = new IndexRequest("school","student","1")
    .source("name","Tom","age",21,"gender","M","studentId",202001);
client.index(indexRequest, RequestOptions.DEFAULT);

IndexRequest indexRequest = new IndexRequest("school","student","2")
    .source("name","Mike","age",21,"gender","M","studentId",202002);
client.index(indexRequest, RequestOptions.DEFAULT);

// 以 map 作为参数提交请求
Map<String, Object> jsonMap = new HashMap<String, Object>();
jsonMap.put("name", "Adm");
jsonMap.put("age", 24);
jsonMap.put("gender", "F");
jsonMap.put("studentId", 202003);
IndexRequest indexRequest_map = new IndexRequest("school","student","3")
        .source(jsonMap);
client.index(indexRequest_map, RequestOptions.DEFAULT);
```

2. 删除数据

删除数据相对简单，只需提供需要删除的文档的索引、类型、ID 即可。例如，删除文档 ID 为 1 的数据，如代码 5-26 所示。

代码 5-26 删除数据

```
DeleteRequest request = new DeleteRequest(
    "school",
    "student",
    "1");  // 声明需要删除的文档的索引、类型及 ID
client.delete(request,RequestOptions.DEFAULT);//提交请求
```

3. 修改数据

修改数据也需要提供文档的索引、类型、ID，并且还要提供修改的字段名和新的字段值。以修改 ID 为 2 的文档为例，将“age”字段的值改为 23、“gender”字段的值改为“F”，如代码 5-27 所示。

代码 5-27 修改数据

```
UpdateRequest updateRequest = new UpdateRequest(
        "school",
        "student",
        "2");  // 声明目标文档的索引、类型及 ID
// 以 JSON 格式的字符串提交
String jsonString = "{" +
        "\" age\":\"23\"," +
        "\" gender \":\" F \"" +
```

```
        "}";
    updateRequest.doc(jsonString,XContentType.JSON);  // 提交请求
```

5.3.4 批量操作

当在客户端使用 ElasticSearch Java API 逐条提交请求的方式时，在实际的开发应用中，效率十分不理想。例如，若要插入 100000 条文档数据，则客户端需提交 100000 次请求，所需的时间会很长。因此，ElasticSearch 提供了 Bulk API 解决这一问题。Bulk API 允许使用单一请求实现对文档的多个 action，即 create、index、update 或 delete，各个 action 的功能详情如表 5-11 所示。

表 5-11 各个 action 的功能详情

action 功能	解释
create	用于在文档不存在时创建文档
index	用于创建新文档或替换已有文档
update	用于局部更新文档
delete	用于删除文档

以实现 5.3.3 小节中的增加、删除、修改数据为例，介绍使用 Bulk API 进行批量操作的方法，如代码 5-28 所示。

代码 5-28 使用 Bulk API 进行批量操作示例

```
    import org.elasticsearch.action.bulk.BulkRequest;
    BulkRequest bulk = new BulkRequest();

        // 增加数据
        Map<String, Object> jsonMap = new HashMap<String, Object>();
        jsonMap.put("name", "Tom");
        jsonMap.put("age", 21);
        jsonMap.put("gender", "M");
        jsonMap.put("studentId", 202001);
        IndexRequest indexRequest = new IndexRequest("movie_ratings",
"ratings", "1")
            .source(jsonMap);

        // 删除数据
        DeleteRequest deleteRequest = new DeleteRequest(
            "school",
            "student",
            "1");

        // 修改数据
        Map<String,Object> update_field= new HashMap<String,Object>();
        update_field.put("age",23);
        update_field.put("gender","F");
```

```
UpdateRequest updateRequest = new UpdateRequest(
    "school",
    "student",
    "2").doc(update_field);

// 添加具体操作到 Bulk 示例对象中
bulk.add(indexRequest);
bulk.add(deleteRequest);
bulk.add(updateRequest);

// 提交 Bulk 批量操作请求
client.bulk(bulk, RequestOptions.DEFAULT);
```

5.3.5 任务实现

先创建用于存储用户对电影的评分数据的索引，并根据表 5-1 添加映射。因为评分数据的数量多达 1000298 条，采用逐条插入数据的方式速度较慢，所以需调用 Bulk API 批量插入数据，以提高速率，具体操作如代码 5-29 所示。

代码 5-29 用 Bulk API 存储电影评分数据示例

```
import org.apache.http.HttpHost;
import org.elasticsearch.action.admin.indices.create.CreateIndexRequest;
import org.elasticsearch.action.admin.indices.create.CreateIndexResponse;
import org.elasticsearch.action.bulk.BulkRequest;
import org.elasticsearch.action.index.IndexRequest;
import org.elasticsearch.client.RequestOptions;
import org.elasticsearch.client.RestClient;
import org.elasticsearch.client.RestHighLevelClient;
import org.elasticsearch.common.settings.Settings;
import java.io.*;
import java.util.HashMap;
import java.util.Map;

public class Movie_Ratings {
    public static BulkRequest bulk = new BulkRequest();
public static void main(String[] args) throws IOException {
    // 创建高级客户端
        RestHighLevelClient client = new RestHighLevelClient(
                RestClient.builder(
                        new HttpHost("192.168.128.130", 9200, "http"),
                        new HttpHost("192.168.128.131", 9200, "http"),
                        new HttpHost("192.168.128.132", 9200, "http"),
                        new HttpHost("192.168.128.133", 9200, "http")
                ));
        // 创建索引
        CreateIndexRequest request = new CreateIndexRequest("movie_ratings");

        // 设置索引映射
```

```
        request.settings(
                Settings.builder()
                        .put("index.number_of_shards",5)
                        .put("index.number_of_replicas", 2)
        );

        // 以 key-paris 方式声明映射
        request.mapping("ratings",
                "MovieID","type=integer",
                "Ratings","type=integer",
                "TimeStamp","type=long");

        // 提交索引创建请求
        client.indices().create(request, RequestOptions.DEFAULT);

        // 读取数据
        File file = new File(".\ratings.dat");
        BufferedReader br = new BufferedReader(new InputStreamReader(new
FileInputStream(file)));
        String line = null;
        Integer i= 1;

        // 使用 readLine()方法，一次读一行数据
        while((line = br.readLine()) != null){
            String[] values = line.split("::");
            Map<String, Object> jsonMap = new HashMap<String, Object>();
            jsonMap.put("UserID", values[0]);
            jsonMap.put("MovieID", values[1]);
            jsonMap.put("Ratings", values[2]);
            jsonMap.put("TimeStamp", values[3]);

            bulk.add(newIndexRequest("movie_ratings","ratings",i.
toString()).source(jsonMap));
            // 每 10000 条提交一次
            if (i%10000 == 0){
                client.bulk(bulk, RequestOptions.DEFAULT);
                System.out.println("已插入"+i+"条数据");
                bulk = new BulkRequest();
            }
            i = i+1;
        }
        client.bulk(bulk, RequestOptions.DEFAULT);
        br.close();
        // 关闭客户端
        client.close();
        }
    }
```

当代码 5-29 所示的程序运行成功后，在 Head 网页的数据浏览页面中可直接查询到新增的数据，如图 5-27 所示。

查询 5 个分片中用的 5 个. 1000298 命中. 耗时 0.086 秒

_index	_type	_id	_score ▲	MovieID	UserID	TimeStamp	Ratings
movie_ratings	ratings	30105	1	2951	202	976939025	4
movie_ratings	ratings	30110	1	2881	202	976939457	4
movie_ratings	ratings	30117	1	542	202	976940907	2
movie_ratings	ratings	30118	1	543	202	976935048	5
movie_ratings	ratings	30119	1	2889	202	976940412	5
movie_ratings	ratings	30125	1	89	202	976939379	3
movie_ratings	ratings	30132	1	3693	202	976935716	1
movie_ratings	ratings	30134	1	1225	202	976936982	3
movie_ratings	ratings	30135	1	2028	202	976936627	5
movie_ratings	ratings	30142	1	480	202	976939025	5
movie_ratings	ratings	30152	1	1307	202	976934718	5
movie_ratings	ratings	30160	1	637	202	976941061	2
movie_ratings	ratings	30161	1	1099	202	976937542	4
movie_ratings	ratings	30162	1	569	202	976940483	3
movie_ratings	ratings	30164	1	2115	202	976939110	4
movie_ratings	ratings	30167	1	1242	202	976936649	4
movie_ratings	ratings	30174	1	2059	203	976929549	2
movie_ratings	ratings	30180	1	805	203	976929043	5
movie_ratings	ratings	30181	1	590	203	976928918	2
movie_ratings	ratings	30184	1	3100	203	976928853	2
movie_ratings	ratings	30188	1	832	203	976929170	2
movie_ratings	ratings	30194	1	1393	203	976928881	3
movie_ratings	ratings	30198	1	1542	203	976929043	1
movie_ratings	ratings	30202	1	875	203	976928808	1
movie_ratings	ratings	30205	1	2501	203	976928708	2

图 5-27　数据浏览页面

任务 5.4　通过 Java 查询插入的数据记录

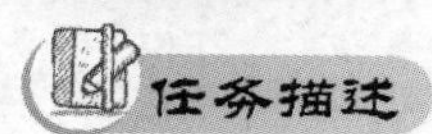

ElasticSearch 作为一个分布式搜索引擎，拥有十分强大的数据吞吐能力，具备近实时的数据检索能力，以及强大的查询能力。本节的任务是利用 ElasticSearch Java API 实现查询用户对电影的评分数据中，编号为 3952 的电影在 2000-04-26 到当前时间所获得的评分大于 3 的文档数据。

5.4.1　调用 Get API 查询

在 ElasticSearch Java API 中提供了 Get API，用于获取单个文档的数据。当利用 Get API 查询数据时，需要提供目标文档的索引、类型和 ID，最后将一个 GetRequest 类的实例对象提交到客户端。查询 school 索引中文档 ID 为 2 的数据，如代码 5-30 所示。

代码 5-30　使用 Get API 查询示例

```
import org.apache.http.HttpHost;
import org.elasticsearch.action.get.GetRequest;
import org.elasticsearch.action.get.GetResponse;
import org.elasticsearch.client.RequestOptions;
import org.elasticsearch.client.RestClient;
import org.elasticsearch.client.RestHighLevelClient;
```

```
import org.elasticsearch.common.Strings;
import org.elasticsearch.search.fetch.subphase.FetchSourceContext;
import java.io.IOException;
import java.util.Map;

public class GetData {
    public static void main(String[] args) throws IOException {
        RestHighLevelClient client = new RestHighLevelClient(
                RestClient.builder(
                        new HttpHost("192.168.128.130", 9200, "http"),
                        new HttpHost("192.168.128.131", 9200, "http"),
                        new HttpHost("192.168.128.132", 9200, "http"),
                        new HttpHost("192.168.128.133", 9200, "http")
                ));
        GetRequest getRequest = new GetRequest(
                "school",
                "student",
                "2");

        // 设置参数，选择返回的字段
        String[] includes = new String[]{"name","age"};
        String[] excludes = Strings.EMPTY_ARRAY;
        FetchSourceContext fetchSourceContext =
                new FetchSourceContext(true, includes, excludes);
        getRequest.fetchSourceContext(fetchSourceContext);

        // 提交请求
        GetResponse getResponse = client.get(getRequest, RequestOptions.
DEFAULT);
        if(getResponse.isExists()) {
            System.out.println("版本号: "+getResponse.getVersion());
            System.out.println("Map 类型的 source 内容: "+getResponse.
getSourceAsMap());
            System.out.println("String 类型的 source 内容: "+getResponse.
getSourceAsString());
        }
        client.close();
    }
}
```

运行代码 5-30 所示的程序，结果如图 5-28 所示。

```
版本号：2
Map类型的source内容：{name=Mike, age=23}
String类型的source内容：{"name":"Mike","age":23}

Process finished with exit code 0
```

图 5-28　简单查询结果

5.4.2 调用 Search API 查询

在 5.2.4 小节中，通过 Head 插件了解到 ElasticSearch 的 DSL 查询语法主要有叶查询和复合查询两种。本小节将基于这两种查询语法，使用 ElasticSearch Java API 完成 ElasticSearch 集群的数据查询。

1. 叶查询子句

ElasticSearch 作为一个分布式文档搜索引擎，搜索查询的功能十分强大。ElasticSearch 提供了大量的 Search API 以支持 Query DSL 的需求。调用 Search API 需要创建一个 SearchSourceBuilder 实例对象作为 SearchRequest 查询请求对象的参数，并将其提交至客户端，在配置 SearchSourceBuilder 实例对象时，用户可以使用自定义查询的方法。常用查询方法的描述如表 5-12 所示。

表 5-12 常用查询方法的描述

方法	描述
QueryBuilders.matchQuery(String name,String text)	支持全文检索和精确查询，全文检索需取决于字段是否支持
QueryBuilders.matchAllQuery(String name,String text)	用于匹配所有文档
QueryBuilders.matchPhraseQuery(String name,String text)	用于短语查询、精确匹配，如查询“ared”，查询的结果只会是包含了“ared”完整字段的数据
QueryBuilders.rangeQuery(String flied).gte(Int num).lt(Int num)	用于范围查询，查询某字段值满足设定范围的文档

利用 Search API 实现查询示例，如代码 5-31 所示。

代码 5-31 利用 Search API 实现查询示例

```
import org.apache.http.HttpHost;
import org.elasticsearch.action.search.SearchRequest;
import org.elasticsearch.action.search.SearchResponse;
import org.elasticsearch.client.RequestOptions;
import org.elasticsearch.client.RestClient;
import org.elasticsearch.client.RestHighLevelClient;
import org.elasticsearch.index.query.QueryBuilders;
import org.elasticsearch.search.SearchHit;
import org.elasticsearch.search.builder.SearchSourceBuilder;
import org.elasticsearch.search.sort.SortBuilders;
import org.elasticsearch.search.sort.SortOrder;
import java.io.IOException;

public class MatchAPI {
    public static SearchRequest searchRequest;
public static SearchSourceBuilder searchSourceBuilder;

    public static void main(String[] args) throws IOException {
        RestHighLevelClient client = new RestHighLevelClient(
```

```
                RestClient.builder(
                        new HttpHost("192.168.128.130", 9200, "http"),
                        new HttpHost("192.168.128.131", 9200, "http"),
                        new HttpHost("192.168.128.132", 9200, "http"),
                        new HttpHost("192.168.128.133", 9200, "http")
                ));

        // Match_all(全文匹配)查询
        SearchRequest all = Match_all("school");
        PrintResult(client,all,"Match_all 全文搜索");

        // Match 查询
        SearchRequest request = Match("school");
        PrintResult(client,request,"Match 搜索");

        // Match_parse(短语精确匹配)查询
        SearchRequest parse = Match_hrase("school");
        PrintResult(client,parse,"Match_parse 短语精确搜索");

        // Range(区间匹配)查询
        SearchRequest range = Match_hrase("school");
        PrintResult(client,range,"Range 区间匹配查询");

        client.close();
    }

    // 利用 matchAllQuery()方法，匹配所有文档
    public static SearchRequest Match_all( String Index){
        searchRequest = new SearchRequest(Index);
        searchSourceBuilder = new SearchSourceBuilder();
        searchSourceBuilder.query(QueryBuilders.matchAllQuery());
        searchRequest.source(searchSourceBuilder);
        return searchRequest;
    }

    // 利用 matchPhraseQuery()方法，精确匹配 studentId 字段的值为 202002 的文档
    private static SearchRequest Match_hrase(String Index) {
        searchRequest = new SearchRequest(Index);
        searchSourceBuilder = new SearchSourceBuilder();

        searchSourceBuilder.query(QueryBuilders.matchPhraseQuery
("studentId","202002"));
        searchRequest.source(searchSourceBuilder);
        return searchRequest;
    }
```

```
    // 利用matchQuery()方法，匹配name字段的值中包含Mike的文档
    public static SearchRequest Match( String Index){
        searchRequest = new SearchRequest(Index);
        searchSourceBuilder = new SearchSourceBuilder();

        searchSourceBuilder.query(QueryBuilders.matchQuery("name","Mike"));
        searchRequest.source(searchSourceBuilder);
        return searchRequest;
    }

    // 利用rangeQuery()方法，匹配age字段的值既大于22又小于25的文档
    private static SearchRequest Range(String Index) {
        searchRequest = new SearchRequest(Index);
        searchSourceBuilder = new SearchSourceBuilder();

        searchSourceBuilder.query(QueryBuilders.rangeQuery("age").
gte(22).lt(25));
        searchRequest.source(searchSourceBuilder);
        return searchRequest;
    }

  // 输出文档数据
  public static void PrintResult(RestHighLevelClient client,SearchRequest
request,String name)
       throws IOException {
    SearchResponse response = client.search(request,RequestOptions.
DEFAULT);
    SearchHit[] result = response.getHits().getHits();
    System.out.println(name+"结果：");
    for (SearchHit re :result){
       System.out.println(re.getSourceAsString());
    }
    }
  }
```

运行代码 5-31 所示的程序，结果如图 5-29 所示。

```
Match_all全文搜索结果：
{"studentId":202003,"gender":"F","name":"Adm","age":24}
{"studentId":202002,"gender":"F","name":"Mike","age":23}
Match搜索结果：
{"studentId":202002,"gender":"F","name":"Mike","age":23}
Match_parse短语精确搜索结果：
{"studentId":202003,"gender":"F","name":"Adm","age":24}

Process finished with exit code 0
```

图 5-29　Search API 实现查询示例运行结果

在 ElasticSearch 中，查询与过滤语句非常相似，在功能上二者都可以将满足特定条件的文档提取出来，但是它们由于使用目的不同而稍有差异。首先，过滤语句侧重于查看文档字段是否包含特定值，而查询语句则侧重于查看匹配的程度如何；其次是性能的差异，一般情况下，一条经过缓存的过滤查询的执行效率要远胜于一条查询语句。在 Java 中过滤操作必须结合布尔查询使用，例如，过滤“school”索引中“studentId”在 202002～202006 开区间内的文档，如代码 5-32 所示。

代码 5-32 过滤不符合条件的文档

```
import org.apache.http.HttpHost;
import org.elasticsearch.action.search.SearchRequest;
import org.elasticsearch.action.search.SearchResponse;
import org.elasticsearch.client.RequestOptions;
import org.elasticsearch.client.RestClient;
import org.elasticsearch.client.RestHighLevelClient;
import org.elasticsearch.index.query.BoolQueryBuilder;
import org.elasticsearch.index.query.QueryBuilders;
import org.elasticsearch.search.SearchHit;
import org.elasticsearch.search.builder.SearchSourceBuilder;
import java.io.IOException;

public class FilterAPI {
    public static void main(String[] args) throws IOException {
        RestHighLevelClient client = new RestHighLevelClient(
                RestClient.builder(
                        new HttpHost("192.168.128.130", 9200, "http"),
                        new HttpHost("192.168.128.131", 9200, "http"),
                        new HttpHost("192.168.128.132", 9200, "http"),
                        new HttpHost("192.168.128.133", 9200, "http")
                ));
        SearchRequest request = new SearchRequest("school").types
("student");
        SearchSourceBuilder searchSourceBuilder = new SearchSourceBuilder();
        // 设置过滤条件
        BoolQueryBuilder boolQuery = QueryBuilders.boolQuery()
                .filter(QueryBuilders.rangeQuery("studentId").gt(202002).
lt(202006));
        searchSourceBuilder.query(boolQuery);
        request.source(searchSourceBuilder);
        SearchResponse search = client.search(request, RequestOptions.
DEFAULT);
        SearchHit[] result = search.getHits().getHits();
        for (SearchHit re :result){
            System.out.println(re.getSourceAsString());
        }
        client.close();

    }
}
```

运行代码 5-32 所示的程序，结果如图 5-30 所示。

```
{"studentId":202003,"gender":"F","name":"Adm","age":24}

Process finished with exit code 0
```

图 5-30 过滤结果

2. 复合查询子句

在 5.2.4 小节中已经描述过，复合查询子句能合并其他任意子句，包括叶查询子句和其他复合查询子句。因此，在 Search API 中可以通过特定的逻辑运算符结合多个叶查询子句，以实现复合查询，如代码 5-33 所示。

代码 5-33 复合查询

```
    import org.apache.http.HttpHost;
    import org.elasticsearch.action.search.SearchRequest;
    import org.elasticsearch.action.search.SearchResponse;
    import org.elasticsearch.client.RequestOptions;
    import org.elasticsearch.client.RestClient;
    import org.elasticsearch.client.RestHighLevelClient;
    import org.elasticsearch.index.query.BoolQueryBuilder;
    import org.elasticsearch.index.query.QueryBuilders;
    import org.elasticsearch.search.SearchHit;
    import org.elasticsearch.search.builder.SearchSourceBuilder;
    import java.io.IOException;

    public class Compoundquery {
        public static void main(String[] args) throws IOException {
            RestHighLevelClient client = new RestHighLevelClient(
                    RestClient.builder(
                            new HttpHost("192.168.128.130", 9200, "http"),
                            new HttpHost("192.168.128.131", 9200, "http"),
                            new HttpHost("192.168.128.132", 9200, "http"),
                            new HttpHost("192.168.128.133", 9200, "http")
                    ));
            SearchRequest searchRequest = new SearchRequest("school");
            SearchSourceBuilder searchSourceBuilder = new SearchSourceBuilder();
            // 设置布尔查询
            // 查询条件 1："gender"字段值必须为"F"
            // 查询条件 2："name"字段值必须不为"Tom"
            // 查询条件 3："studentId"字段值必须大于等于 202002、小于 202006
            BoolQueryBuilder boolQuery = QueryBuilders.boolQuery()
                    .must(QueryBuilders.matchQuery("gender", "F"))
                    .mustNot(QueryBuilders.matchQuery("name","Tom"))
                    .filter(QueryBuilders.rangeQuery("studentId").gte(202002).
lt(202006));
            searchSourceBuilder.query(boolQuery);
            searchRequest.source(searchSourceBuilder);
            // 提交请求
            SearchResponse Response = client.search(searchRequest,
RequestOptions.DEFAULT);
            // 输出查询结果
            SearchHit[] result = Response.getHits().getHits();
            for (SearchHit re :result){
```

```
            System.out.println(re.getSourceAsString());
        }
        client.close();
    }
}
```

运行代码 5-33 所示的程序，结果如图 5-31 所示。

```
{"studentId":202003,"gender":"F","name":"Adm","age":24}
{"studentId":202002,"gender":"F","name":"Mike","age":23}

Process finished with exit code 0
```

图 5-31 复合查询结果

5.4.3 输出设置

有些查询操作可能会对查询的数据有特定的输出要求，如查询文档的数量限制、排序输出等，这些要求只需在提交请求为 SearchSourceBuilder 实例对象时进行对应的设置即可实现，具体设置如表 5-13 所示。

表 5-13 输出设置

方法	解释
SearchSourceBuilder.size(int size)	设置返回文档的数量
SearchSourceBuilder.from(int from)	设置从某个 ID 开始查询
SearchSourceBuilder.sort(String name)	以指定字段排序输出，默认为升序方式
SearchSourceBuilder.sort(String name,SortOrder order)	以指定字段、指定排序方式输出
SearchSourceBuilder.sort(SortBuilder sort)	特殊排序方式，支持以 ID、特定字段、得分排序

以查询“school”索引中的所有数据为例，设置从 ID 为 0 的数据开始查询、返回文档数为 5，先按“age”降序输出，再按“name”升序排序，如代码 5-34 所示。

代码 5-34 输出设置

```
import org.apache.http.HttpHost;
import org.elasticsearch.action.search.SearchRequest;
import org.elasticsearch.action.search.SearchResponse;
import org.elasticsearch.client.RequestOptions;
import org.elasticsearch.client.RestClient;
import org.elasticsearch.client.RestHighLevelClient;
import org.elasticsearch.index.query.QueryBuilders;
import org.elasticsearch.search.SearchHit;
import org.elasticsearch.search.builder.SearchSourceBuilder;
import org.elasticsearch.search.sort.SortBuilders;
import org.elasticsearch.search.sort.SortOrder;
import java.io.IOException;

public class test {
    public static void main(String[] args) throws IOException {
        RestHighLevelClient client = new RestHighLevelClient(
```

```
                RestClient.builder(
                        new HttpHost("192.168.128.130", 9200, "http"),
                        new HttpHost("192.168.128.131", 9200, "http"),
                        new HttpHost("192.168.128.132", 9200, "http"),
                        new HttpHost("192.168.128.133", 9200, "http")
                ));
        SearchRequest searchRequest = new SearchRequest("school").
types("student");
        SearchSourceBuilder searchSourceBuilder = new SearchSourceBuilder();
        // 从第一条开始,包括第一条
        searchSourceBuilder.from(0);
        // 查询 5 条
        searchSourceBuilder.size(5);
        // 先按 age 倒序排列
        searchSourceBuilder.sort(SortBuilders.fieldSort("name.keyword").
order(SortOrder.DESC));
        // 再按 name 升序排列
        searchSourceBuilder.sort("age");
        searchSourceBuilder.query(QueryBuilders.matchAllQuery());
        searchRequest.source(searchSourceBuilder);

        SearchResponse response = client.search(searchRequest,
RequestOptions.DEFAULT);
        SearchHit[] result = response.getHits().getHits();
        for (SearchHit re :result){
            System.out.println(re.getSourceAsString());
        }
    }
}
```

运行代码 5-34 所示的程序，结果如图 5-32 所示。

```
{"studentId":202003,"gender":"F","name":"Adm","age":24}
{"studentId":202002,"gender":"F","name":"Mike","age":23}
```

图 5-32　输出设置结果

5.4.4　任务实现

设定 3 个查询条件，分别是电影编号为“3952”、评论时间为 2000-04-26 至今及电影评分大于或等于 3。基于设定的 3 个查询条件实现 ElasticSearch Java API 查询任务，实现过程如代码 5-35 示。

代码 5-35　ElasticSearch Java API 查询任务实现

```
import org.apache.http.HttpHost;
import org.elasticsearch.action.search.SearchRequest;
import org.elasticsearch.action.search.SearchResponse;
import org.elasticsearch.client.RequestOptions;
import org.elasticsearch.client.RestClient;
```

```
import org.elasticsearch.client.RestHighLevelClient;
import org.elasticsearch.index.query.BoolQueryBuilder;
import org.elasticsearch.index.query.QueryBuilders;
import org.elasticsearch.search.SearchHit;
import org.elasticsearch.search.builder.SearchSourceBuilder;
import org.joda.time.DateTime;
import java.io.IOException;
import java.text.ParseException;
import java.text.SimpleDateFormat;

public class task {
    public static void main(String[] args) throws IOException,
ParseException {
        RestHighLevelClient client = new RestHighLevelClient(
                RestClient.builder(
                        new HttpHost("192.168.128.130", 9200, "http"),
                        new HttpHost("192.168.128.131", 9200, "http"),
                        new HttpHost("192.168.128.132", 9200, "http"),
                        new HttpHost("192.168.128.133", 9200, "http")
                ));
        SearchRequest searchRequest = new SearchRequest("movie_ratings");
        SearchSourceBuilder searchSourceBuilder = new SearchSourceBuilder();

        SimpleDateFormat Dateformat = new SimpleDateFormat("yyyy-MM-dd
HH:mm:ss");
        long timestamp = Dateformat.parse("2000-04-26 00:00:00").
getTime()/ 1000;
        long now = DateTime.now().getMillis()/1000;
        long timestamp = Dateformat.format(now).indexOf("long");
        // 设置布尔查询
        BoolQueryBuilder boolQuery = QueryBuilders.boolQuery()
                .must(QueryBuilders.matchQuery("MovieID", "3952"))
                .must(QueryBuilders.rangeQuery("TimeStamp").gte(timestamp)
                .must(QueryBuilders.rangeQuery("Ratings").gte(3));

        searchSourceBuilder.query(boolQuery);
        searchRequest.source(searchSourceBuilder);
        // 提交结果
        SearchResponse Response = client.search(searchRequest,
RequestOptions.DEFAULT);
        SearchHit[] result = Response.getHits().getHits();
        // 输出查询结果
        for (SearchHit re :result){
            System.out.println(re.getSourceAsString());
        }
        client.close();
    }
}
```

运行代码 5-35 所示的程序，结果如图 5-33 所示。

```
{"MovieID":"3952","UserID":"361","TimeStamp":"976640745","Ratings":"4"}
{"MovieID":"3952","UserID":"362","TimeStamp":"976562010","Ratings":"4"}
{"MovieID":"3952","UserID":"376","TimeStamp":"976304010","Ratings":"5"}
{"MovieID":"3952","UserID":"1197","TimeStamp":"974847021","Ratings":"5"}
{"MovieID":"3952","UserID":"1260","TimeStamp":"974925406","Ratings":"4"}
{"MovieID":"3952","UserID":"1284","TimeStamp":"974790918","Ratings":"4"}
{"MovieID":"3952","UserID":"1487","TimeStamp":"974751826","Ratings":"4"}
{"MovieID":"3952","UserID":"1499","TimeStamp":"974749659","Ratings":"5"}
{"MovieID":"3952","UserID":"1514","TimeStamp":"974748633","Ratings":"4"}
{"MovieID":"3952","UserID":"1544","TimeStamp":"974742620","Ratings":"4"}

Process finished with exit code 0
```

图 5-33　任务实现结果

任务 5.5　查询评价电影超过 50 次的用户

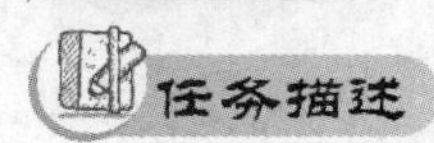

聚合是一种基于搜索的数据汇总，通过聚合可以完成复杂的操作，还可以对文档中的数据进行汇总统计、分组等，对一个聚合进行操作可以看作在一组文档中分析数据。本节的任务是利用聚合操作，查询评价电影超过 50 次的用户的评论电影数据及评分的平均值。

5.5.1　度量聚合

度量聚合是指在一组文档中对某一个数字型字段进行计算以得出指标值，常见的度量聚合及其说明如表 5-14 所示。

表 5-14　常见的度量聚合及其说明

名称	说明
和聚合	对聚合文档中提取的数字型值进行求和
最大值聚合	返回从聚合的文档中提取出的数字型值中的最大值
最小值聚合	返回从聚合的文档中提取出的数字型值中的最小值
平均值聚合	计算从聚合的文档中提取的数字型值的平均值
统计聚合	对聚合文档中提取的数字型值进行统计计算，包括求最大值、最小值、平均值、和等
去重聚合	计算不重复值的数量
百分比聚合	计算一个或多个百分比位数
值计数聚合	计算从聚合的文档中提取的数字型值的数量

和聚合的基础创建语法如下。

```
SumAggregationBuilder sum =
        AggregationBuilders
```

```
                .sum("AggregationName")
                .field("fieldName");
```

最大值聚合的基础创建语法如下。

```
MaxAggregationBuilder max =
        AggregationBuilders
                .max("AggregationName")
                .field("fieldName");
```

最小值聚合的基础创建语法如下。

```
MinAggregationBuilder min =
        AggregationBuilders
                .min("AggregationName")
                .field("fieldName")
```

平均值聚合的基础创建语法如下。

```
AvgAggregationBuilder avg =
        AggregationBuilders
                .avg("AggregationName")
                .field("fieldName");
```

以查询“school”索引中 age 字段的最小值、平均值等统计量为例，介绍在 Java 中实现度量聚合的详细过程，如代码 5-36 所示。

代码 5-36　度量聚合示例

```
    import org.apache.http.HttpHost;
    import org.elasticsearch.action.search.SearchRequest;
    import org.elasticsearch.action.search.SearchResponse;
    import org.elasticsearch.client.RequestOptions;
    import org.elasticsearch.client.RestClient;
    import org.elasticsearch.client.RestHighLevelClient;
    import org.elasticsearch.search.aggregations.AggregationBuilders;
    import org.elasticsearch.search.aggregations.metrics.avg.Avg;
    import org.elasticsearch.search.aggregations.metrics.avg.
AvgAggregationBuilder;
    import org.elasticsearch.search.aggregations.metrics.cardinality.
Cardinality;
    import org.elasticsearch.search.aggregations.metrics.cardinality.
CardinalityAggregationBuilder;
    import org.elasticsearch.search.aggregations.metrics.min.Min;
    import org.elasticsearch.search.aggregations.metrics.min.
MinAggregationBuilder;
    import org.elasticsearch.search.aggregations.metrics.sum.Sum;
    import org.elasticsearch.search.aggregations.metrics.sum.
SumAggregationBuilder;
    import org.elasticsearch.search.builder.SearchSourceBuilder;
    import java.io.IOException;
```

```
    public class agg {
        public static void main(String[] args) throws IOException {
            RestHighLevelClient client = new RestHighLevelClient(
                    RestClient.builder(
                            new HttpHost("192.168.128.130", 9200, "http"),
                            new HttpHost("192.168.128.131", 9200, "http"),
                            new HttpHost("192.168.128.132", 9200, "http"),
                            new HttpHost("192.168.128.133", 9200, "http")
                    ));
            SearchRequest request = new SearchRequest("school").types
("student");
            SearchSourceBuilder searchSourceBuilder = new SearchSourceBuilder();
            // 最小值聚合，统计“age”的最小值
            MinAggregationBuilder min = AggregationBuilders.min("age_min").
field("age.keyword");
            // 平均值聚合，统计“age”的平均值
            AvgAggregationBuilder avg = AggregationBuilders.avg("age_avg").
field("age.keyword");
            // 和聚合，统计“age”的和
            SumAggregationBuilder sum = AggregationBuilders.sum("age_sum").
field("age.keyword");
            // 去重聚合，统计“name”字段中不重复的值
            CardinalityAggregationBuilder cardinality = AggregationBuilders
                    .cardinality("name_cardinality").field("name.keyword");
            // 提交聚合请求
            searchSourceBuilder.aggregation(min);
            searchSourceBuilder.aggregation(avg);
            searchSourceBuilder.aggregation(sum);
            searchSourceBuilder.aggregation(cardinality);
            request.source(searchSourceBuilder);
            SearchResponse response = client.search(request, RequestOptions.
DEFAULT);
            // 输出各个聚合请求的返回值
            Min min_value = response.getAggregations().get("age_min");
            System.out.println("最小值"+":"+min_value.getValue());
            Avg avg_value = response.getAggregations().get("age_avg");
            System.out.println("平均值"+":"+avg_value.getValue());
            Sum sum_value = response.getAggregations().get("age_sum");
            System.out.println("和"+":"+sum_value.getValue());
            Cardinality cardinality_value = response.getAggregations().
get("name_cardinality");
            System.out.println("不重复值的数量"+":"+cardinality_value.
getValue());
            client.close();
        }
    }
```

运行代码 5-36 所示的程序，结果如图 5-34 所示。

```
最小值:23.0
平均值:23.5
和:47.0
不重复值的数量:2

Process finished with exit code 0
```

图 5-34 度量聚合示例运行结果

5.5.2 分组聚合

分组聚合不像度量聚合那样可以通过字段进行计算，它是根据文档创建分组。每个聚合都关联一个标准（取决于聚合的类型），决定了一个文档在当前条件下是否会被分入组中。常见的分组聚合类型及其说明如表 5-15 所示。

表 5-15 常见的分组聚合类型及其说明

名称	说明
总体聚合	总体聚合是在搜索执行的环境中定义的一个包含所有文档的单分组
范围聚合	范围聚合是一个基于多组值来源的聚合，可以让用户定义一系列范围，每个范围代表一个分组
过滤聚合	过滤聚合是一个单分组聚合，包含当前文档集中所有匹配指定的过滤条件文档
多重过滤聚合	多重过滤聚合定义一个多分组聚合，每个分组关联一个过滤条件，并收集所有满足自身过滤条件的文档
索引词聚合	索引词聚合是一个基于聚合产生的多分组的值，每个分组都由一个独特的值动态创建
空值聚合	空值聚合是基于字段数据的单分组聚合，在当前文档集中对所有缺失字段值的文档创建一个分组

总体聚合的基础创建示例如代码 5-37 所示。

代码 5-37 总体聚合的基础创建示例

```
GlobalAggregationBuilder global = AggregationBuilders.global
("AggregationName");
```

范围聚合的基础创建示例如代码 5-38 所示。

代码 5-38 范围聚合的基础创建示例

```
RangeAggregationBuilder range=
        AggregationBuilders
                .range("AggregationName ")
                .field("height")
                .addRange(20,50)                //定义区间[20,50)
```

过滤聚合与多重过滤聚合的基础创建示例如代码 5-39 所示。

代码 5-39 过滤聚合与多重过滤聚合的基础创建示例

```
// 过滤聚合
FilterAggregationBuilder filter =
```

```
        AggregationBuilders
            .filter("AggregationName", QueryBuilders.termQuery("gender",
"male"));
    // 多重过滤聚合
    FiltersAggregationBuilder aggregation =
        AggregationBuilders
            .filters("AggregationName",
                new FiltersAggregator.KeyedFilter("men", QueryBuilders.
termQuery("gender", "male")),
                new FiltersAggregator.KeyedFilter("women", QueryBuilders.
termQuery("gender", "female")));
```

索引词聚合的基础创建示例如代码 5-40 所示。

代码 5-40　索引词聚合的基础创建示例

```
    TermsAggregationBuilder terms=
        AggregationBuilders
            .terms("AggregationName")
            .field("gender");
```

以索引词聚合为例，以"name"字段作为分组依据，查询各个分组的最大值、最小值、平均值、和等统计量，如代码 5-41 所示。

代码 5-41　分组聚合示例

```
    import org.apache.http.HttpHost;
    import org.elasticsearch.action.search.SearchRequest;
    import org.elasticsearch.action.search.SearchResponse;
    import org.elasticsearch.client.RequestOptions;
    import org.elasticsearch.client.RestClient;
    import org.elasticsearch.client.RestHighLevelClient;
    import org.elasticsearch.search.aggregations.AggregationBuilders;
    import org.elasticsearch.search.aggregations.bucket.terms.Terms;
    import org.elasticsearch.search.aggregations.bucket.terms.
TermsAggregationBuilder;
    import org.elasticsearch.search.aggregations.metrics.stats.Stats;
    import org.elasticsearch.search.aggregations.metrics.stats.
StatsAggregationBuilder;
    import org.elasticsearch.search.builder.SearchSourceBuilder;
    import java.io.IOException;

    public class agg {
        public static void main(String[] args) throws IOException {
            RestHighLevelClient client = new RestHighLevelClient(
                    RestClient.builder(
                            new HttpHost("192.168.128.130", 9200, "http"),
                            new HttpHost("192.168.128.131", 9200, "http"),
                            new HttpHost("192.168.128.132", 9200, "http"),
                            new HttpHost("192.168.128.133", 9200, "http")
                    ));
            SearchRequest request = new SearchRequest("school").types("student");
```

```
        SearchSourceBuilder searchSourceBuilder = new SearchSourceBuilder();
        // 索引词聚合
        TermsAggregationBuilder agg = AggregationBuilders.terms
("group_by_name").field("name.keyword");
        // 平均值聚合
        StatsAggregationBuilder avg = AggregationBuilders.stats
("age_stats").field("age.keyword");
        agg.subAggregation(avg);
        searchSourceBuilder.aggregation(agg);
        request.source(searchSourceBuilder);
        SearchResponse response = client.search(request, RequestOptions.
DEFAULT);
        Terms byAgeAgg = response.getAggregations().get("group_by_name");
        for(Terms.Bucket buck : byAgeAgg.getBuckets()) {
            System.out.println("分组主键: " + buck.getKeyAsString());
            System.out.println("分组文档数量: " + buck.getDocCount());
            // 取子聚合
            Stats averageBalance = buck.getAggregations().get("age_stats");
            System.out.println("分组平均值: " + averageBalance.getAvg());
            System.out.println("分组最大值: " + averageBalance.getMax());
            System.out.println("分组平均值: " + averageBalance.getMin());
            System.out.println("分组和: " + averageBalance.getSum());
            System.out.println("------------------------------------");
        }
        client.close();
    }
}
```

运行代码 5-41 所示的分组聚合示例，结果如图 5-35 所示。

```
分组主键: Adm
分组文档数量: 1
分组平均值: 24.0
分组最大值: 24.0
分组平均值: 24.0
分组和: 24.0
------------------------------------
分组主键: Mike
分组文档数量: 1
分组平均值: 23.0
分组最大值: 23.0
分组平均值: 23.0
分组和: 23.0
------------------------------------

Process finished with exit code 0
```

图 5-35 分组聚合示例运行结果

5.5.3 任务实现

为了满足查询评价电影超过 50 次的用户的评论电影数据及评分的平均值的需求，可利用索引词聚合，以用户编号进行分组，再加入平均值聚合得到用户评分的平均分，具体实现过程如代码 5-42 所示。

代码 5-42　分组聚合任务实现

```
    import org.apache.http.HttpHost;
    import org.elasticsearch.action.search.SearchRequest;
    import org.elasticsearch.action.search.SearchResponse;
    import org.elasticsearch.client.RequestOptions;
    import org.elasticsearch.client.RestClient;
    import org.elasticsearch.client.RestHighLevelClient;
    import org.elasticsearch.search.aggregations.AggregationBuilders;
    import org.elasticsearch.search.aggregations.Aggregations;
    import org.elasticsearch.search.aggregations.bucket.terms.Terms;
    import org.elasticsearch.search.aggregations.bucket.terms.
TermsAggregationBuilder;
    import org.elasticsearch.search.aggregations.metrics.avg.Avg;
    import org.elasticsearch.search.aggregations.metrics.avg.
AvgAggregationBuilder;
    import org.elasticsearch.search.builder.SearchSourceBuilder;

    import java.io.IOException;
    import java.util.List;

    public class Task55 {
        public static void main(String[] args) throws IOException {
            RestHighLevelClient client = new RestHighLevelClient(
                    RestClient.builder(
                            new HttpHost("192.168.128.130", 9200, "http"),
                            new HttpHost("192.168.128.131", 9200, "http"),
                            new HttpHost("192.168.128.132", 9200, "http"),
                            new HttpHost("192.168.128.133", 9200, "http")
                    ));
            SearchRequest request = new SearchRequest("movie_ratings");
            SearchSourceBuilder searchSourceBuilder = new
SearchSourceBuilder();
            // 定义以用户编号为分组依据的索引词聚合
            TermsAggregationBuilder trmes = AggregationBuilders.terms(
    "user_group").field("UserID.keyword").minDocCount(50);
            // 定义计算评分平均值的平均值聚合
            AvgAggregationBuilder avg = AggregationBuilders.avg
("Ratings_Avg").field("Ratings");
            trmes.subAggregation(avg);
            // 设置最少的文档数量参数
            trmes.minDocCount(50);
            searchSourceBuilder.aggregation(trmes);
            request.source(searchSourceBuilder);
            SearchResponse search =  client.search(request,
RequestOptions.DEFAULT);
```

```
        Terms terms = search.getAggregations().get("user_group");
        List<? extends Terms.Bucket> aggList = terms.getBuckets();
        for (Terms.Bucket bucket : aggList) {
            System.out.println("用户编号:"+bucket.getKeyAsString());
            System.out.println("用户评论电影数:"+bucket.getDocCount());
            // 取子聚合（平均值）
            Avg avg_agg = bucket.getAggregations().get("Ratings_Avg");
            System.out.println("评分平均值:"+avg_agg.getValue());
            System.out.println("----------------------------------------");
        }
        client.close();
    }
}
```

运行代码 5-42 所示的部分程序，结果如图 5-36 所示。

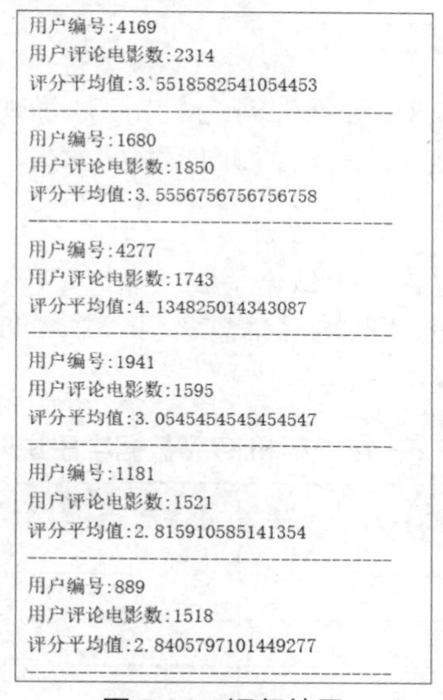

图 5-36 运行结果

项目总结

ElasticSearch 是用 Java 开发的，作为 Apache 许可条款下的开放源码发布，是当前流行的企业级搜索引擎，同时也具有十分强大的分布式实时文件存储功能。ElasticSearch 的 Head 插件支持 ES 监控、实时搜索、索引列表信息查看、数据的增删查改等，具有可视化的操作界面，使用十分简便。

本项目首先介绍了 ElasticSearch 的基础概念和相关术语；还介绍了在 Hadoop 集群上搭建 ElasticSearch 分布式集群的步骤；此外，还结合电影评分数据查询和聚合示例，介绍了 ElasticSearch Head 插件和 ElasticSearch Java API 的基础语法；最后使用 ElasticSearch Java API

对电影用户评分数据进行存储与分析处理。

通过本项目的学习，可以使学生了解 ElasticSearch 的特点，掌握 ElasticSearch 的基本操作，结合电影用户评分数据实例，让学生对 ElasticSearch 搜索引擎有了更深层次的理解，同时培养并提升学生的探究和实践精神，激发学生对 ElasticSearch 应用场景的好奇与兴趣。

实　训

实训目的

（1）掌握 ElasticSearch 中创建索引和添加映射的基本操作。

（2）掌握 ElasticSearch Head 插件的基本数据操作。

（3）掌握 ElasticSearch Java API 查询和聚合的基本语法。

实训 1　查询手机信息

1. 训练要点

（1）掌握利用 ElasticSearch Head 插件创建索引、添加映射和插入数据等操作。

（2）掌握利用 ElasticSearch Head 插件查询数据的方法。

2. 需求说明

手机商品数据 phone.csv 包含 6 个数据字段，数据字段说明如表 5-16 所示。根据手机商品数据创建一个 ElasticSearch 手机商品信息索引，并查询每个手机在其原产国的平均售价，再按照平均售价升序输出。

表 5-16　手机商品数据字段说明

字段名称	说明
Product Name	产品名称
Brand Name	品牌、商标名称
Price	价格，单位：元
Rating	客户评分，评分区间为[1,5]
Reviews	评论
Review Votes	评分投票数

3. 思路及步骤

（1）利用 ElasticSearch Java API，创建存储手机商品数据的索引并添加对应的映射。

（2）逐行读取 phone.csv 文件中的数据，并调用 Bulk API 批量插入数据到索引中。

（3）编写以“Brand Name”字段为分组标准的分组聚合查询，为其添加平均值聚合作为子聚合以计算“Rating”字段的平均值。

实训 2　查询学生成绩信息

1. 训练要点

（1）掌握利用 ElasticSearch Java API 创建索引、添加映射和插入数据等操作。

（2）掌握利用 ElasticSearch Java API 查询数据的方法。

2. 需求说明

学生成绩数据（student_sorce.txt）示例如表 5-17 所示，在该数据文件中包含学科（Course）、学生姓名（StudentName）、成绩（Grade）等字段。根据学生成绩数据，利用 ElasticSearch Java API 创建一个存储学生成绩数据的索引，并查询总分排名前三的学生的姓名及其总分。

表 5-17　学生成绩数据示例

示例数据
computer,huangxiaoming,85 computer,xuzheng,543 english,zhaobenshan,57 english,liuyifei,85 english,zhouqi,85 english,huangbo,85

3. 思路及步骤

（1）利用 ElasticSearch Java API，创建存储学生成绩数据的索引并添加对应的映射。

（2）逐行读取 student_sorce.txt 文件中的数据，并调用 Bulk API 批量插入数据到索引中。

（3）编写以“StudentName”字段为分组标准的分组聚合查询，为其添加和聚合作为子聚合以计算“Grade”字段的和，设置输出文档数为 3。

课后习题

1. 选择题

（1）ElasticSearch 是基于 Apache 的（　　）项目开发的。

A. Apache Kylin　　B. Apache Hadoop

C. Apache Lens　　D. Apache Lucene

（2）下面对 ElasticSearch 的描述正确的是（　　）。

A. 不是开源的　　B. 是面向列的

C. 是分布式的　　D. 是一种结构型数据库

（3）ElasticSearch 的基础配置文件名为（　　）。

A. elasticsearch.yml　　B. jvm.options

C. limits.conf　　D. sysctl.conf

（4）现有一个存在 6 个节点的 ElasticSearch 集群，为防止脑裂问题出现，应设置最少存活节点数为（　　）。

A. 3　　B. 4　　C. 5　　D. 6

（5）【多选】下列正确描述 ElasticSearch 特性的有（　　）。

A. 高可用　　B. 近实时的搜索

C. 面向列　　　　D. 可伸缩

（6）【多选】REST 约定用 HTTP 请求头的有（　　）。

A. GET　　B. POST　　C. PUT　　D. HEAD

2. 操作题

利用 ElasticSearch Java API，根据如下所示的数据创建索引并添加映射，查询“interests”字段中包含“music”文档的用户的平均年龄。

```
{
"first_name" : "John",
"last_name" : "Smith",
"age" : 25,
"interests":["sports","music"]
},
{
"first_name" : "Jane",
"last_name" : "Smith",
"age": 32,
"about": "I like to collect rock albums",
"interests": ["music" ]
},
{
"first_name" : "Douglas",
"last_name" : "Fir",
"age" : 35,
"interests": ["forestry" ]
}
```

拓展阅读

【导读】习近平总书记提出，坚持把发展经济的着力点放在实体经济上，推进新型工业化，加快建设制造强国、质量强国、航天强国、交通强国、网络强国、数字中国。

“力箭”出鞘、“夸父”探日、“捷龙”首飞、“太空之家”遨游苍穹……2022 年，中国航天跑出了新时代中国航天发展的加速度。全年完成 64 次发射任务，再创历史新高。每一次航天研究所产生的数据非常多，由于在研究分析中时间是非常宝贵的，必须做到争分夺秒，所以要求能够快速检索所需的航天研究数据，ElasticSearch 实时检索的分布式检索引擎能较好地满足存储与快速检索的需求，为建设科技强国、航天强国提供支持。

【思考】为了对检索出来的数据进行更直观的展示、分析，可以将什么技术与 ElasticSearch 相结合？

项目 6 数据传输工具——Sqoop

教学目标

1. 知识目标

（1）了解 Sqoop 的基础概念及其安装与配置过程。
（2）掌握 Sqoop 的基本传输命令。
（3）掌握 Sqoop 的传输命令与参数的使用方法。
（4）掌握用 Sqoop 实现增量导入、更新输出等操作的方法。

2. 技能目标

（1）能够完成 Sqoop 集群的安装与配置。
（2）能够使用 Sqoop 基本传输命令在不同的存储工具中进行数据的传输。
（3）能够通过 sqoop eval 命令使用 SQL 语句对关系数据库的数据进行查询。
（4）能够使用 Sqoop 实现数据的增量导入。
（5）能够使用 Sqoop 实现用户日志数据的存储、传输与简单分析。

3. 素养目标

（1）具备实事求是的态度和求真务实的精神，用户数据的存储与分析需要注重真实性、科学性，才能分析出客观的结果。

（2）具备良好的问题分析能力和独立思考能力，能够结合具体的情境和需求选择适当的技术与工具。

（3）培养学生的自主学习意识，提高学生独立解决问题的能力。

项目描述

1. 项目背景

目前很多使用 Hadoop 技术的企业，仍然有大量数据存储在传统的关系数据库中，在开发过程中总是需要将数据从传统的关系数据库传输到 Hadoop 中，顺利的传输过程能够确保数据成功存储，因此数据传输工具的选择是一个非常重要的环节。某网站的数据库中存储了约 10 万条用户浏览数据，现已被导出为 CSV 格式的文件（data_browse.csv），该文件

表 6-1　字段说明

属性名称	属性说明
visitId	用户 ID
browser	浏览器
operatingSystem	操作系统
deviceCategory	设备类别
visitNumber	访问次数

记录的是用户在该网站上的浏览设备信息，包括用户 ID、浏览器、操作系统、设备类别、访问次数，具体的字段说明如表 6-1 所示。现对用户日志数据进行处理，根据操作系统类型进行用户信息分类，实现用户群分，以便研究不同用户群的兴趣特征，并筛选出操作系统类型为“iOS”的用户信息保存至 Hive 中的表 new_browse 中。

2．项目目标

现寻求一个方法或工具来实现传统的关系数据库与 Hadoop 之间的数据传输，而 Sqoop 就是为了满足这一需求而诞生的。

本项目将介绍 Sqoop 的概念、安装与配置和基本使用，结合浏览数据实例，使用 Sqoop 实现在 Hadoop 和关系数据库之间进行高效的数据传输，先将 CSV 格式的用户浏览数据导入 MySQL，再将 MySQL 数据库中的数据增量导入 Hive，最后将 Hive 中的浏览信息筛选结果导出至 MySQL。

3．项目分析

（1）学习 Sqoop 的工作流程、核心理念和集群搭建过程，根据购物网站的用户浏览数据存储需求安装与配置 Sqoop 集群。

（2）将浏览数据保存至 MySQL 数据库中。

（3）学习 Sqoop eval 的基本操作，在 Sqoop 中通过 sqoop eval 命令对 MySQL 中的用户浏览数据进行查询。

（4）学习 Sqoop import 的基本操作，使用 Sqoop 将 MySQL 中的用户浏览数据增量导入至 Hive 中。

（5）学习 Sqoop export 的基本操作，在 Hive 中筛选出操作系统类型为“iOS”的信息并保存为 new_browse 表，使用 Sqoop 将 Hive 中的 new_browse 表数据传输至 MySQL 数据库中。

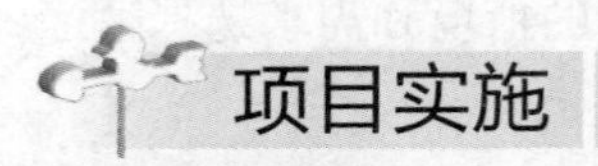

任务 6.1　Sqoop 简介

Sqoop 是一个用于在 Hadoop 和关系数据库之间进行数据高效传输的工具，它的出现使得 Hadoop 和关系数据库之间的数据传输变得非常方便和高效。本任务将详细介绍 Sqoop 的基础概念、安装与配置过程及一些基本的传输命令。

6.1.1　了解 Sqoop

Sqoop 是一个用于在 Hadoop 和传统的关系数据库（MySQL、Oracle、Postgres 等）之间传输数据的工具。Sqoop 的工作流程如图 6-1 所示，使用 Sqoop import 命令可以将传统的关系数据库中的数据导入 Hadoop（如 HDFS、Hive、HBase），而使用 Sqoop export 命令可以将 Hadoop 集群中的数据导出至关系数据库。

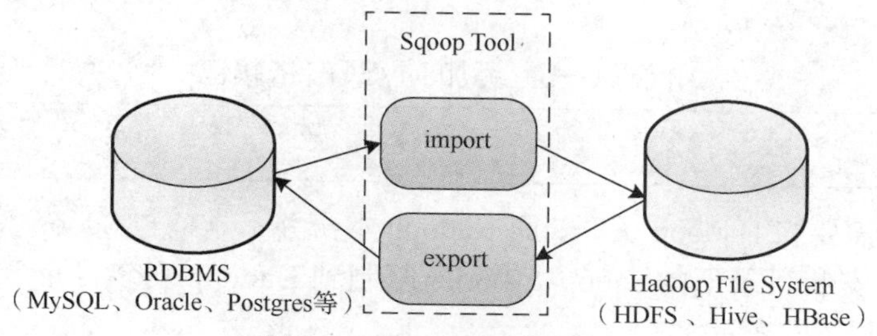

图 6-1 Sqoop 的工作流程

Sqoop 的核心理念是将数据导入或导出的命令转换成 MapReduce 程序，转换成的 MapReduce 程序会通过自定义 InputFormat（数据输入格式）和 OutputFormat（数据输出格式）实现数据的导入与导出。运行 MapReduce 程序，可实现 Hadoop 和关系数据库中的数据的相互转移。

6.1.2 安装与配置 Sqoop

在 Apache 的 Sqoop 官网页面中下载文件名为 sqoop-1.4.6.bin__hadoop-2.0.4-alpha.tar.gz 的压缩包，并将该压缩包上传至虚拟机上。在虚拟机上创建 Sqoop 安装目录，并将压缩包解压缩至 Sqoop 安装目录下，如代码 6-1 所示。

代码 6-1 解压压缩包

```
mkdir /usr/local/sqoop/
tar -zxf sqoop-1.4.6.bin__hadoop-2.0.4-alpha.tar.gz -C /usr/local/sqoop/
```

与大多数大数据框架类似，Sqoop 的配置文件存放在 Sqoop 根目录下的 conf 目录中。将配置文件 sqoop-env-template.sh 重命名为 sqoop-env.sh，如代码 6-2 所示。

代码 6-2 重命名配置文件

```
mv sqoop-env-template.sh sqoop-env.sh
```

修改配置文件 sqoop-env.sh，为其添加代码 6-3 所示的内容。

代码 6-3 修改配置文件 sqoop-env.sh

```
export HADOOP_COMMON_HOME=/usr/local/hadoop-2.6.4
export HADOOP_MAPRED_HOME=/usr/local/hadoop-2.6.4
export HIVE_HOME=/usr/local/hive/
export HBASE_HOME=/usr/local/hbase-1.1.2
export HCAT_HOME=/usr/local/hive/hcatalog
```

配置环境变量，打开/etc/profile 文件，在文件中添加代码 6-4 所示的内容，并执行“source /etc/profile”命令使配置的环境变量生效。

代码 6-4 配置环境变量

```
export SQOOP_HOME=/usr/local/sqoop/sqoop-1.4.6.bin__hadoop-2.0.4-alpha
export PATH=$PATH:$SQOOP_HOME/bin
```

进入 MySQL 官网的 MySQL 连接器下载页面下载名为 mysql-connector-java-5.1.42-bin.jar 的 MySQL 依赖包，将该 MySQL 依赖包上传到虚拟机上，并移动到 Sqoop 安装目录的 lib 文件夹下，如代码 6-5 所示。

代码 6-5　添加 MySQL 依赖包

```
mv mysql-connector-java-5.1.42-bin.jar /usr/local/sqoop/sqoop-1.4.6.bin__hadoop-2.0.4-alpha/lib
```

因为 Sqoop 需要与 Hadoop 关联，而 Hadoop 本身并不具备与 Sqoop 关联的依赖包，所以需要将 Sqoop 安装目录下的 sqoop-1.4.6.jar 复制到 Hadoop 安装目录下的/share/hadoop/yarn/目录，如代码 6-6 所示。

代码 6-6　解决 Sqoop 依赖

```
cd /usr/local/sqoop/sqoop-1.4.6.bin__hadoop-2.0.4-alpha
cp sqoop-1.4.6.jar /usr/local/hadoop-2.6.4/share/hadoop/yarn/
```

完成上述安装配置的步骤后，查看 Sqoop 版本信息，测试 Sqoop 是否正常安装，如代码 6-7 所示。

代码 6-7　查看 Sqoop 版本

```
sqoop version
```

代码 6-7 的运行结果如图 6-2 所示，Sqoop 版本为 1.4.6，说明 Sqoop 已经正常安装。在返回的日志信息中包含了多条警告信息，因为在本项目的 Hadoop 集群中并没有安装 Accumulo 等框架，且 Zookeeper 安装在从节点上，所以出现图 6-2 所示的警告信息属于正常情况。

```
[root@master sqoop-1.4.6.bin__hadoop-2.0.4-alpha]# bin/sqoop version
Warning: /usr/local/sqoop/sqoop-1.4.6.bin__hadoop-2.0.4-alpha/../accumulo does not exist! Accumulo imports will fail.
Please set $ACCUMULO_HOME to the root of your Accumulo installation.
Warning: /usr/local/sqoop/sqoop-1.4.6.bin__hadoop-2.0.4-alpha/../zookeeper does not exist! Accumulo imports will fail.
Please set $ZOOKEEPER_HOME to the root of your Zookeeper installation.
20/06/04 13:51:27 INFO sqoop.Sqoop: Running Sqoop version: 1.4.6
Sqoop 1.4.6
git commit id c0c5a81723759fa575844a0a1eae8f510fa32c25
Compiled by root on Mon Apr 27 14:38:36 CST 2015
```

图 6-2　运行结果

6.1.3　了解 Sqoop 基本传输命令

Sqoop 提供了大量的传输命令以满足从 HDFS、Hive、HBase 和关系数据库中导入、导出数据的需求，Sqoop 基本传输命令详情如表 6-2 所示。

表 6-2　Sqoop 基本传输命令

传输命令	解释
help	返回 Sqoop 帮助信息，包括传输命令详情
version	返回 Sqoop 的版本信息
list-databases	列出所有数据库名
list-tables	列出某个数据库下的所有表
list-databases	列出所有数据库名
list-tables	列出某个数据库下的所有表
import-all-tables	导入某个数据库下的所有表到 HDFS 中
import	将数据导入 Hadoop 集群

续表

传输命令	解释
export	将 Hadoop 集群的数据从关系数据库中导出
eval	使用 SQL 语句对关系数据库进行操作
job	用于生成一个 Sqoop 任务。生成后，该任务并不执行，除非使用命令执行该任务
merge	将 HDFS 中不同目录下的数据合并在一起，并存放在指定的目录中

使用 Sqoop 时，不仅需要提供传输命令，还要提供传输命令对应的参数，这样才能真正构成一个完整的 Sqoop 命令。不同的 Sqoop 基本传输命令有不同的参数，在本小节中先介绍一些大多数命令都支持的参数，如表 6-3 所示。

表 6-3　Sqoop 命令参数

参数	解释
--connect	连接关系数据库的 URL
--connection-manager	指定要使用的连接管理类
--username	连接数据库的用户名
--password	连接数据库的密码
--table	指定关系数据库的表名
--fields-terminated-by <char>	设定每个字段以什么符号作为结束，默认为逗号
--lines-terminated-by <char>	设定每行记录之间的分隔符，默认为“\n”
--verbose	在控制台输出详细信息

以 list-databases 命令为例，列出 MySQL 中的所有数据库名，需要指定连接 MySQL 数据库的 URL、用户名及密码，如代码 6-8 所示。

代码 6-8　使用 list-databases 命令列出 MySQL 中的所有数据库名

```
bin/sqoop list-databases \
--connect jdbc:mysql://master:3306/ \
--username root \
--password 123456
```

运行结果如图 6-3 所示，结果显示，在 MySQL 中已创建的数据库有 hive 和 mysql。

```
[root@master sqoop-1.4.6.bin__hadoop-2.0.4-alpha]# bin/sqoop list-databases \
> --connect jdbc:mysql://master:3306/ \
> --username root \
> --password 123456
Warning: /usr/local/sqoop/sqoop-1.4.6.bin__hadoop-2.0.4-alpha/../hcatalog does not exist! HCatalog jobs will fail.
Please set $HCAT_HOME to the root of your HCatalog installation.
Warning: /usr/local/sqoop/sqoop-1.4.6.bin__hadoop-2.0.4-alpha/../accumulo does not exist! Accumulo imports will fail.
Please set $ACCUMULO_HOME to the root of your Accumulo installation.
Warning: /usr/local/sqoop/sqoop-1.4.6.bin__hadoop-2.0.4-alpha/../zookeeper does not exist! Accumulo imports will fail.
Please set $ZOOKEEPER_HOME to the root of your Zookeeper installation.
20/06/01 06:12:02 INFO sqoop.Sqoop: Running Sqoop version: 1.4.6
20/06/01 06:12:02 WARN tool.BaseSqoopTool: Setting your password on the command-line is insecure. Consider using -P instead.
20/06/01 06:12:02 INFO manager.MySQLManager: Preparing to use a MySQL streaming resultset.
information_schema
hive
mysql
```

图 6-3　查询数据库名结果

任务 6.2　查询 MySQL 用户日志数据表的记录数

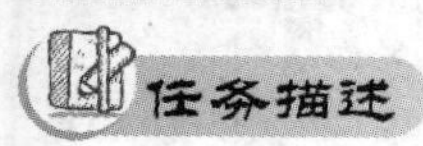

在开发过程中，常常需要先查询关系数据库中将要被导入的数据，以确保数据的正确

性，而来回切换的过程相当麻烦，因此 Sqoop 提供了 eval 命令解决这一问题，Sqoop eval 命令允许用户使用 SQL 语句对关系数据库进行简单的查询操作。本任务将实现使用 eval 命令查询 MySQL 用户日志数据表中的记录数。

6.2.1 掌握 Sqoop eval 的基本操作

eval 命令允许用户使用 SQL 语句对关系数据库进行查询操作,并将结果输出到控制台。利用 eval 命令，用户可以预览需要导入的数据，以确保导入的数据没有问题。eval 命令的参数如表 6-4 所示。

表 6-4 eval 命令的参数

参数	解释
--e\--query <SQL statement >	运行简单的 SQL 查询语句

以使用 eval 命令查询 student 数据表中的数据为例，介绍 eval 命令的基础用法。首先在 MySQL 数据库中的 test 数据库创建 student 数据表并插入数据，如代码 6-9 所示。

代码 6-9 创建 student 数据表并插入数据

```
CREATE TABLE student
(id INT NOT NULL AUTO_INCREMENT,
studentID INT,
name CHAR(20),
gender CHAR(20),
PRIMARY KEY (id));
INSERT INTO student VALUES (DEFAULT,202001,'Mike','F');
INSERT INTO student VALUES(DEFAULT,202002,"Adm","F");
INSERT INTO student VALUES(DEFAULT,202003,"Adle","M");
INSERT INTO student VALUES(DEFAULT,202004,"Jams","F");
```

然后调用 eval 命令，利用“--query”参数查询 student 表中的数据，如代码 6-10 所示。

代码 6-10 查询数据

```
bin/sqoop eval \
--connect jdbc:mysql://master:3306/test \
--username root \
--password 123456  \
--query "SELECT * FROM student"
```

程序运行结果如图 6-4 所示。

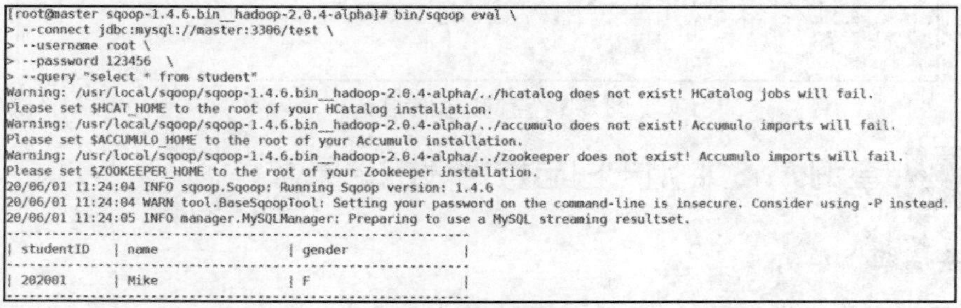

```
[root@master sqoop-1.4.6.bin__hadoop-2.0.4-alpha]# bin/sqoop eval \
> --connect jdbc:mysql://master:3306/test \
> --username root \
> --password 123456  \
> --query "select * from student"
Warning: /usr/local/sqoop/sqoop-1.4.6.bin__hadoop-2.0.4-alpha/../hcatalog does not exist! HCatalog jobs will fail.
Please set $HCAT_HOME to the root of your HCatalog installation.
Warning: /usr/local/sqoop/sqoop-1.4.6.bin__hadoop-2.0.4-alpha/../accumulo does not exist! Accumulo imports will fail.
Please set $ACCUMULO_HOME to the root of your Accumulo installation.
Warning: /usr/local/sqoop/sqoop-1.4.6.bin__hadoop-2.0.4-alpha/../zookeeper does not exist! Accumulo imports will fail.
Please set $ZOOKEEPER_HOME to the root of your Zookeeper installation.
20/06/01 11:24:04 INFO sqoop.Sqoop: Running Sqoop version: 1.4.6
20/06/01 11:24:04 WARN tool.BaseSqoopTool: Setting your password on the command-line is insecure. Consider using -P instead.
20/06/01 11:24:05 INFO manager.MySQLManager: Preparing to use a MySQL streaming resultset.
-------------------------------------------------------------
| studentID   | name                 | gender               |
-------------------------------------------------------------
| 202001      | Mike                 | F                    |
-------------------------------------------------------------
```

图 6-4 查询结果

6.2.2 任务实现

根据表 6-1 所示的数据字段说明，在 MySQL 数据库中创建存储用户浏览数据的表 browse_log，并将 data_browse.csv 文件中的数据导入表 browse_log，如代码 6-11 所示。

代码 6-11 创建数据表

```
create browse;
USE browse;
// 创建数据表
create table browse_log (
visitid long,
browser varchar(50),
operatingSystem varchar(50),
deviceCategory varchar(50),
visitNumber int
 );
// 导入 data_browse.csv 文件数据
load data infile "/var/lib/mysql-files/data_browse.csv"
into table browse_log
fields terminated  by ',';
```

实现使用 eval 命令查询 MySQL 用户浏览数据表中的记录数，如代码 6-12 所示。

代码 6-12 查询记录数

```
bin/sqoop eval \
--connect jdbc:mysql://master:3306/browse \
--username root \
--password 123456  \
--query "select count(browse) from browse_log "
```

程序运行结果如图 6-5 所示，用户浏览数据表中的记录数为 99024。

```
[root@master sqoop-1.4.6.bin__hadoop-2.0.4-alpha]# bin/sqoop eval \
> --connect jdbc:mysql://master:3306/browse \
> --username root \
> --password 123456  \
> --query "select count(browser) from browse_log "
Warning: /usr/local/sqoop/sqoop-1.4.6.bin__hadoop-2.0.4-alpha/../accumulo does not exist! Accumulo imports will fail.
Please set $ACCUMULO_HOME to the root of your Accumulo installation.
Warning: /usr/local/sqoop/sqoop-1.4.6.bin__hadoop-2.0.4-alpha/../zookeeper does not exist! Accumulo imports will fail.
Please set $ZOOKEEPER_HOME to the root of your Zookeeper installation.
SLF4J: Class path contains multiple SLF4J bindings.
SLF4J: Found binding in [jar:file:/usr/local/hadoop-3.1.4/share/hadoop/common/lib/slf4j-log4j12-1.7.25.jar!/org/slf4j/impl/S
taticLoggerBinder.class]
SLF4J: Found binding in [jar:file:/usr/local/apache-hive-3.1.2-bin/lib/log4j-slf4j-impl-2.10.0.jar!/org/slf4j/impl/StaticLog
gerBinder.class]
SLF4J: Found binding in [jar:file:/usr/local/hbase-2.4.11/lib/client-facing-thirdparty/slf4j-log4j12-1.7.25.jar!/org/slf4j/i
mpl/StaticLoggerBinder.class]
SLF4J: See http://www.slf4j.org/codes.html#multiple_bindings for an explanation.
SLF4J: Actual binding is of type [org.slf4j.impl.Log4jLoggerFactory]
2022-10-19 00:53:15,799 INFO sqoop.Sqoop: Running Sqoop version: 1.4.6
2022-10-19 00:53:15,858 WARN tool.BaseSqoopTool: Setting your password on the command-line is insecure. Consider using -P in
stead.
2022-10-19 00:53:16,085 INFO manager.MySQLManager: Preparing to use a MySQL streaming resultset.
Loading class `com.mysql.jdbc.Driver'. This is deprecated. The new driver class is `com.mysql.cj.jdbc.Driver'. The driver is
 automatically registered via the SPI and manual loading of the driver class is generally unnecessary.
-----------------------
| count(browser)      |
-----------------------
| 99024               |
-----------------------
```

图 6-5 查询结果

任务 6.3 将 MySQL 中的用户日志数据增量导入 Hive

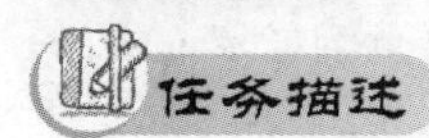

Sqoop 的核心功能是在 Hadoop 集群与传统的关系数据库之间传输数据，因此，导入数据无疑是至关重要的一部分。本任务将使用 Sqoop import 命令将 MySQL 数据库中的用户日志数据增量导入 Hive 中。

6.3.1 掌握 Sqoop import 的基本操作

Sqoop import 命令可将关系数据库中的数据导入 Hadoop 集群中，包括 HDFS、Hive，HBase。import 命令可通过设置特定的参数以满足各种数据导入需求，其参数如表 6-5 所示。

表 6-5 import 命令的参数

参数	解释
--append	将数据追加到已经存在于 HDFS 的数据集合中，如果使用该参数，Sqoop 会将数据先导入临时文件目录，再合并
--as-avrodatafile	将数据导入一个 avro 数据文件中
--as-sequencefile	将数据导入一个 sequence 文件中
--as-textfile	将数据导入一个普通文本文件中
--columns<col1, col2, col3>	指定要导入的字段
--num-mappers <n>	启动 *n* 个 map 来并行导入数据，默认为 4 个
--target-dir <dir>	指定导入的 HDFS 路径
--incremental <mode>	数据导入模式，mode 可选 append 或 lastmodified
--null-string <null-string>	string 类型的列如果为 null，则替换为指定字符串
--null-non-string <null-string>	非 string 类型的列如果为 null，则替换为指定字符串
--where	从关系数据库导入数据时的查询条件
--query	导入查询 SQL 语句的结果，使用时必须伴随参数--target-dir、--hive-table；如果查询中有 where 条件，则条件后必须加上$CONDITIONS 关键字
--check-column <col>	作为增量导入的判断列名
--last-value <value>	指定某一个值，用于标记增量导入的位置

以使用 import 命令将 student 表中“id”小于 3 的数据导入 HDFS 的/user/sqoop 目录为例，介绍 import 命令的基础用法，如代码 6-13 所示。

代码 6-13 导入数据

```
bin/sqoop import \
--connect jdbc:mysql://master:3306/test \
--username root \
--password 123456  \
--table student \
--target-dir /user/sqoop \
--delete-target-dir \
--num-mappers 1 \
```

```
--fields-terminated-by "," \
--where "id<3"
```

程序运行结束后，可在 HDFS 的 Web 端口中查看从 MySQL 数据库导入的数据，如图 6-6 所示。

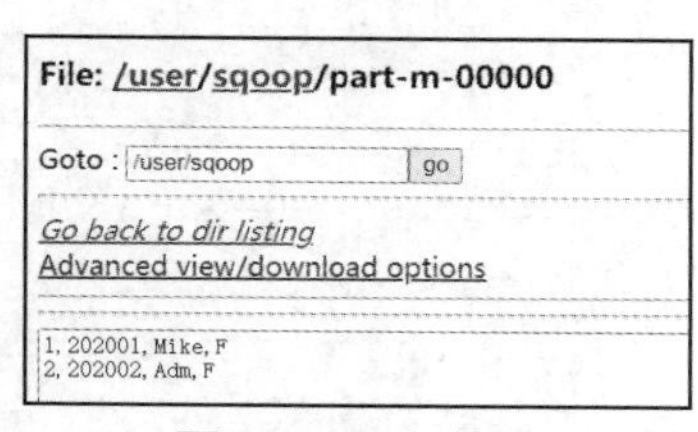

图 6-6　导入结果

在实际应用中，系统可能会定期从与业务相关的关系数据库将数据导入 Hadoop 集群，例如，将数据导入 Hive 数据仓库，以便后续对数据进行离线分析。但是如果每次都将所有数据重新导入一遍，那么会造成资源的浪费，这时可以选择增量导入数据。Sqoop 支持增量导入数据的模式。

增量导入需要提供一个字段作为增量导入的标识，即需要调用“--check-column”参数。以增量导入 student 数据表中的数据到 HDFS 为例，因为在代码 6-13 所示的程序中已经导入“id”字段小于 3 的数据，所以增量导入操作应该从“id”等于 3 的数据开始，如代码 6-14 所示。

代码 6-14　根据 id 列增量导入数据

```
bin/sqoop import \
--connect jdbc:mysql://master:3306/test \
--username root \
--password 123456  \
--table student \
--target-dir /user/sqoop \
--num-mappers 1  \
--fields-terminated-by "," \
--check-column id  \
--incremental append  \
--last-value 2
```

程序运行结果如图 6-7 所示，增量导入操作会新建一个文件来存放数据，让数据不与之前导入的数据合并。

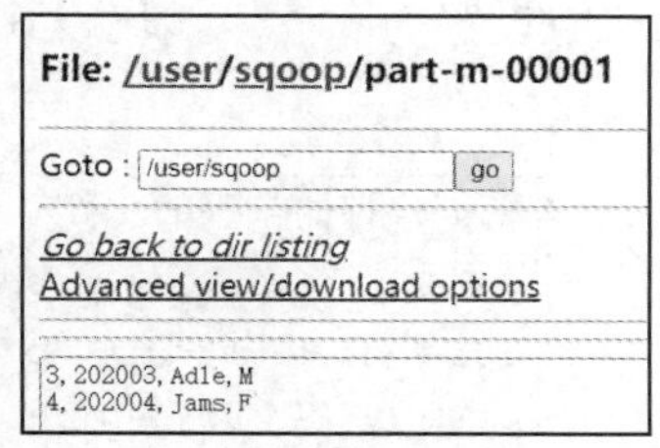

图 6-7　增量导入结果

6.3.2　掌握 Sqoop job 的基本操作

Sqoop job 允许用户创建并使用已保存的 Sqoop 任务（job）。已创建并保存的 job 并不会执行，除非使用参数执行该任务。若已创建并保存的 job 被配置为执行增量导入，则只需在已保存的 job 中更新关于增量导入的行的状态即可，设置 job 只增量导入最新的行。job 命令的参数如表 6-6 所示。

表 6-6　job 命令的参数

参数	解释
--create <job-name>	创建一个 job，创建完成后会自动保存该 job
--delete <job-name>	删除一个 job
--exec <job-name>	执行一个 job
--list	显示 job 列表
--show <job-name>	显示 job 的信息

以创建并运行一个 list-databases 命令的 job 为例，介绍 job 的基础用法，如代码 6-15 所示。

代码 6-15 job 用法示例

```
# 创建 job
bin/sqoop job \
--create myjob \
--list-databases \
--connect jdbc:mysql://master:3306/ \
--username root

# 运行 job
bin/sqoop job --exec myjob
```

程序运行结果如图 6-8 所示。

```
mysql
information_schema
performance_schema
sys
hive
spark
test
browse
[root@master sqoop-1.4.6.bin__hadoop-2.0.4-alpha]#
```

图 6-8 job 运行结果

在运行 job 时，每运行一次 job 都需要手动输入密码，若想避免这一步骤，可以调用“--password-file”参数实现，Sqoop 规定密码文件必须存放在 HDFS 上，并且权限必须设置为只读。因此，首先在 HDFS 上创建/user/password 目录，将密码保存在文件 mysql.pwd 中，并将该文件上传至 HDFS 的/user/password 目录下，最后将/user/password/mysql.pwd 文件的权限设置为只读，如代码 6-16 所示。

代码 6-16 准备密码文件

```
# 创建存储密码的文件
echo -n "123456" >mysql.pwd
hdfs dfs -mkdir -p /user/password/
# 上传密码文件到 HDFS
hdfs dfs -put mysql.pwd /user/mysql.pwd
# 修改密码文件的权限
hdfs dfs -chmod 400 /user/mysql.pwd
```

修改 Sqoop 安装目录下的 conf 文件夹中的 sqoop-site.xml 文件的内容，如代码 6-17 所示。

代码 6-17 修改配置文件

```
<property>
    <name>sqoop.metastore.client.record.password</name>
    <value>true</value>
    <description>If true, allow saved passwords in the metastore.
    </description>
</property>
```

使用 Sqoop job 命令，调用“--password-file”参数声明密码文件的路径，创建免手动输入密码的 job，如代码 6-18 所示。

代码 6-18 创建 job

```
bin/sqoop job \
--create myjob1 \
--list-databases \
--connect jdbc:mysql://master:3306/ \
--password-file /user/mysql.pwd \
--username root
```

6.3.3 使用 Sqoop 将 MySQL 中的数据导入 Hive

Sqoop 支持使用 import 传输命令设置特殊的参数，以实现直接将 MySQL 中的数据导入 Hive，其参数详情如表 6-7 所示。

表 6-7 用 import 命令实现将 MySQL 数据库中的数据导入 Hive 的参数说明

参数	解释
--hive-import	将数据从关系型数据库中导入 Hive 表
--hive-overwrite	覆盖在 Hive 表中已经存在的数据
--hive-table	后面接要创建的 Hive 表，默认使用 MySQL 的表名
--table	指定关系型数据库中的表名
--hive-partition-value <v>	导入数据时，指定某个分区的值
--hive-drop-import-delims	在导入数据至 Hive 时，去掉数据中的\r、\n、\013、\010 等字符
--hive-delims-replacement <val>	用自定义的字符串替换数据中的\r、\n、\013、\010 等字符

以导入 MySQL 数据库的 student 表中的数据到 Hive 为例，使用 Sqoop import 命令直接将 MySQL 数据库中的数据导入 Hive。首先，在 Hive 中创建一个结构与 MySQL 的 student 表结构一致的表，如代码 6-19 所示；然后使用 Sqoop import 命令，并调用对应的参数将 student 表中的数据导入 Hive，如代码 6-20 所示。

代码 6-19 创建 Hive 数据表

```
CREATE TABLE fromMySQL (
id INT,
StudentID INT,
Name STRING,
Gender STRING)
ROW FORMAT DELIMITED FIELDS TERMINATED BY ',';
```

代码 6-20 导入数据至 Hive

```
bin/sqoop import \
--connect jdbc:mysql://master:3306/test \
--username root \
--password 123456  \
--table student \
```

```
--num-mappers 1  \
--lines-terminated-by '\n' \
--fields-terminated-by ',' \
--hive-import \
--hive-overwrite \
--hive-table fromMySQL
```

查看 Hive 数据表的结构和数据，如图 6-9 所示。从图 6-9 可以看出，该表的结构与数据都与 MySQL 中的表一致。

```
hive> desc fromMySQL;
OK
id                      int
studentid               int
name                    string
gender                  string
Time taken: 0.102 seconds, Fetched: 4 row(s)
hive> select * from fromMySQL;
OK
1       202001  Mike    F
2       202002  Adm     F
3       202003  Adle    M
4       202004  Jams    F
Time taken: 0.063 seconds, Fetched: 4 row(s)
```

图 6-9　数据导入结果

6.3.4　任务实现

用户浏览数据是一份静态离线数据，要实现将 MySQL 中用户浏览表 browse_log 中“operatingSystem”是“iOS”的数据导入 Hive 中，具体操作步骤如下。

（1）导入“operatingSystem”是“iOS”的数据至 Hive 中的表 browse_log，如代码 6-21 所示。

代码 6-21　导入数据

```
bin/sqoop import \
--connect jdbc:mysql://master:3306/browse \
--username root \
--password 123456 \
--table browse_log \
--num-mappers 1  \
--lines-terminated-by '\n' \
--fields-terminated-by ',' \
--hive-import \
--hive-overwrite \
--hive-table browse_log \
--hive-drop-import-delims \
--where "operatingSystem like '%iOS%'"
```

（2）在 Hive 中查询导入的前 5 条数据，结果如图 6-10 所示。

```
hive> select * from browse_log limit 5;
OK
Safari  mobile  iOS     1472839882      1
Safari  mobile  iOS     1472803483      1
Safari  mobile  iOS     1472872530      1
Safari  mobile  iOS     1472826138      1
Chrome  mobile  iOS     1472884186      1
Time taken: 0.964 seconds, Fetched: 5 row(s)
```

图 6-10　记录数查询结果

任务 6.4　导出 Hive 中的筛选结果至 MySQL

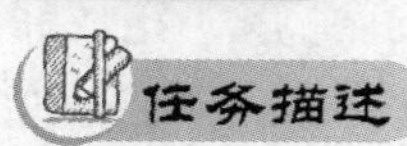

在开发过程中，经常需要在 Hadoop 集群中进行数据处理，再将处理后的筛选结果保存到 MySQL 中，以便后续使用。本任务要求实现将存储在 Hive 中的筛选结果导出至 MySQL。

6.4.1 掌握 Sqoop export 基本操作

Sqoop export 命令可将 Hadoop 集群中的数据导出至关系数据库中。export 命令的参数详情如表 6-8 所示。

表 6-8 export 命令的参数

参数	解释
--direct	利用数据库自带的导入与导出工具，以提高效率
--export-dir <dir>	存放数据的 HDFS 的源目录
--table <table-name>	指定导出至哪个关系数据库中的表
--update-key <col-name>	用于更新的锚列，当此列（或多列）的值相同时则判定它们为重复记录
--columns<col1, col2, col3>	指定要导出的字段
--update-mode <mode>	当插入重复的数据时，有 updateonly、allowinsert 两种模式可选
--staging-table <staging-table-name>	创建一个临时表，用于存放所有事务的结果，然后将所有事务结果一次性导入目标表，防止错误发生
--clear-staging-table	如果 staging-table 参数非空，则可以在执行导出操作前，清空临时事务结果表

Sqoop export 导出命令可以将数据导出至关系数据库的数据表中，其本质是将 Sqoop export 导出命令转换成 INSERT 的 SQL 语句，并将对应的数据记录插入目标数据库表中。如果目标数据库表中已存在该条数据记录，那么就会报错，Sqoop 提供了“--update-key”参数解决这一问题。如果用户设定了“--update-key”参数，那么插入记录的 INSERT 语句将会被转换成 UPDATE 语句，即允许用户针对指定字段插入重复的记录。此外，Sqoop 还提供了“--update-mode <mode>”参数来设定插入数据的模式，该参数支持 updateonly 和 allowinsert 两种模式：设置为 updateonly 模式，插入数据时，若遇到重复的数据，则会直接修改原来的数据；设置为 allowinsert 模式，插入数据时，若遇到重复的数据，则会将该条数据作为一条新的记录插入数据表中。

以 Hive 中的 student 表的数据为例，使用 Sqoop 将 Hive 表中的数据导出至 MySQL。首先需要在 MySQL 中创建结构与 Hive 表一致的空表 fromHive，如代码 6-22 所示；然后使用 Sqoop 访问 Hive 表数据在 HDFS 中的存放路径，将数据从 HDFS 导出至 MySQL，如代码 6-23 所示。

代码 6-22 在 MySQL 数据库中创建数据表 fromHive

```
CREATE TABLE fromHive (
id INT,
studentID INT,
name CHAR(20),
gender CHAR(20));
```

代码 6-23 导出数据至 MySQL

```
bin/sqoop export \
--connect jdbc:mysql://master:3306/test \
--username root \
```

```
--password 123456 \
--table fromHive \
--num-mappers 1 \
--export-dir /user/hive/warehouse/frommysql \
--input-fields-terminated-by ',' \
--update-key 'id' \
--update-mode 'allowinsert'
```

代码 6-23 所示的程序运行结束后，在 MySQL 中查询 fromHive 数据表中的数据，结果如图 6-11 所示。

```
mysql> select * from fromHive;
+------+-----------+------+--------+
| id   | studentID | name | gender |
+------+-----------+------+--------+
|    1 |    202001 | Mike | F      |
|    2 |    202002 | Adm  | F      |
|    3 |    202003 | Adle | M      |
|    4 |    202004 | Jams | F      |
+------+-----------+------+--------+
4 rows in set (0.00 sec)
```

图 6-11　查询结果

6.4.2　使用 Sqoop 从 Hive 传输数据到 MySQL

Sqoop 还提供了直接将 Hive 中的数据导出至 MySQL 的方式，其有别于 6.4.1 小节中介绍的通过访问 HDFS 目录将 Hive 中的数据导出至 MySQL 的方式，直接导出 Hive 数据到 MySQL 的方式只需要提供正确的 Hive 数据库名和表名即可。当数据表的结构比较复杂时，直接将 Hive 中的数据导出至 MySQL 的方式更便捷高效。以 Hive 中的 frommysql 表为例，直接导出 Hive 表的数据至 MySQL，具体实现如代码 6-24 所示。

代码 6-24　直接导出 Hive 表的数据到 MySQL

```
bin/sqoop export \
--connect jdbc:mysql://master:3306/test \
--username root --password 123456 \
--table fromHive \
--num-mappers 1 \
--hcatalog-database default\
--hcatalog-table frommysql \
--input-fields-terminated-by ',' \
--fields-terminated-by ',' \
--input-null-string '\\N' \
--input-null-non-string '\\N'
```

6.4.3　任务实现

实现将存储在 Hive 中的筛选结果数据导出至 MySQL，首先在 MySQL 数据库中创建一个与 Hive 表 browse_log 数据结构一致的表 new_browse，如代码 6-25 所示。

代码 6-25　创建数据表

```
create table new_browse (
browser varchar(50),
operatingSystem varchar(50),
deviceCategory varchar(50),
visitid long,
visitNumber int
);
```

然后使用 Sqoop 传输命令，将 Hive 中的筛选结果数据导出至 MySQL 表，如代码 6-26 所示。

代码 6-26 导出 Hive 中的数据到 MySQL

```
bin/sqoop export \
--connect jdbc:mysql://master:3306/browse \
--username root --password 123456 \
--table new_browse \
--num-mappers 1 \
--hcatalog-database default \
--hcatalog-table browse_log \
--input-fields-terminated-by ',' \
--fields-terminated-by ',' \
--input-null-string '\\N' \
--input-null-non-string '\\N'
```

代码 6-26 所示的程序运行结束后，在 MySQL 中查询 new_browse 表的数据，结果如图 6-12 所示。

```
mysql> select * from new_browse limit 5;
+---------+-----------------+----------------+------------+-------------+
| browser | operatingSystem | deviceCategory | visitid    | visitNumber |
+---------+-----------------+----------------+------------+-------------+
| Safari  | iOS             | mobile         | 1472839882 |           1 |
| Safari  | iOS             | mobile         | 1472803483 |           1 |
| Safari  | iOS             | mobile         | 1472872530 |           1 |
| Safari  | iOS             | mobile         | 1472826138 |           1 |
| Chrome  | iOS             | mobile         | 1472884186 |           1 |
+---------+-----------------+----------------+------------+-------------+
5 rows in set (0.01 sec)
```

图 6-12 查询结果

项目总结

多数使用 Hadoop 技术处理大数据业务的企业，有大量的数据存储在关系数据库中。如果没有工具支持，那么 Hadoop 和关系数据库之间的数据传输是一件很困难的事，而 Sqoop 提供了几乎所有主流数据库的连接器。

本项目首先介绍了 Sqoop 的概念，并详细地介绍了如何在 Hadoop 虚拟机集群上安装与配置 Sqoop；其次介绍了 Sqoop 的基本传输命令；然后结合用户浏览数据的传输实例，分点深入介绍了 Sqoop 常用的 eval、import、export、job 等传输命令的用法，讲解了 MySQL 与 Hive、HDFS 之间的数据传输，最终实现用户浏览数据在不同场景下的传输与查询。

通过本项目的学习，学生对使用 Sqoop 在 Hadoop 与关系数据库之间的数据传输操作会有一个更加深刻的理解，认识到数据传输在数据存储中的重要作用，同时形成解决问题的基本策略，体验解决问题策略的多样性。

实 训

实训目的

（1）掌握 Sqoop 基本传输命令的使用。

（2）掌握使用 Sqoop 实现 MySQL 中的数据查询操作。

（3）掌握使用 Sqoop 实现 MySQL 与 Hive 之间的数据传输。

实训　传输用户登录数据

1. 训练要点

（1）掌握使用 Sqoop eval 命令查询 MySQL 数据库中的数据的方法。

（2）掌握使用 Sqoop import 命令实现将数据导入 Hive 的方法。

（3）掌握使用 Sqoop export 命令实现将 Hive 中的数据导出至 MySQL 的方法。

2. 需求说明

根据 user_login.txt 用户登录数据文件的数据结构，在 MySQL 数据库中创建表，利用 Sqoop eval 命令查询数据表中的记录数；并且实现将数据增量导入 Hive，再将 Hive 中的数据导出至 MySQL 数据库。user_login.txt 文件包含用户名与登录日期两个数据字段，示例数据如图 6-13 所示。

```
Nehru,2016-01-01
Dane,2016-01-01
Walter,2016-01-01
Gloria,2016-01-01
Clarke,2016-01-01
Madeline,2016-01-01
Kevyn,2016-01-01
Rebecca,2016-01-01
Calista,2016-01-01
```

图 6-13　user_login.txt 文件的示例数据

3. 思路及步骤

（1）根据 user_login.txt 文件中的用户登录数据结构，在 MySQL 数据库中创建 user_login 表，并将数据导入 user_login。使用 Sqoop eval 命令，编写 SQL 查询语句，查询 MySQL 数据表中的记录数。

（2）创建 Hive 表，将 MySQL 中的 user_login 表里的部分数据导入 Hive。

（3）利用 Sqoop export 命令，将 Hive 中的数据导出至 MySQL。

课后习题

1. 选择题

（1）Sqoop 实现的功能是（　　）。

A. 数据清洗　　B. 数据传输　　C. 数据采集　　D. 数据处理

（2）Sqoop 的基础配置存放在（　　）文件中。

A. oraoop-site-template.xml　　B. sqoop-site-template.xml

C. sqoop-site.xml　　D. sqoop-env.sh

（3）在 Sqoop 的基本传输命令中，实现使用 SQL 语句对关系数据库的数据进行操作的命令是（　　）。

A. eval　　B. import　　C. merge　　D. job

（4）设置启动 map 并导入数据的参数是（　　）。

A. --connect　　B. --num-mappers

C. --target-dir　　D. --query

（5）【多选】Sqoop 中支持的关系数据库有（　　）。

A. MySQL　　B. Oracle　　C. SQL Server　　D. PostgreSQL

（6）【多选】Sqoop 中的 export 命令可以使用的参数有（　　）。

A. --update-mode　　B. --staging-table

C. -- last-value　　D. --check-column

（7）--fields-terminated-by "\t"代表的意思是（　　）。

A. 设置输出文件分割符为空格　　B. 设置输出文件分割符为制表符

C. 设置 map 的个数为\t　　D. 条件查询

2. 操作题

根据 emp.txt 文件中的数据，在 MySQL 数据库中创建 emp 表，并将数据导入 emp 表，然后使用 Sqoop 工具将 emp 表的数据导入 Hive，完成之后再将 Hive 中的数据导出至 MySQL 数据库。

emp.txt 文件中的数据包含字段"员工编号""姓名""职位""上司编号""入职时间""工资""奖金""部门编号"，其数据示例如图 6-14 所示。

```
7369,SMITH,CLERK,7902,1980-12-17,800.00,,20
7499,ALLEN,SALESMAN,7698,1981-2-20,1600.00,300.00,30
7521,WARD,SALESMAN,7698,1981-2-22,1250.00,500.00,30
7566,JONES,MANAGER,7839,1981-4-2,2975.00,,20
7654,MARTIN,SALESMAN,7698,1981-9-28,1250.00,1400.00,30
```

图 6-14　emp.csv 文件数据示例

拓展阅读

【导读】在《国家税务总局 2019 年信息化产品协议入围（第 3 包）成交公告》中，AnyRobot 敏捷分析的日志云凭借卓越的技术水平和产品质量、优秀的服务实力成功入围，为各省市和地方税务局网络日志的统一采集、存储与管理工作提供服务。

AnyRobot 统一日志管理解决方案，通过对日志数据进行数据中心级采集、成本最优化存储和任意用户角色可用式数据分析，满足各地税务局对异地异构的日志数据统一管理，做到日志数据的合规存储与管理。AnyRobot 日志数据存储在满足合规留存的基础上，采用高扩展性的分布式存储方案，可存储 PB 级日志数据量；存储资源可横向节点扩展，以满足不断增加的日志数据存储需求。

在数字化时代，网络日志数据蕴含着登录用户的所有信息，其数据价值不可估量，但日志数据不易保存，实时获取及分析难度较大，日志数据的存储与管理往往成为企业数据建设首先需要面对的瓶颈，因此，一个合理的日志数据存储方案设计是非常重要的。

《中华人民共和国网络安全法》第二十一条明确规定："采取监测、记录网络运行状态、网络安全事件的技术措施，并按照规定留存相关的网络日志不少于六个月。"

【思考】因为访问网站的用户越来越多，所产生的数据也迅速增长，如何预处理和存储海量数据，并从数据中挖掘出高价值信息成为当务之急。对日志数据的存储而言，日志数据有哪些分类？你觉得应该从哪些角度思考不同类型的日志数据的存储方式？

项目 7 广电用户数据存储与分析

教学目标

1. 知识目标

（1）了解项目需求分析的过程。

（2）了解 ElasticSearch、Hive、MySQL 和 HBase 在大数据存储中的适用范围。

（3）掌握将 CSV 文件导入 ElasticSearch 的方法。

（4）掌握将 ElasticSearch 数据导入 Hive 的方法。

（5）了解在 Hive 中对数据进行清洗和统计分析的方法。

（6）掌握将 Hive 数据导入 MySQL 的方法。

（7）掌握将 Hive 数据导入 HBase 的方法。

2. 技能目标

（1）能够根据业务目标进行需求分析、技术选型。

（2）能够根据具体的业务需求设计存储与分析的架构。

（3）能够完成 ElasticSearch 与 Hive 之间的数据导入与导出操作。

（4）能够使用 Hive 实现数据的探索，并根据探索结果进行清洗和分析。

（5）能够完成 Hive 与 MySQL、HBase 之间的数据导入与导出操作。

3. 素养目标

（1）具备灵活变通的问题处理能力，在处理数据时，需要时刻注意数据的动态变化，灵活构建和使用。

（2）遵守学术伦理规范，运用相关知识与技术对广电行业用户数据进行分析，同时提高学生对行业数据进行分析的专业性。

（3）引导学生用发展的观点看待事物，了解行业变化的趋势，善于抓住时代发展的机遇。

（4）培养学生爱国敬业的精神，提高学生归纳总结的能力，通过摸索行业数据间的联系，归纳行业发展的潜在轨迹，为未来道路提供方向指引。

项目描述

1. 项目背景

广播电视行业是指专业从事广电设备的生产、研究、销售的单位，主要包括摄、录、监、采、编、播、管、存等方面。伴随互联网和移动互联网的快速发展，各种网络电视和视频应用（如爱奇艺、腾讯视频、芒果 TV 等）出现了，人们的电视观看行为正在发生变化，由之前的传统电视媒介向计算机、手机、平板电脑端的网络电视转化。

目前某广播电视网络运营集团已建成完整覆盖各区（县级市）的有线传输与无线传输互为延伸、互为补充的广电宽带信息网络，实现了城区全程全网的双向覆盖，为广大市民提供了有线数字电视、互联网接入、高清互动电视、移动数字电视、手机电视、信息内容集成等多样化、跨平台的信息服务。该集团的数据来源多种多样，需要对这些数据进行存储和分析。

2. 项目目标

本项目将实现广电用户数据的存储、处理和分析。先将 CSV 格式的数据导入 ElasticSearch，再将 ElasticSearch 数据导入 Hive 进行数据探索清洗和分析，最后将清洗与分析的结果导入 MySQL 和 HBase。

3. 项目分析

（1）根据该广电集团的业务需求进行具体分析，确定存储与分析的技术选型，并设计存储与分析架构。

（2）为模拟真实生产环境，先将 CSV 的数据导入 ElasticSearch 中，再将 ElasticSearch 数据导入 Hive 中。

（3）对广电用户数据进行探索分析，统计出不同类型的用户记录数、用户收视时长分布和用户的机顶盒待机记录。

（4）根据数据探索总结出数据清洗规则，处理广电用户数据中的无效数据，包括无效的用户、收视、账单、订单数据。

（5）根据广电用户的月均消费金额，计算用户的电视消费水平和宽带消费水平，作为广电用户的消费水平标签。

（6）将处理后的结果保存至 MySQL 数据库中。

项目实施

任务 7.1 分析需求与架构

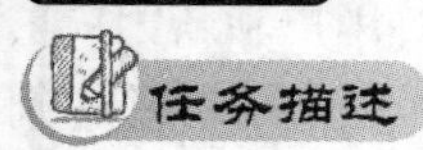

任务描述

需求分析是指开发人员经过深入、细致的调研和分析，准确理解用户需求和项目的功能、性能、可靠性等具体要求，将用户非形式化的需求表述转换为完整的需求定义，从而确定系统必须做什么的过程。需求分析是项目计划阶段的重要工作，也是数据处理过程中的一个重要环节。

7.1.1 业务需求分析

在该集团目前的信息系统架构下，数据主要有用户终端运行状态数据、用户行为数据、用户在电信业务运营支持系统（Business and Operation Support System，BOSS）中的信息及所有点播节目和直播节目的各种数据。这些数据来自运行维护系统（网管等系统）、业务支撑系统（BOSS 等系统）、媒体资源系统及其他信息系统。

经过分析，产生大量数据的位置主要集中在用户终端状态及用户行为上，而其他位置的数据并没有发生实质的变化。

1. 用户收视行为数据

用户收视行为数据由网管系统实时采集。在采集的数据中有大量无效数据，这些无效数据是指用户观看时长过短或过长的数据记录，出现这些数据记录的原因可能是用户频繁切换频道或者只关闭电视机而忘记关闭机顶盒。在用户收视行为信息表中，duration 字段记录了用户的每次收视时长，根据 duration 字段统计分析用户的总收视时长，并找到无效的数据。

2. 用户消费水平标签阈值探索

用户画像是基于大数据展开精准营销的核心。基于大数据进行精准营销这个过程给广电运营商的营销战略提出了很大的挑战。传统的营销模式是根据用户的固定属性，如用户的性别、年龄、职业等来判断用户的购买力与需求，从而进行市场划分并制定相应的营销策略，并不能精准地满足每一个用户的差异化需求。

利用大数据技术进行用户画像的建立，将用户标签化，以用户为中心，串联起用户所有的历史行为，然后根据这些历史行为建立用户画像，细分出用户的各种特征，由此能够从整体上深入了解每一个用户。

基于大数据技术下的用户画像，利用用户的收视行为数据，统计用户的收视偏好，了解用户的兴趣喜好，通过个性化推荐服务向用户推荐可能感兴趣的电视节目内容，对提高节目的收视率有着积极的作用，这对提升广电运营商的运营能力可能会起到决定性的作用。

账单信息表反映了用户每个月的消费情况，对其进行分析探索能够更好地了解用户的消费行为，制定用户消费水平标签的子标签及各子标签的判断阈值，从而给每个用户“贴”上一个合适的消费水平标签。电视用户和宽带用户的业务和费用不同，因此需要分别分析探索这两种用户的消费情况。根据用户的消费记录可得到用户月均消费金额，并分析出用户消费水平标签的判断阈值，再为用户添加消费水平标签。

3. 用户入网程度标签阈值探索

用户基本信息表中的 open_time 字段记录了用户的开户时间，利用此信息可以给用户“贴”上用户入网程度标签，即电视入网程度标签（子标签包含老用户、中等用户和新用户）、宽带入网程度标签（子标签包含老用户、中等用户和新用户）。具体的入网程度子标签的判断阈值需要通过对数据进行分析统计来确定。

由于用户分为电视用户和宽带用户两种，这两种用户的业务属性不同，因此需要分别分析这两种用户的入网时长特性，从而确定判断子标签的阈值，并根据阈值为用户添加电视或宽带入网程度标签。

7.1.2 选择存储与分析技术

针对本项目，项目架构师根据项目需求和项目成员提出了以下技术选型。

（1）业务数据的存储使用 ElasticSearch。该集团使用 ElasticSearch 存储用户数据，因此对数据源没有选型的需求，直接使用客户（甲方）使用的数据存储技术即可。

（2）使用 Hive 外部表关联 ElasticSearch。使用 Hive 外部表关联 ElasticSearch，利用 Hive 直接对 ElasticSearch 的数据进行操作，编写 Hive 查询语句实现 7.1.1 小节中的业务需求。

（3）使用 Sqoop 实现将存储在 Hive 中的用户画像结果传输到 MySQL。

7.1.3 设计存储与分析架构

根据业务需求，本项目的整体架构和流程设计如下。

1. 将业务数据导入 ElasticSearch

该集团提供的数据是 CSV 格式，其文件以纯文本形式存储表格数据（数据和文本）。纯文本意味着该文件是一个字符序列，其中的数据不必像二进制数字那样需要被解读。CSV 文件由任意数目的记录组成，每条记录之间以某种换行符分隔；每条记录由字段组成，字段间的分隔符是其他字符或字符串，最常见的是逗号或制表符。通常，所有记录都有完全相同的字段序列，如图 7-1 所示。

```
mediamatch_usermsg.csv - 记事本
文件(F) 编辑(E) 格式(O) 查看(V) 帮助(H)
usermsg_100000.terminal_no;usermsg_100000.phone_no;usermsg_100000.sm_name;usermsg_100000.run_name;usermsg_
usermsg_100000.owner_name;usermsg_100000.owner_code;usermsg_100000.run_time;usermsg_100000.addressoj;userms
me;usermsg_100000.force
00182492;2279143;珠江宽频;主动销户;b0;HC级;00;2009-03-06 15:30:51;越秀区水荫四横路***号房;2007-12-01 10:27:39;NULL
00860882;2134824;数字电视;主动销户;d1;HC级;00;2011-03-17 10:57:54;越秀区明月一路**号***;2008-01-10 10:39:39;NULL
02937868;2017186;珠江宽频;主动销户;b0;HC级;00;2009-09-29 18:12:46;越秀区环市东路***号房;2006-08-04 14:08:29;NULL
02937868;2024390;珠江宽频;主动销户;b0;HC级;00;2009-09-29 16:57:27;越秀区环市东路***号房;2006-04-25 09:52:03;NULL
02937868;2044555;珠江宽频;主动销户;b0;HC级;00;2010-03-25 11:33:18;越秀区环市东路***号房;2006-04-25 09:43:59;NULL
02937868;2050088;珠江宽频;主动销户;b0;HC级;00;2009-09-29 13:20:02;越秀区环市东路***号房;2006-04-24 15:34:20;NULL
02937868;2056676;珠江宽频;主动销户;b0;HC级;00;2009-09-29 19:25:55;越秀区环市东路***号房;2006-04-24 15:38:33;NULL
02937868;2082333;珠江宽频;主动销户;b0;HC级;00;2009-09-29 18:23:33;越秀区环市东路***号房;2006-04-24 15:35:35;NULL
02937868;2082337;珠江宽频;主动销户;b0;HC级;00;2009-09-29 17:16:18;越秀区环市东路***号房;2006-04-25 09:37:53;NULL
02937868;2082339;珠江宽频;主动销户;b0;HC级;00;2009-09-29 17:39:34;越秀区环市东路***号房;2006-04-25 09:51:15;NULL
02937868;2083049;珠江宽频;主动销户;b0;HC级;00;2009-09-29 17:57:31;越秀区环市东路***号房;2006-07-05 17:12:41;NULL
02937868;2092485;珠江宽频;主动销户;b0;HC级;00;2010-03-25 11:26:41;越秀区环市东路***号房;2006-04-25 10:01:27;NULL
```

图 7-1 用户数据文本显示

2. 通过 Hive 外部表关联 ElasticSearch 的业务数据

ElasticSearch 是一个基于 Lucene 构建的开源、分布式、RESTful 搜索引擎。ElasticSearch 能够用于云计算中，并可满足实时搜索的需要，具有稳定、可靠、快速、安装与使用方便等特点。而 Hive 是一个基于 HDFS 的数据仓库，为了让用户通过一种类 SQL（HiveQL）的语言对 HDFS 的数据进行访问，可以结合 ElasticSearch 与 Hive 实现实时访问 HDFS 中的数据。

（1）利用 Hive 实现业务需求

Apache Hive 数据仓库有助于用户使用 SQL 读取、写入和管理驻留在分布式存储系统中的大型数据集。其可以将结构投影到已存储的数据上，利用命令行工具和 JDBC 驱动程序，让用户连接到 Hive。Hive 非常适用于完成传统的数据仓库任务，因此利用 Hive 更容易完成无效用户信息处理、无效收视数据处理、无效账单数据处理和无效订单数据处理。

（2）利用 Sqoop 将用户画像结果传输到 MySQL 数据库

Sqoop 是 Clouder 公司开发的分布式数据迁移工具，主要用于在 Hadoop 与传统数据库间进行数据的传递。利用 Sqoop 将 Hive 数据导出至 MySQL 后，其他面向对象程序即可使用 Hive 数据。

任务 7.2 将 CSV 格式数据导入 ElasticSearch

由于数据是由 ElasticSearch 导出的，因此为了对该集团的数据进行分析，需要将其提供的 CSV 数据导入 ElasticSearch 中。

7.2.1 了解数据

在此项目中，该集团的业务数据表有用户基本信息表、账单信息表、订单信息表、用户状态信息变更表及用户收视行为信息表。这些表的数据是从 ElasticSearch 中以 CSV 格式导出的。

1. 用户基本信息表

用户基本信息表记录的是用户最新状态信息。用户基本信息表对应的 CSV 文件名称为 mediamatch_usermsg.csv。用户基本信息字段说明如表 7-1 所示。

表 7-1 用户基本信息字段说明

字段	描述
terminal_no	用户地址编号
phone_no	用户编号
sm_name	品牌名称
run_name	状态名称
sm_code	品牌编号
owner_name	用户等级名称
owner_code	用户等级
run_time	状态变更时间
addressoj	完整地址
estate_name	街道或小区地址
force	宽带是否生效
open_time	开户时间

2. 用户状态信息变更表

用户状态信息变更表用于记录用户所有时段的状态信息。用户状态信息变更表对应的 CSV 文件名称为 mediamatch_userevent.csv。用户状态信息变更字段说明如表 7-2 所示。

表 7-2 用户状态信息变更字段说明

字段	描述
run_name	状态名称
run_time	状态更改时间
owner_code	用户等级编号
owner_name	用户等级名称
sm_name	品牌名称
open_time	开户时间
phone_no	用户编号

3. 账单信息表

账单信息表记录了用户每月的账单信息，这些账单信息会在每月 1 日生成。账单信息表对应的 CSV 文件名称为 mmconsume_billevents.csv。账单信息字段说明如表 7-3 所示。

表 7-3 账单信息字段说明

字段	描述
fee_code	费用类型
phone_no	用户编号
owner_code	用户等级
owner_name	用户等级编号
sm_name	品牌名称
year_month	账单生成时间
terminal_no	用户地址编号
favour_fee	优惠金额（+代表优惠，-代表额外费用）
should_pay	应收金额，单位：元

4. 订单信息表

订单信息表记录了用户订购产品的信息，用户每订购一个产品，就会产生相应的记录。订单信息表对应的 CSV 文件名称为 order_index.csv。订单信息字段说明如表 7-4 所示。

表 7-4 订单信息字段说明

字段	描述
phone_no	用户编号
owner_name	用户等级名称
optdate	产品订购状态更新时间
prodname	订购产品名称
sm_name	品牌名称
offerid	订购套餐编号
offername	订购套餐名称
business_name	订购业务状态
owner_code	用户等级

续表

字段	描述
prodprcid	订购产品名称（带价格）的编号
prodprcname	订购产品名称（带价格）
effdate	产品生效时间
expdate	产品失效时间
orderdate	产品订购时间
cost	订购产品价格
mode_time	产品标识，辅助标识主、附销售品
prodstatus	订购产品状态
run_name	状态名
orderno	订单编号

5. 用户收视行为信息表

用户收视行为信息表记录了用户观看电视的收视信息，其中观看方式可分为直播、点播和回看，用户每切换一个频道就会生成一条新的记录。用户收视行为信息表对应的 CSV 文件名称是 media_index.csv。用户收视行为信息字段说明如表 7-5 所示。

表 7-5　用户收视行为信息字段说明

字段名	描述
terminal_no	用户地址编号
phone_no	用户编号
duration	观看时长，单位：毫秒
station_name	直播频道名称
origin_time	观看行为开始时间
end_time	观看行为结束时间
owner_code	用户等级
owner_name	用户等级名称
vod_cat_tags	vod 节目包的相关信息（nested object），按不同的节目包目录组织
resolution	点播节目的清晰度
audio_lang	点播节目的语言类别
region	节目地区信息
res_name	设备名称
res_type	媒体节目类型，0 表示直播，1 表示点播或回看
vod_title	vod 节目名称
category_name	节目所属分类
program_title	直播节目名称
sm_name	品牌名称

7.2.2　将数据导入 ElasticSearch

在 5.3 节中详细介绍了导入数据到 ElasticSearch 的方法，此处将利用 ElasticSearch 的 Bulk API，批量地将数据导入 ElasticSearch。

1. 导入数据

以导入用户收视行为信息数据为例，如代码 7-1 所示。

代码 7-1　导入用户收视行为信息数据

```
import org.apache.http.HttpHost;
import org.apache.http.client.config.RequestConfig;
import org.elasticsearch.action.admin.indices.create.CreateIndexRequest;
import org.elasticsearch.action.bulk.BulkRequest;
import org.elasticsearch.action.index.IndexRequest;
import org.elasticsearch.client.RequestOptions;
import org.elasticsearch.client.RestClient;
import org.elasticsearch.client.RestClientBuilder;
import org.elasticsearch.client.RestHighLevelClient;
import org.elasticsearch.common.settings.Settings;
import java.io.*;
import java.text.SimpleDateFormat;
import java.util.HashMap;
import java.util.Map;

public class mediaIndex2ES {
    public static BulkRequest bulk = new BulkRequest();
    public static void main(String[] args) throws IOException {
        RestClientBuilder builder = RestClient.builder(
                new HttpHost("192.168.128.130", 9200, "http"),
                new HttpHost("192.168.128.131", 9200, "http"),
                new HttpHost("192.168.128.132", 9200, "http"),
                new HttpHost("192.168.128.133", 9200, "http")
        ).setRequestConfigCallback(
                        new RestClientBuilder.RequestConfigCallback() {
                            public RequestConfig.Builder
customizeRequestConfig(
                                    RequestConfig.Builder
requestConfigBuilder) {
                                return requestConfigBuilder
                                        .setConnectTimeout(50000)
                                        .setSocketTimeout(600000);
                            }
                        }).setMaxRetryTimeoutMillis(100000);
        RestHighLevelClient client = new RestHighLevelClient(builder);
        CreateIndexWithMapping(client,"media_index");
        putData(client);
        client.close();
    }

    public static void CreateIndexWithMapping(RestHighLevelClient client,
String indexName
    ) throws IOException {
        CreateIndexRequest request = new CreateIndexRequest(indexName);
```

```
        // 设置索引的映射
        request.settings(
                Settings.builder()
                        .put("index.number_of_shards", 5)
                        .put("index.number_of_replicas", 0)
                        .put("refresh_interval",-1)
        );
        request.mapping("data",
                "terminal_no","type=long",
                "phone_no","type=long",
                "duration","type=long",
                "station_name","type=keyword",
                "origin_time","type=keyword",
                "end_time","type=keyword",
                "owner_code","type=keyword",
                "owner_name","type=keyword",
                "vod_cat_tags","type=keyword",
                "resolution","type=keyword",
                "audio_lang","type=keyword",
                "region","type=keyword",
                "res_name","type=keyword",
                "res_type","type=long",
                "vod_title","type=keyword",
                "category_name","type=keyword",
                "program_title","type=keyword",
                "sm_name","type=keyword");
        client.indices().create(request, RequestOptions.DEFAULT);
    }

        public static void putData(RestHighLevelClient client) throws
IOException {
            File file = new File("./media_index.csv");
            BufferedReader br = new BufferedReader(new InputStreamReader
(new FileInputStream(file)));
            String line = null;
            Integer i= 1;

            bulk = new BulkRequest();
            while((line = br.readLine())!=null){//使用readLine()方法，一次读一行
                String[] values = line.split(";",-1);
                Map<String, Object> jsonMap = new HashMap<String, Object>();
                jsonMap.put("terminal_no", values[0]);
                jsonMap.put("phone_no", values[1]);
                jsonMap.put("duration", values[2]);
                jsonMap.put("station_name", values[3]);
                jsonMap.put("origin_time", values[4]);
                jsonMap.put("end_time", values[5]);
                jsonMap.put("owner_code", values[6]);
```

```
                jsonMap.put("owner_name", values[7]);
                jsonMap.put("vod_cat_tags", values[8]);
                jsonMap.put("resolution", values[9]);
                jsonMap.put("audio_lang", values[10]);
                jsonMap.put("region", values[11]);
                jsonMap.put("res_name", values[12]);
                jsonMap.put("res_type", values[13]);
                jsonMap.put("vod_title", values[14]);
                jsonMap.put("category_name", values[15]);
                jsonMap.put("program_title", values[16]);
                jsonMap.put("sm_name", values[17]);
                bulk.add(new IndexRequest("media_index","data",i.
toString()).source(jsonMap));
                if (i%5000==0 ){
                    System.out.println("程序总运行时间： " + (endTime -
startTime) + "ms");
                }
                i=i+1;
            }
            client.bulk(bulk, RequestOptions.DEFAULT);
            br.close();
        }
    }
```

在代码 7-1 中完成了创建存储用户收视行为信息 ElasticSearch 的索引、映射并批量插入了具体的数据等操作。以同样的方式，分别导入用户基本信息表、用户状态信息变更表、账单信息表、订单信息表数据即可。在 Head 浏览页面中浏览已导入的用户收视行为信息表的数据，结果如图 7-2 所示。

_index	_type	_id	_score ▲	station_name	phone_no	vod_cat_tags
media_index	data	14	1	深圳卫视-高清	2486644	NULL
media_index	data	19	1	广州电视-高清	4880207	NULL
media_index	data	22	1	CCTV5+体育赛事	2935424	NULL
media_index	data	24	1	江苏卫视-高清	2610917	NULL
media_index	data	25	1	广东体育-高清	3512909	NULL
media_index	data	26	1	深圳卫视-高清	4886181	NULL
media_index	data	29	1	中央8台-高清	5115304	NULL
media_index	data	40	1	广州新闻-高清	5054159	NULL
media_index	data	41	1	广东体育-高清	5091514	NULL
media_index	data	44	1	北京卫视-高清	2555553	NULL
media_index	data	48	1	上海纪实-高清	3862261	NULL
media_index	data	52	1	中央4台-高清	3218270	NULL
media_index	data	60	1	NULL	2984645	[{"level1_name":"点播","level2_name":"动漫剧场","level3_name":"火影忍者","level4_name":null,"level5_name
media_index	data	73	1	广东少儿	5307938	NULL
media_index	data	79	1	中央10台-高清	3474744	NULL
media_index	data	84	1	湖南卫视-高清	2771806	NULL
media_index	data	89	1	中央1台-高清	5283833	NULL
media_index	data	92	1	湖北卫视-高清	3198067	NULL
media_index	data	98	1	NULL	5175413	[{"level1_name":"回看","level2_name":"专业频道","level3_name":"卡酷动画","level4_name":"2018-7-6","level:
media_index	data	99	1	中央10台-高清	5318098	NULL
media_index	data	105	1	卡酷动画	3871210	NULL
media_index	data	108	1	北京纪实-高清	4830951	NULL
media_index	data	110	1	凤凰中文	4841373	NULL
media_index	data	116	1	金鹰纪实-高清	3822235	NULL
media_index	data	119	1	NULL	3824312	[{"level1_name":"点播","level2_name":"精彩点","level3_name":"动漫","level4_name":"爱探险的朵拉 第六季","le
media_index	data	120	1	NULL	3824312	[{"level1_name":"点播","level2_name":"复联强势觉醒 重温漫威十年","level3_name":null,"level4_name":null,"le
media_index	data	123	1	广州新闻-高清	3836469	NULL
media_index	data	126	1	NULL	3817700	[{"level1_name":"点播","level2_name":"精彩点","level3_name":"电视剧","level4_name":"诚忠堂","level5_name
media_index	data	129	1	NULL	3817700	[{"level1_name":"点播","level2_name":"精彩点","level3_name":"粤语高清","level4_name":"电视剧","level5_nar
media_index	data	130	1	NULL	3824312	[{"level1_name":"点播","level2_name":"精彩点","level3_name":"粤语高清","level4_name":"电视剧","level5_nar

图 7-2　用户收视行为信息表数据导入结果

2. 查询各表中的数据记录数

利用 Head 插件提交查询请求，查询各表中的数据记录数。以查询用户收视行为信息表的记录数为例，如图 7-3 所示。

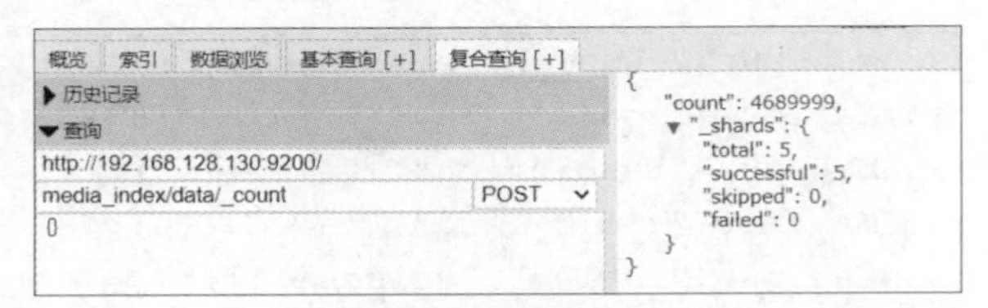

图 7-3 查询记录数

利用同样的方法，查询出其他表的记录数，结果如表 7-6 所示。

表 7-6 记录数查询结果

表名	记录数
用户收视行为信息表	4689999
用户状态信息变更表	100000
账单信息表	437453
订单信息表	608511
用户基本信息表	98644

任务 7.3 转移 ElasticSearch 数据至 Hive

为了方便使用 SQL 对数据进行访问，需要将数据转移到 Hive。将 ElasticSearch 数据导入 Hive 主要有两种方法：一种是创建 Hive 和 ElasticSearch 的映射表，利用 insert into 语句或者 insert overwrite 语句将数据导入到另一个 Hive 表；另一种是使用代码实现。本节的任务是使用第一种方法，创建 Hive 和 ElasticSearch 的映射表，将 ElasticSearch 的数据导入 Hive 表。

7.3.1 在 Hive 中创建数据管理表

在转移数据之前，需要在 Hive 中创建数据表，创建表 mediamatch_usermsg 的操作如代码 7-2 所示。

代码 7-2 在 Hive 中创建表 mediamatch_usermsg

```
CREATE EXTERNAL TABLE IF NOT EXISTS mediamatch_usermsg(
terminal_no bigint,
phone_no bigint,
sm_name string,
run_name string,
sm_code string,
owner_name string,
owner_code string,
run_time string,
addressoj string,
open_time string,
force string
)
STORED BY 'org.elasticsearch.hadoop.hive.EsStorageHandler'
```

```
TBLPROPERTIES(
    'es.nodes' = '192.168.128.130:9200',
    'es.resource' = 'mediamatch_usermsg/data',
    'es.net.http.auth.user' = 'es',
    'es.net.http.auth.pass' = '123456'
);
```

在创建过程中，先判断表对象是否存在，如果表存在将抛出一个错误。在 Hive 中创建表，如代码 7-3 所示。

代码 7-3 在 Hive 中创建表

```
CREATE EXTERNAL TABLE IF NOT EXISTS mediamatch_userevent(
phone_no bigint,
run_name string,
run_time string,
owner_name string,
owner_code string,
open_time string
)
STORED BY 'org.elasticsearch.hadoop.hive.EsStorageHandler'
TBLPROPERTIES(
    'es.nodes' = '192.168.128.130:9200',
    'es.resource' = 'mediamatch_userevent/data',
    'es.net.http.auth.user' = 'es',
    'es.net.http.auth.pass' = '123456'
);
select count(*) from mediamatch_userevent;

CREATE EXTERNAL TABLE IF NOT EXISTS mmconsume_billevents(
terminal_no bigint,
phone_no bigint,
fee_code string,
year_month string,
owner_name string,
owner_code string,
sm_name string,
should_pay double,
favour_fee double
)
STORED BY 'org.elasticsearch.hadoop.hive.EsStorageHandler'
TBLPROPERTIES(
    'es.nodes' = '192.168.128.130:9200',
    'es.resource' = 'mmconsume_billevents/data',
    'es.net.http.auth.user' = 'es',
    'es.net.http.auth.pass' = '123456'
);
select count(*) from mmconsume_billevents;
```

```
CREATE EXTERNAL TABLE IF NOT EXISTS order_index(
phone_no bigint,
owner_name string,
optdate string,
prodname string,
sm_name string,
offerid string,
offername string,
business_name string,
owner_code string,
prodprcid string,
prodprcname string,
effdate string,
expdate string,
orderdate string,
cost double,
mode_time string,
prodstatus string,
run_name string,
orderno bigint,
offertype bigint
)
STORED BY 'org.elasticsearch.hadoop.hive.EsStorageHandler'
TBLPROPERTIES(
    'es.nodes' = '192.168.128.130:9200',
    'es.resource' = 'order_index/data',
    'es.net.http.auth.user' = 'es',
    'es.net.http.auth.pass' = '123456'
);
select count(*) from order_index;

CREATE EXTERNAL TABLE IF NOT EXISTS media_index(
terminal_no bigint,
phone_no bigint,
duration bigint,
station_name string,
origin_time string,
end_time string,
owner_code string,
owner_name string,
vod_cat_tags string,
resolution string,
audio_lang string,
region string,
res_name string,
res_type bigint,
vod_title string,
category_name string,
```

```
program_title string,
sm_name string
)
STORED BY 'org.elasticsearch.hadoop.hive.EsStorageHandler'
TBLPROPERTIES(
    'es.nodes' = '192.168.128.130:9200',
    'es.resource' = 'media_index/data',
    'es.net.http.auth.user' = 'es',
    'es.net.http.auth.pass' = '123456'
);
select count(*) from media_index;
```

导入数据后，使用语句“select count(*) from 表名”检查导入的数据记录是否完整。

7.3.2 查看 Hive 中的表数据

在 Hive 中使用 SELECT 语句查询表中的数据。其基本的语法如下。

```
SELECT[ALL|DITINCT] select_expr, select_expr,...
FROM table_reference
[WHERE where_condition]
[GROUP BY col_list [HAVING condition]
[CLUSTER BY col_list
|[DISTRIBUTE BY col_list][SORT BY|ORDER BY col_list]
]
[LIMIT number]
```

在 SELECT 语句中可以使用 ORDER BY 或 SORT BY 关键字进行排序，它们的具体用法如下。

（1）ORDER BY 会对输入数据做全局排序，因此如果只有一个 Reducer，会导致输入数据规模较大时，需要较长的计算时间。

（2）SORT BY 不是全局排序，其在数据进入 Reducer 前完成排序。因此，如果用 SORT BY 进行排序，并且设置 mapred.reduce.tasks>l，则 SORT BY 只保证每个 Reducer 的输出有序，不保证全局有序。

（3）DISTRIBUTE BY 根据指定的内容将数据分到同一个 Reducer。

（4）CLUSTER BY 除了具有 DISTRIBUTE BY 的功能外，还会对该字段进行排序。因此，常常认为 CLUSTER BY = DISTRIBUTE BY + SORT BY。

显示数据表的内容，如代码 7-4 所示。

代码 7-4 显示数据表的内容

```
// 显示主动销户的账户
select * from mediamatch_usermsg where run_name='主动销户';
// 复合查询
// 显示珠江宽频的账户而且账户是正常使用的
select * from mediamatch_usermsg where sm_name='珠江宽频' AND run_name='
正常'
```

```
// 模糊查询
// 显示白云区的用户
select * from mediamatch_usermsg where addressoj like '白云区%'
// 聚合统计函数
hive> select count(*)  from mediamatch_usermsg where sm_name='珠江宽频'
```

在代码 7-4 中，使用了几个较常用的查询语句，利用这些语句可以实现复合查询、模糊查询及统计的功能。

任务 7.4 统计各表宣传数据和政企用户记录数

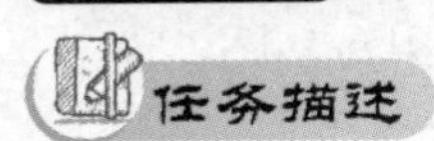

在该项目的数据中有大量的宣传数据和政企用户数据，在统计过程中需要将它们筛选出来。在数据库中，这些数据使用相应的数值或字母作为标识，例如 owner_code 字段的数据中使用 02、09、10 作为宣传用户标识。

7.4.1 统计各表宣传数据记录数

根据该集团提供的资料，在各个表中 owner_code 为 02、09、10 的数据就是宣传数据。使用“where owner_code in ("02","09","10")”命令筛选出宣传数据，再用 count(*)进行统计，如代码 7-5 所示。

代码 7-5 统计表中宣传数据记录数

```
select count(*) from media_index where owner_code in ("02","09","10");
select count(*) from mediamatch_usermsg where owner_code in ("02","09",
"10");
select count(*) from mediamatch_userevent where owner_code in ("02","09",
"10");
select count(*) from mmconsume_billevents where owner_code in ("02","09",
"10");
select count(*) from order_index where owner_code in ("02","09","10");
```

7.4.2 统计各表政企用户记录数

在各个表中 owner_name 为“EA 级”“EB 级”“EC 级”“ED 级”“EE 级”的数据记录即政企用户记录。使用“where owner_name in ("EA 级","EB 级","EC 级","ED 级","EE 级")”命令筛选出政企用户数据记录，再用 count(*)进行统计，如代码 7-6 所示。

代码 7-6 统计表中政企用户记录数

```
// 筛选各表的政企用户数据
select count(terminal_no) from media_index
where owner_name  in ("EA级","EB级","EC级","ED级","EE级");

select count(terminal_no) from mediamatch_usermsg
where owner_name  in ("EA级","EB级","EC级","ED级","EE级");
```

```
select count(terminal_no) from mmconsume_billevents
where owner_name  in ("EA 级","EB 级","EC 级","ED 级","EE 级");
```

任务 7.5 统计无效收视数据

在统计数据时，发现了大量的无效收视数据。这些无效收视数据主要包括用户观看时长过短或观看时长过长的情况。为了快速而准确地获得分析结果，需要将这些无效用户数据删除。

7.5.1 统计用户收视时长分布

首先需要统计用户收视时长分布，如代码 7-7 所示。

代码 7-7 统计用户收视时长分布

```
// 数据倾斜
set hive.map.aggr=true;
set hive.groupby.skewindata=true;
set hive.exec.reducers.bytes.per.reducer=300000000;
set mapred.reduce.tasks=10;
set mapred.map.tasks=60;
set hive.input.format=org.apache.hadoop.hive.ql.io.CombineHiveInputFormat;
select hour,count(hour)
from (
    select floor(duration/(1000*60*60)) as hour
    from media_index
    ) as h
    group by h.hour;
```

7.5.2 统计机顶盒待机记录数

在统计过程中，若同一个节目的观看时长超过 5 小时，分析模型则认为机顶盒处于待机状态。为了得到更准确的数据分析结果，需统计机顶盒待机的记录数，如代码 7-8 所示。

代码 7-8 统计机顶盒待机记录数

```
select count(*) from media_index where duration/(1000*60*60)>5
```

由于 duration 字段存放的数值是以毫秒为单位的，因此在使用时需要除以（$1000 \times 60 \times 60$）。

任务 7.6 处理各表无效数据

在 7.5 节中发现了大量的无效数据，这些数据作为数据清理的对象，要从数据记录中删除，这个过程是数据清洗的重要过程。

7.6.1 处理无效用户信息

无效用户包括用户状态为被动销户、创建、冲正、销号的用户，以及宣传用户和政企用户，对这些字段数据进行清洗，如代码 7-9 所示。

代码 7-9 清洗无效用户数据

```
/*-------------------------用户清洗规则--------------------------*/
// 1.删除状态为被动销户、创建、冲正、销号等的用户
// 2.删除 owner_code 为 02、09、10 的宣传用户
// 3.删除 owner_name 为 EA、EB、EC、ED、EE 级的用户
CREATE TABLE IF NOT EXISTS mediamatch_usermsg_preprocessed
as
select * from mediamatch_usermsg
where
owner_name not in ("EA级","EB级","EC级","ED级","EE级")
and
owner_code not in ("02","09","10")
and
run_name not in ('被动销户','创建','冲正','销号');
```

7.6.2 处理无效收视数据

用户在观看电视节目的时候，为了找到喜欢的节目经常会逐个切换电视台，这时会产生大量观看时长小于 20 秒的记录；另外，在很多用户关闭了显示设备后，接收终端仍处于观看状态，因此观看时长大于 5 小时的数据也可视为无效数据。

因此，无效收视数据的判定规则是观看时长小于 20 秒或者观看时长大于 5 小时的数据，清洗无效收视数据，如代码 7-10 所示。

代码 7-10 清洗无效收视数据

```
CREATE TABLE IF NOT EXISTS media_index_preprocessed
as
select * from media_index
where
duration/1000 >= 20 and duration/(1000*60*60) < 5
and
owner_name not in ("EA级","EB级","EC级","ED级","EE级")
and
owner_code not in ("02","09","10");
```

7.6.3 处理无效账单数据

无效账单数据是指账单数据文件 mmconsume_billevents.csv 中的 should_pay 字段值小于 0 的记录。查询无效账单数据的数量，对其进行清洗，并将清洗结果存入 mmconsume_billevents_preprocessed 表中，如代码 7-11 所示。

代码 7-11 清洗无效账单数据

```
/*------------------无效账单数据：存在负数（优惠活动）----------------------*/
CREATE TABLE IF NOT EXISTS mmconsume_billevents_preprocessed
as select * from mmconsume_billevents
where should_pay >=0 and owner_name not in ("EA级","EB级","EC级","ED级",
"EE级") and owner_code  not in ("02","09","10");
```

7.6.4 处理无效订单数据

无效订单数据是指订单数据文件 order_index.csv 中的 cost 字段值为空的记录。查询无效订单数据的数量，对其进行清洗，并将清洗结果存入 order_index_preprocessed 表中，如代码 7-12 所示。

代码 7-12 清洗无效订单数据

```
/*--------------------------无效订单数据：cost 为空---------------------*/
SELECT count(*) FROM order_index where cost is null;
CREATE TABLE IF NOT EXISTS order_index_preprocessed
as
select * from order_index
where
cost is not null
and
owner_name not in ("EA级","EB级","EC级","ED级","EE级")
and
owner_code not in ("02","09","10");
```

任务 7.7 计算用户电视消费水平和宽带消费水平

对相关数据进行清洗后，需要对数据进行统计分析，如消费水平分析、上网时长分析等，并将分析结果保存到 MySQL 或 HBase 中。

7.7.1 计算电视消费水平和宽带消费水平

计算消费水平包括对电视消费水平和宽带消费水平进行统计。分析电视消费水平和宽带消费水平能够得到当地用户的消费状况，从而制订针对用户消费的鼓励、优惠方案或对资费进行调整的方案。

1. 电视消费水平

统计电视消费水平主要是对 mmconsume_billevents_preprocessed 表中的应付金额数据进行分析。用户实际消费金额应等于应付金额减去优惠金额。由于所有数据是 3 个月的数据，因此还需要除以 3 才能得到用户的月均消费金额。认为月均消费金额小于 26.5 元的消费是超低消费；认为月均消费金额大于等于 26.5 元并且小于 46.5 元的消费是低消费；认为月均消费金额大于等于 46.5 元并且小于 66.5 元的消费是中等消费；认为月均消费金额超过 66.5 元的消费是高消费。

对 mmconsume_billevents_preprocessed 表中 should_pay 字段的数据进行分类，得到电视超低消费、电视低消费、电视中等消费和电视高消费情况，如代码 7-13 所示。

代码 7-13　统计电视消费水平

```
select t2.phone_no,
case when fee_per_month>-26.5 and fee_per_month<26.5
then '电视超低消费'
when fee_per_month>=26.5 and fee_per_month<46.5
then '电视低消费'
when fee_per_month>=46.5 and fee_per_month<66.5
then '电视中等消费'
when 66.5<=fee_per_month
then '电视高消费'
end as label,'电视消费水平'
as parent_label
from (
    select t1.phone_no,sum(real_pay)/3 as fee_per_month
    from (
        select phone_no,nvl(should_pay,0)-nvl(favour_fee,0) as real_pay
        from mmconsume_billevents_preprocessed
        where sm_name like '%电视%'
        ) t1 group by t1.phone_no) t2;
```

2. 宽带消费水平

统计宽带消费水平主要是对 mmconsume_billevents_preprocessed 表中的应付金额数据进行分析。用户实际消费金额应等于应付金额减去优惠金额。由于所有数据是 3 个月的数据，因此还需要除以 3 才能得到用户的月均消费金额。认为月均消费金额小于等于 25 元的消费是低消费；认为月均消费金额大于 25 元并且小于等于 45 元的消费是中等消费；认为月均消费金额大于 45 元的消费是高消费。

对 mmconsume_billevents_preprocessed 表中 should_pay 字段的数据进行分类，得到宽带低消费、宽带中消费和宽带高消费情况，如代码 7-14 所示。

代码 7-14　统计宽带消费水平

```
select t2.phone_no,
case
when fee_per_month<=25
then '宽带低消费'
when fee_per_month>25 and fee_per_month<=45
then '宽带中消费'
when fee_per_month>45
then '宽带高消费'
end as label,'宽带消费水平'
as parent_label
from (
    select t1.phone_no,sum(real_pay)/3 as fee_per_month
```

```
    from (
        select phone_no,nvl(should_pay,0)-nvl(favour_fee,0) as real_pay
        from mmconsume_billevents_preprocessed where sm_name='珠江宽频'
        ) t1
        group by t1.phone_no) t2;
```

7.7.2 将数据保存至其他数据库

在 Hadoop 生态圈中有一个工具叫 Sqoop，它是一个开源的工具，主要用于在 Hadoop（如 Hive）与传统的关系数据库（如 MySQL、postgresql 等）之间进行数据的传输，它可以将一个关系数据库（如 MySQL、Oracle、Postgres 等）中的数据导入 Hadoop 的 HDFS，也可以将 HDFS 的数据导入关系数据库。

对于某些非关系数据库，Sqoop 提供了连接器。Sqoop 使用元数据模型判断数据类型，并在数据从数据源转移到 Hadoop 时，确保进行安全的数据处理。Sqoop 专为大数据批量传输设计，能够分割数据集并创建 maptask 任务以处理每个区块。

1．将数据传输到 MySQL

首先需要将 Hive 中的数据表结构复制到 MySQL 中，如代码 7-15 所示。

代码 7-15　复制表结构

```
  sqoop create-hive-table --connect jdbc:mysql://localhost:3306/test
--table username --username root --password 123456 --hive-table test
```

在代码 7-15 中，“table username”是 MySQL 下的 test 数据库中的表，“hive-table test”是 Hive 中新建的表的名称。然后从关系数据库导入数据到 MySQL，如代码 7-16 所示。

代码 7-16　导入数据

```
  sqoop export --connect jdbc:mysql://localhost:3306/test --username root
--password admin --table uv_info --export-dir /user/hive/warehouse/uv/dt=
2020-09-03
```

在执行代码 7-16 时，可能会出现由于 Sqoop 解析文件的字段与 MySQL 数据库的表的字段对应不上的错误，因此需要在执行代码时增加设置 Sqoop 文件分隔符的参数，使 MySQL 能够正确地解析文件字段，如代码 7-17 所示。

代码 7-17　增加分隔符参数

```
  sqoop export --connect jdbc:mysql://localhost:3306/datacenter --username
root --password admin --table uv_info --export-dir /user/hive/warehouse/
uv/dt=2020-09-03 --input-fields-terminated-by '\t'
```

2．将数据传输到 HBase

（1）在 Hive 中创建 hive_hbase_table 表，使其映射到 HBase 的 hbase_table 表中，将自动创建 HBase 的 hbase_table 表，而且其会随着 Hive 表的删除而删除。这里需要指定 Hive 的 schema 到 hbase schema 的映射关系，步骤如下。在 HBase 中创建表结构，如代码 7-18 所示。

代码 7-18　创建表结构

```
  CREATE TABLE hive_hbase_table(key int, name String,age String)
  STORED BY 'org.apache.hadoop.hive.hbase.HBaseStorageHandler'
```

```
    WITH SERDEPROPERTIES ("hbase.columns.mapping" = ":key,cf1:name,cf1:age")
    TBLPROPERTIES ("hbase.table.name" = "hbase_table", "hbase.mapred.output.
outputtable" = "hbase_table");
```

（2）将 Hive 中的 hive_data 表的数据通过 hive_hbase_table 表导入 HBase 的 hbase_table 表，如代码 7-19 所示。

代码 7-19　导入数据

```
    insert into table hive_hbase_table select * from hive_data;
```

项目总结

对广电媒体而言，大数据是盈利模式转型的基础。利用大数据技术能够更好地分析用户的潜在需求，提供更精准的产品和服务。因为用户数据价值巨大，因此一个可靠、高效的存储与管理方案是很有必要的。

本项目以广电集团真实数据为例，主要介绍了将 CSV 格式的数据导入 ElasticSearch 进行数据整理，再从 ElasticSearch 导出至 Hive 进行数据清洗，并在 Hive 中进行简单的数据统计，最后将统计结果发送至 MySQL 和 HBase 数据库的全过程。

通过本项目的案例实践，可以帮助学生掌握大数据在 Hadoop 生态圈中不同的存储方式，了解不同存储系统的优势，同时培养学生具体问题具体分析的能力，为今后进行数据分析和挖掘奠定基础。

拓展阅读

【导读】在京东到家订单中心系统业务中，无论是外部商家的订单生产，还是内部上下游系统的依赖，订单查询的调用量都非常大，造成了订单数据读多写少的情况。京东到家的订单数据存储在 MySQL 中，但只通过普通数据库支撑大量的查询显然是不可取的，同时对于一些复杂的查询，MySQL 支持并不够友好，因此京东到家订单中心系统设计了将 MySQL 中的订单数据同步到 ElasticSearch 集群的方案，使用 ElasticSearch 承载订单数据存储与查询的主要压力。目前京东到家订单中心的 ElasticSearch 集群数据存储量达到 10 亿，日均查询量达到 5 亿。随着京东到家近几年业务的快速发展，订单中心的 ElasticSearch 集群架构设计方案也在不断地演进。

目前，数据存储技术多有突破，但在这个每天产生大量数据的时代，还需要学会优先提炼重要数据，对于边缘化的数据应适当摒弃，在数据的存储和摒弃之间找到一个平衡点，使数据产生更高的价值。既要努力“开源”，研发新的数据存储技术，以便适应大数据时代的发展；同时也要重视“节流”，分清主次，找到数据存储价值的最高点，这样有助于提升数据存储与查询、分析的效率，节省投入。

【思考】假如某企业的日均订单量达到约 100 万条，为解决订单数据的存储与查询问题，该企业决定将最近 6 个月的订单数据存储在一张表中，6 个月前的订单数据则放在另一张历史订单表中。当用户的下单时间超过 6 个月时即从历史订单表进行查询。根据该业务数据存储与查询需求，应如何设计一个数据存储集群？集群的规模需要多大？